LA DIRECTION
D'UNE FORCE DE VENTE

DU MEME AUTEUR CHEZ LE MEME EDITEUR

Les Techniques de la Vente.
Les 10 Clefs de l'Efficacité du Délégué Commercial.
Prix des D.C.F., traduit en espagnol.

L'Entretien de Vente.
La Prospection Commerciale en action.
Traduit en espagnol.

Mieux vendre n° 1: La découverte du client (cassette).

Mieux vendre n° 2: L'argumentation, le traitement des objections, la conclusion de la vente (cassette).

L'Organisation Optimale des Circuits de Visite et de Prospection, Editions Pratique (Annecy).

collection efficacité commerciale

René MOULINIER

Diplomé de l'Institut d'Etudes Politiques de Paris
Diplomé de l'ESCAE de Marseille

LA DIRECTION D'UNE FORCE DE VENTE

LES ÉDITIONS D'ORGANISATION

La collection « Efficacité Commerciale », dirigée par René Moulinier, accueille des auteurs qui ont pratiqué avec succès l'action commerciale de l'entreprise plus soucieux d'exposer leurs expériences que de générer des théories : un style nouveau dans les livres de marketing français.

Jean-Paul GENESTE
Guide commercial du sous-traitant.

Jean-François MERET et Bernard DERVAUX
La rémunération des équipes de vente.

Robert B. MILLER, Stephen E. HEIMAN et Tad TULEJA
Stratégie de la vente.

Donald J. MOINE et John H. HERD
Persuader pour vendre : applications de la PNL à la vente.

René MOULINIER
Les 10 clefs de l'efficacité du délégué commercial.
Les techniques de la vente.
La prospection commerciale en action.

Marc PIGNERO
Profession : représentant.

Pierre RATAUD
L'alchimie de la vente.

Francis ROECKEL
La vente à domicile.

Gabriel SZAPIRO
Les dix principes de la communication industrielle.

Dominique et Jean-Louis WILMES
Recrutez de bons vendeurs.

ISBN : 2-7081-1067-5

PRESENTATION

Constamment dans ce livre, nous avons choisi de nous adresser au Directeur des Ventes. Il va de soi que les titres recouvrent, d'une société à l'autre des fonctions sensiblement différentes. Celui que nous appelons « Directeur des Ventes » sera ici Directeur Commercial, ailleurs chef des ventes, national ou régional. Même parfois une partie des fonctions est exercée par le personnage que l'on appelle « Animateur des Ventes ». C'est à cet univers des Chefs régionaux et nationaux des ventes, des animateurs commerciaux, des Directeurs des Ventes, des Directeurs Commerciaux et même pour la partie de travail avec la force de vente qui est incluse dans leur métier, des Directeurs de Marketing et des Chefs de Produits que nous consacrons cet ouvrage.

Ce livre s'est appuyé sur les multiples expériences que nous ont permis d'effectuer depuis près de vingt ans plus d'une centaine de sociétés. Nous citerons ici seulement les entreprises auprès desquelles nous avons pu conduire les missions les plus significatives, en priant les sociétés non citées de nous excuser de ne les avoir pas mentionnées :

Alfa-Laval, Association Générale des Producteurs de Maïs (Pau), Convecteurs et chauffe-eau électriques Atlantic, Autoliaisons (Groupe Barnes), Camif (Niort), Ciba-Geigy (Semences, Protection des Plantes, Prodève), Colgate-Palmolive (Produits industriels), Comptoir Commercial France-Indochine (Marseille), Comptoir d'électricité Franco-Belge, Conserveries Joseph Larzul (29 Plonéour-Lanvern), Crédit National, Elf-Aquitaine, Glon-Sanders (Pontivy), Greiner-Electronics France (analyseurs biochimiques), Groupe Drouot (Assurances), Henkel (Produits industriels), Jean Stalaven (Charcuterie, Plats cuisinés, Saint-Brieuc), Jus de fruits Joker (Mâcon), Maisons Sonkad (Laval), Péritel (Groupe Matra), Provost (Halluin), Rustica (groupe Sanofi, Toulouse), Sambre et Meuse, Société des Ciments français, Telic-Alcatel, Trefilunion, Laboratoire Veprol.

Nous n'oublierons pas les sociétés, organismes et associations qui ont favorisé nos recherches et nos travaux :

Centre de Formation Continue HEC-ISA (Jouy-en-Josas), Club de Marketing Suisse (Lausanne), Communauté Européenne des Experts en Marketing et en Vente (Genève), Institut de Commerce International (Paris), Pratique SA (Annecy), Service de Formation Continue, Institut d'Etudes Politiques (Paris).

SOMMAIRE

TABLE DES FIGURES ET TABLEAUX

INTRODUCTION

COMMENT RENDRE PLUS PERFORMANTE VOTRE FORCE DE VENTE ?

La question de l'amélioration des performances de la force de vente est sans doute la question centrale qui sous-tend les multiples interrogations des entreprises qui nous consultent régulièrement.
Les réponses que nous fournissons dans ce livre n'englobent pas la totalité de ce qui permet la réussite commerciale. L'ensemble des disciplines groupées sous le terme de marketing n'est pas pris en compte ici, sauf ce qui concerne strictement la force de vente.
Nous supposons donc acquis (où nous allons travailler malgré leur absence) :
• que les produits aient été conçus conformément aux attentes du marché, dans la multiplicité des dimensions que recouvre la réflexion sur le produit : conception technique, positionnement par rapport aux autres produits de l'entreprise, par rapport aux produits concurrents, par rapport aux segments de marché visés, par rapport à la distribution ;
• que la politique tarifaire ait été définie de façon logique, rentable et compétitive ;
• que les systèmes de distribution aient été pensés dans un esprit de court, moyen et long termes ;
• que la politique de communication (publicité des produits, image institutionnelle de l'entreprise) soit conduite de façon professionnelle ;
• que les actions de promotion des ventes ne se calquent pas seulement sur les initiatives de la concurrence mais s'intègrent dans la stratégie commerciale à court et moyen termes de l'entreprise.

L'HUMAIN ET LA TECHNIQUE INDISSOCIABLEMENT LIES

Se pencher sur la force de vente et sur son efficacité conduit à établir une problématique et à proposer des solutions sur un double plan : *humain* et *technique.* Ici l'humain et le technique sont extrêmement liés.

Tantôt l'humain prévaudra en matière de recrutement, de formation, d'animation, de motivation et de suivi de l'équipe de vente sans faire oublier la technicité qui sous-tend l'action professionnelle. Ailleurs la technique semblera prépondérante quand nous traiterons de l'organisation et de la mise en œuvre de l'action commerciale ou des tableaux de bord de la force de vente, mais ce serait commettre une erreur grossière que de considérer les dispositions recommandées comme des mécanismes étrangers à toute affectivité.

DES REPONSES MULTIPLES A ENVISAGER ENSEMBLE

Une des caractéristiques des questions qui nous sont posées est de formuler en général de façon partielle la problématique, en espérant pourtant trouver une solution générale (et si possible définitive) :
— « Mes vendeurs baissent les bras, faut-il les rémunérer davantage ? »
— « Nous avons besoin de développer notre chiffre d'affaires, préparez-nous un séminaire de formation qui les regonfle. »
— « Nos technico-commerciaux ne savent pas conclure les affaires, faut-il les remplacer par des vendeurs non techniciens. » ? etc.
Or, c'est la prise en compte *simultanée* des différentes caractéristiques de ce qui conditionne l'efficacité de la force de vente qui permettra de tendre et d'aboutir au résultat souhaité.
Un formateur commercial, même d'excellente qualité, n'a pas le pouvoir de transformer à lui seul une force de vente. Si son action n'est pas relayée avec conviction par l'encadrement commercial, les effets de son action seront faibles. Si la rémunération, même d'un niveau élevé, n'est pas conçue en fonction des objectifs commerciaux de l'entreprise, il y a peu d'espoir d'obtenir une application correcte des plans commerciaux à court et moyen terme. Mais ce qui précède demande du Directeur des Ventes et aux Chefs des ventes des qualités professionnelles et humaines dont on ne peut pas faire l'économie.

LES CLEFS DE LA PERFORMANCE

Quand nous avons écrit *Les 10 clefs de l'Efficacité du Délégué Commercial* nous avions prévenu nos lecteurs que l'ouvrage se limitait aux seules solutions techniques à mettre en œuvre. Le présent livre aborde en profondeur l'autre versant des conditions de l'efficacité, celles qui appartiennent au Directeur des Ventes et à ses relais auprès de la force de vente (chefs des ventes et animateurs des ventes).
Un survol rapide donnera une idée de la richesse de contenu de nos travaux. Si l'on adopte un parcours chronologique, qui n'est cependant pas celui des pages qui suivent, le lecteur pourra confronter son expé-

rience à nos points de vue sur le recrutement des vendeurs, leur formation et leur perfectionnement pratique, l'organisation de leur territoire de vente, leurs méthodes de travail, le contact et le suivi de la clientèle (1), l'animation et la motivation de la force de vente, le suivi des activités et des résultats ainsi que la mise en œuvre des actions éventuelles de redressement.

Le recrutement des vendeurs s'attache aussi bien à la définition du profil (ce que nous appelons le « profil de réussite ») qu'aux techniques de sélection, telles que la rédaction de l'annonce et la conduite de l'entretien en profondeur.

La formation se préoccupe aussi bien du recensement des connaissances nécessaires, que de l'acquisition de méthodes et de comportements favorables.

Attribuer un territoire de vente, c'est avoir choisi entre les deux principales orientations : un territoire restreint avec, pour le vendeur, la prise en charge de toutes les clientèles ou l'attribution à chaque vendeur d'un segment de clientèle, avec pour corollaire un territoire de plus grande étendue.

Organiser l'action des commerciaux consiste à les informer des orientations de la politique commerciale, à définir avec eux les objectifs de chiffre d'affaires, de marge, de clientèle, de ventes par produits, à les aider à mieux gérer leur emploi du temps et à organiser leurs déplacements de façon à les rendre aussi rationnels que possible, à leur fournir les moyens d'aide à la vente qui favoriseront leur action (2).

Vendre, ou mieux, faire vendre, le Directeur des Ventes n'étant pas appelé à être le vendeur universel de la société, c'est être attentif à la façon dont la force de vente repère les prospects, les approche, conduit les différents entretiens de prospection conformément aux démarches élaborées avec eux, relance les indécis et mesure les résultats probables et les résultats acquis (3).

La vente concerne également les clients attachés à l'entreprise et l'ensemble des actions exercées pour satisfaire cette clientèle, la maintenir et développer chez elle ses parts de marché (4).

Animer et motiver une force de vente c'est faire en sorte qu'au-delà d'un légitime bien-être matériel (rémunération) celle-ci obtienne des résultats (appui-vente), garde son tonus ou reprenne courage après une période difficile (style de commandement), progresse (méthodes, formation, évaluations périodiques, accompagnements), soit infor-

(1) Indirectement, ceci étant l'objet de trois de nos ouvrages : *Les Techniques de la Vente, L'Entretien de Vente, La Prospection Commerciale en action,* Les Editions d'Organisation, Paris, 1984, 1984, 1986.

(2) On se reportera à ce sujet aux *10 Clefs de l'Efficacité du délégué commercial,* Les Editions d'Organisation, Paris, 1984 et à l'*Organisation Optimale des Circuits de Visistes et de Prospection,* Editions Pratique, Annecy, 1985.

(3) *La Prospection Commerciale en action,* Les Editions d'Organisation, Paris, 1986.

(4) *Les Techniques de la Vente,* Les Editions d'Organisation, Paris, 1984.

mée, soit écoutée et comprise (entretiens individuels, réunions, disponibilité de l'encadrement).
L'efficacité d'une force de vente se lit sur le tableau de bord. C'est à partir des indications qu'il fournit que se détectent les lacunes auxquelles il convient d'apporter un correctif sans retard ou les opportunités à saisir pour les amplifier.

PORTRAIT (QUI NE SE VEUT PAS IDEAL) D'UN DIRECTEUR DES VENTES

Au cours du panorama qui précède, ont été évoqués des thèmes tels que le style de commandement, la disponibilité, l'écoute et la compréhension. A quel type d'homme - ou de femme - est-il fait référence, Le portrait central esquissé existe-t-il ?
Quand il est question ici de « style » de commandement, nous cherchons à le définir non pas en pensant à un homme qui nous aurait servi de modèle, mais plutôt à partir des *attentes* d'une équipe de vente.
Animer, motiver une équipe de vente, c'est fondamentalement créer une *ambiance de travail,* donner à chacun le *goût de l'effort, mobiliser les énergies, « muscler »* la force de vente et la faire *réussir.*
Relais entre la Direction Générale, dont il est solidaire, et l'équipe de vente, dont il est l'interprète et le défenseur auprès de tous les personnels de l'entreprise, le Directeur des Ventes exerce un métier exaltant, parce que riche de potentialité humaine, mais difficile et qui lui demande de la résistance et du courage. Un grand métier d'Homme.

A CONTRE-COURANT ?

Quand nous traitons de l'*exemplarité du comportement* du Directeur des Ventes ou que nous évoquons une équipe *ardente au travail,* on peut juger que ce modèle est inactuel — ou peu usité aujourd'hui. Et l'on pourrait se poser la question de savoir s'il existe encore des hommes et des femmes pour vivre et faire vivre un tel état d'esprit.
Nos propos vont à contre-courant de certains groupes de mentalités qui tendent à la facilité et à la démobilisation des énergies. Dès lors, est-il réaliste de proposer un tel modèle ? Ne serait-il pas plus simple de définir un autre type d'organisation prenant en compte les mentalités les plus largement répandues ?
A première vue cette dernière question que nous décrivons semble raisonnable. Observons toutefois que les modèles existent, au moins partiellement, et qu'il nous a suffi de les regarder, de chercher à les comprendre et d'en faire l'analyse pour en retirer l'enseignement qu'ils contiennent.
De plus, un projet doit-il nécessairement se limiter aux seules ressources actuellement disponibles ? Est-il déraisonnable de penser

qu'en décrivant d'autres mentalités et d'autres comportements, nous puissions séduire un nombre suffisant de personnes et entrainer progressivement leur adhésion ?

Et puis, il faut bien constater qu'ici et là des entreprises connaissent de remarquables réussites commerciales (et d'ailleurs également sur les plans techniques et financiers) et démontrent que nos principes et nos méthodes — qu'elles appliquent — n'ont rien d'utopiques.

Ajoutons, pour faire bonne mesure, que ceux qui vivent dans un tel mouvement, directeurs des ventes et membres de leurs équipes, connaissent l'épanouissement humain qu'entraîne la mobilisation des énergies tendues vers un but et que jalonnent les succès.

Il serait simpliste — et inutilement destructeur — de tenter de situer l'auteur de cet ouvrage sur le plan politique, ou de lui opposer un certain nombre de courants de pensée majoritairement acceptés pendant les deux décennies écoulées.

Nous remarquerons seulement que les principes de démobilisation des efforts personnels qui inspirent nombre de mesures législatives et qui semblent recevoir l'aval d'une fraction importante de la population n'ont pas conduit notre pays sur la voie du progrès et lui ont même créé de sérieux handicaps dans la compétition économique européenne et mondiale.

Aussi, quoique nous en ayons, force est bien de constater que la ligne de conduite que nous prescrivons, parce qu'elle peut être étendue bien au-delà du champ d'action des forces de vente, revêt une dimension *politique* ou de *morale sociale* si l'on préfère.

La direction d'une équipe de vente, comme le leadership de n'importe quel groupe humain, se place dans une perspective personnaliste et humaniste.

Trente ans d'une considérable expansion économique, suivis de quelques lustres de difficultés n'ont pas aboli ces fondements de la relation humaine. Et nous ne pensons pas que quiconque puisse avancer la preuve qu'une telle conception est exclusive de brillantes performances.

Paris, Sainte-Même, 1988

1

POUR UN NOUVEAU PORTRAIT DU DIRECTEUR DES VENTES

☐ Un portrait central ☐ Des objectifs aux activités et au savoir-être du Directeur des Ventes ☐ Un inventaire d'activités étourdissant ☐ Vers une autre définition de l'autorité du Directeur des Ventes ☐ Les attitudes favorables à la fonction de Directeur des Ventes ☐ Les comportements souhaités du Directeur des Ventes ☐ Une dimension humaine ☐ Vendeur et meneur d'hommes ☐ Si le Directeur des Ventes est une femme... ☐ Tutoyer ou vouvoyer ?

« Toute responsabilité, avant que d'être un honneur, doit être vécue comme un service. »
Clair Lebot

« Avec Jean Renoir, j'ai vu la première fois un « directeur », et le mot peut s'appliquer au gouvernement de n'importe quelle réalisation. Tout y était, la vue globale, le souci du détail, l'autorité, le don de susciter des attachements, et surtout, l'art d'utiliser les hommes, d'en tirer le meilleur, et ce faisant de les rendre heureux. »
Françoise Giroud
« Si je mens... »

UN PORTRAIT CENTRAL

Sans nier l'intérêt des typologies, telles que celles des américains Blake et Mouton (1), celles-ci nous semblent plus utiles pour une personne qui cherche à se *situer* que pour proposer le noyau central des caractéristiques d' un Directeur des Ventes de qualité. Nous prenons donc le parti de proposer un portrait type de Directeur des Ventes — en nous exposant à la critique de « réduction » —, comme modèle vers lequel devrait tendre celui qui voudrait exercer sa fonction en plénitude.

DES OBJECTIFS, AUX ACTIVITES ET AU SAVOIR-ETRE DU DIRECTEUR DES VENTES

Le bref rappel de quelques objectifs classiquement impartis à un Directeur des Ventes et le panorama des activités qui l'attendent laissent percevoir que l'homme ou la femme qui exerce une telle fonction doit avoir quelques qualités et quelques atouts dans son jeu.
Toute entreprise attend de son Directeur des Ventes qu'il atteigne avec son équipe de commerciaux les objectifs quantitatifs exprimés en unités vendues, en chiffre d'affaires et aujourd'hui de plus en plus en volume de marge.
Parallèlement il aura pour objectifs qualitatifs permanents d'appliquer la politique commerciale, de promouvoir ou d'améliorer l'image de la société, et ponctuellement de contribuer à promouvoir l'esprit commercial au sein de l'entreprise (ce qu'on traduit parfois par le slogan : « Tous vendeurs »), d'élever le niveau culturel et professionnel des vendeurs, d'améliorer le climat de travail de l'équipe de vente, de la stabiliser, de la mobiliser autour des principes de travail, d'exigence, de défis à relever, de compétition à gagner... La liste n'est pas exhaustive.

---

(1) Blake et Mouton, *La Troisième dimension de Management,* Les Editions d'Organisation, Paris 1987.

UN INVENTAIRE D'ACTIVITES ETOURDISSANT

La fonction de Directeur des Ventes n'est pas une sinécure. Qu'on en juge par ce bref inventaire (la question est reprise également dans le Chapitre 2 consacré à la méthode de gestion du temps du Directeur des Ventes).

Il lui faut du temps pour penser. Si ce temps consacré à la réflexion n'est pas défini en premier, il sera le grand oublié de cet inventaire. Il s'agit de réfléchir à l'amélioration des méthodes, aux moyens dont on doit doter l'équipe de vente pour l'aider à atteindre les objectifs de la politique commerciale (moyens d'aide à la vente), aux moyens d'animation des commerciaux, au traitement des cas individuels, à ce qu'il faut faire pour porter remède aux déficiences commerciales de l'entreprise (politique commerciale mal définie ou fluctuante, rémunération mal adaptée, insuffisante transmission des informations, dysfonctionnements divers), à son propre comportement vis-à-vis des vendeurs (selon qu'il privilégie trop la pression pour atteindre les résultats ou au contraire qu'il se porte trop à l'écoute des insatisfactions et doléances des vendeurs).

Puis vient, en général au début de l'automne, l'établissement des prévisions des ventes pour l'année suivante et celles qui suivent, et, en conséquence la détermination des objectifs. Il y associe les commerciaux, ce qui demande encore du temps. Comme en demande également la négociation et la répartition des objectifs auprès de chacun des vendeurs.

Les tâches d'organisation, la gestion du budget, la multitude de tâches administratives, le suivi du tableau de bord et la préparation des décisions qu'implique l'analyse des écarts exigent aussi du temps pour être convenablement accomplis.

Les commerciaux sont requis par leurs activités sur les différents territoires de vente qui leur sont affectés : il faut soigner la communication avec chacun, soit au cours d'entretiens téléphoniques, soit à l'occasion d'entretiens individuels.

La préparation et l'animation des réunions, pour qu'elles portent leurs fruits ne peuvent faire l'objet d'improvisation. Il lui faut donc s'y consacrer attentivement.

Il faut encore émettre et prendre connaissance des informations, puis les traiter : ces informations concernent aussi bien le marché, les positions de la concurrence, la clientèle, les produits, que le moral des vendeurs, et le climat de l'équipe de vente, les activités développées et les instructions concernant l'organisation du travail.

Sur le plan intérieur, il faut assurer une relation régulière avec la Direction Générale de l'entreprise et avec les différents services, par exemple pour des mises au point techniques avec les chefs de produits ou les services de fabrication, le stockage et les expéditions, les achats et la recherche.

Sur le plan extérieur, il faut savoir être présent lors des échanges professionnels au sein de la Chambre Syndicale à laquelle appartient sa société.
Il faut être là pour participer aux recrutements, à la mise en route des nouveaux vendeurs. Il faut s'occuper aussi de la formation et du perfectionnement des commerciaux, soit en salle, soit lors d'accompagnements-formation.
Le Directeur des Ventes se préoccupera également de son perfectionnement personnel — connaissances techniques à actualiser en raison de leur évolution, culture générale, art du management — soit par la lecture, soit en participant à des séminaires de formation.
Les appuis-vente et l'assistance aux vendeurs sur le terrain, la préparation et l'organisation de leurs circuits de visites, en association avec les intéressés, ce qui nécessite de multiples déplacements en avion, en train ou en voiture exigent à la fois une vigilance attentive et un temps important.
L'évaluation des commerciaux sur le plan des résultats, des comportements et de l'application des méthodes et des procédures propres à l'entreprise, mérite pour être correctement assumée de la prévenance et encore du temps.
A ceci s'ajoutent l'examen et l'instruction de certains litiges...
Bien entendu, plusieurs de ces tâches peuvent être déléguées : elles n'en restent pas moins exercées sous la responsabilité du Directeur des Ventes.
On comprendra que nous soyons plus que circonspect quand ce même Directeur des Ventes doit de plus gérer et visiter son propre portefeuille de clients, en général important, ou recevoir des clients à l'usine.
La conclusion est limpide : cet homme ou cette femme a beaucoup à faire et parfois beaucoup trop. Or, à cet encombrement de son emploi du temps s'ajoute un certain nombre d'exigences en matière d'attitudes et de comportements pour que ce Directeur des Ventes soit le véritable *leader* de la force de vente, nous voulons dire, celui qui la conduit aux succès commerciaux.

VERS UNE AUTRE DEFINITION DE L'AUTORITE DU DIRECTEUR DES VENTES

Une opinion, très répandue dans les milieux de dirigeants des forces de vente situe le fondement de l'autorité entre la *domination*, avec tout l'éventail des variantes du commandement fondé sur un niveau supérieur de compétence, que ce soit dans le domaine du marketing, de la vente ou de l'organisation, et l'*amitié*, qui s'étend elle-même de la fraternité à la démagogie. (Heureusement, il est de moins en moins question de la distance, du mystère, de la solitude ou du prestige du « chef ».)

Il nous semble que si l'on veut donner une dimension actuelle à la notion d'autorité, il faut abandonner ces schémas désuets pour lui donner une définition vivifiante en présentant un nouveau portrait du Directeur des Ventes, pour aujourd'hui.
Diriger des hommes ce n'est ni se limiter à l'emploi de techniques pour faire avancer les choses, ni non plus se limiter à une simple relation avec les hommes. Les deux doivent être employés à la fois. Cet ouvrage décrit largement les techniques propres à la Direction des Ventes. Ce chapitre s'intéresse aux lignes de conduite du Directeur des Ventes. Nous examinons ces dernières sur deux plans, celui des *attitudes* et celui des *comportements.*

LES ATTITUDES FAVORABLES A LA FONCTION DE DIRECTEUR DES VENTES

Qu'il adhère à son entreprise, c'est-à-dire qu'il manifeste un *sentiment d'appartenance* à celle-ci et à ses composantes, ses dirigeants, sa « culture », ses règles, son image, semble la moindre des exigences, comme son adhésion à son titre et à sa fonction, moins par une fierté puérile que comme signe de sa *foi* en la tâche à accomplir ou comme expression de sa conviction (« J'y crois, j'ai envie de faire... »).
Il se pose en *guide*, comme celui qui éclaire le chemin à suivre, ce qui le conduit à assumer sa fonction malgré ses doutes, ses inquiétudes et ses problèmes personnels. Il sécurise en affichant sa *confiance.*
Par sa volonté de donner, de se donner, de payer de sa personne, il est celui qui se met au *service* de chacun et de l'ensemble de l'équipe. Il trouve du plaisir à la réussite qu'il a apportée à la force de vente. Il *s'investit*, en somme, dans la réussite de son équipe.
Par son sens de *l'engagement* (« on fait les choses à fond ») par sa constance dans l'engagement, il est un homme ou une femme sur qui on peut compter, ce qui demande du courage et un sens précis de ses responsabilités (il n'est pas une « girouette ») et inscrit son action dans la durée.
Son *ambition* est communicative (pour les autres... et pour lui).
A l'écoute de l'autre, il manifeste un intérêt sincère pour chacun de ses collaborateurs (et non en raison des services qu'il peut lui rendre) et se tient disponible à son endroit (il s'organise à cet effet).
Il est optimiste, a confiance en la vie et confiance en ses hommes (ce qui n'exclut aucunement la lucidité et dans certains cas, la vigilance).
Il est mobilisé par l'idée de combattre et de gagner, signe de santé biologique.
Il est *sincère*, juste et équitable.

SERVICE, AIDE, REUSSITE

Toute son attitude est centrée sur le *service* apporté à ses vendeurs pour les *aider* à *réussir*. Service, aide, réussite, les trois clefs fondamentales de l'attitude du Directeur des Ventes. Ce rappel des attitudes, autrement dit des dispositions et tendances mentales, trouve son expression pratique dans les comportements ou conduites souhaités chez un Directeur des Ventes.

LES COMPORTEMENTS SOUHAITES DU DIRECTEUR DES VENTES

L'attitude d'aide apportée à la réussite de chacun des vendeurs et donc à la totalité de l'équipe de vente se manifeste par un comportement d'*entraîneur*, travaillant au coude à coude avec ses hommes, notamment quand il se porte avec eux sur les créneaux menacés, quand les ventes sont difficiles.
Ce n'est donc ni le chef qui est en tête, « casoar au vent et mains gantées de blanc », et encore moins que celui qui, à l'arrière, vocifère, tel le poète Demokos, personnage de Jean Giraudoux dans *la Guerre de Troie n'aura pas lieu* : « armons-nous et... partez ».
Ce travail de présence *au milieu* de son équipe est un des comportements qui mobilise, soude et motive l'ensemble de la force de vente. Dans un esprit d'ouverture sur les autres, le Directeur des Ventes fait *participer* son équipe, pour déterminer les objectifs commerciaux, pour établir les règles de fonctionnement, pour fixer les étalons de l'évaluation.
La participation s'étend à l'explication des décisions de la Direction Générale, dont le Directeur des Ventes est le représentant auprès de la force de vente.
Par réciprocité, il est le protecteur de l'équipe de vente dont il défendra les intérêts et dont il est le *promoteur* — ou pour rester dans le vocabulaire sportif — le « supporter » auprès de l'ensemble de la structure de l'entreprise.
Homme de dialogue, il sait « vendre » ses idées. Homme de contact et réaliste, il a le *sens de l'effort* qu'il peut demander à chacun. Il n'est ni excessif dans ses exigences, ce qui serait un signe de mégalomanie, ni laxiste, ce qui serait un signe de faiblesse ou du peu de considération qu'il a pour ses collaborateurs.
Il sait exiger des efforts, des performances et des progrès, mais aussi, le moment venu sanctionner, c'est-à-dire avoir le courage de trancher quand un élément détonne et risque de compromettre le bon fonctionnement de l'ensemble, pour respecter le bien de tous, sans être nécessairement injuste envers celui dont on doit se séparer.
Du *courage*, il en faut encore pour accepter son erreur et repartir d'un bon pied dans une autre direction. Et aussi quand on doit accepter des

décisions prises par la Direction Générale qui seront difficiles à supporter par les vendeurs, d'autant que la décision nouvelle prend parfois à contre-pied ce qu'avait toujours défendu le Directeur des Ventes.

UNE DIMENSION HUMAINE

Le Directeur des Ventes sait reconnaître l'effort et la performance de chacun, ce qui implique une bonne connaissance des forces et des insuffisances de chaque collaborateur. Il s'intéresse aux buts poursuivis par les hommes et les femmes de son équipe, condition *sine qua non* pour que ceux-ci s'intéressent aux buts propres qu'il leur assigne.
Un de ses grands talents est de savoir remercier. Après tout, ceux qui font des efforts et qui obtiennent des résultats travaillent aussi pour lui.
Il écoute, sans faire caisse de résonnance aux revendications et aux problèmes. Il dédramatise, car peu de choses sont, véritablement importantes ou graves, une fois qu'elles sont replacées sur une perspective longue.
Nous estimons que le Directeur des Ventes, pour comprendre mieux ses vendeurs, pour anticiper leurs réactions et déterminer leurs potentiels d'évolution, doit connaître les antécédents personnels, les influences de l'entourage familial et amical, les difficultés temporaires ou durables d'origine familiale (enfant ou conjointe malade ou handicapé) ou sentimentale (divorce, double vie, etc.).
Il ne s'agit pas de se complaire dans la recherche d'informations qui demeurent en tout état de cause confidentielles et privées ; il s'agit pour le Directeur des Ventes de bien situer chaque vendeur dans son environnement.
Il a une *oreille attentive* et sait appuyer discrètement, le moment venu, celui qui a des difficultés personnelles ou professionnelles pour lui permettre d'y voir plus clair en lui et dans les conduites à adopter.
Le lecteur peut s'étonner de cette dimension humaine que nous donnons à la fonction — « Ça ne le regarde pas ! » objectera-t-on. Bien entendu, il ne s'agit aucunement de satisfaire une curiosité malsaine. Il s'agit d'une connaissance aussi complète que possible de ses collaborateurs, soit pour pressentir que leurs accidents de parcours personnels auront des retentissements sur le plan professionnel (et ici le Directeur des Ventes et légitimement dans son rôle), soit par humanité bien comprise : nombreux sont ceux qui éprouvent le besoin de se confier pour mieux réfléchir à leur situation, parfois extra-professionnelle ; pourquoi le Directeur des Ventes refuserait-il cette aide à ceux qui la solliciteraient parce qu'ils auraient compris sa dimension humaine ?
L'ambiance qui règne dans une équipe de vente dépend largement du Directeur des Ventes. En se montrant amical avec chacun. En sachant

sourire. Le sourire est une expression de force. Celui qui sourit manifeste qu'il a apaisé ses conflits intérieurs ou qu'il les maîtrise suffisamment pour ne pas les laisser percevoir à l'extérieur.

VENDEUR ET MENEUR D'HOMMES

Sur le plan des compétences professionnelles, il n'est pas nécessairement le meilleur vendeur de son équipe, tout en ayant nécessairement de bonnes qualités. L'accession aux postes de responsabilité dans le secteur commercial s'effectue très généralement par promotion interne, ce qui est à la fois souhaitable et légitime. Cependant, très souvent, c'est aux *meilleurs* vendeurs que l'on propose la responsabilité d'encadrer la force de vente. Cet aspect de la promotion interne mérite d'être discuté.

Etre compétent en matière de vente n'indique pas nécessairement que l'on aura l'étoffe d'un meneur d'hommes, et spécialement les qualités telles qu'elles sont exposées dans cet ouvrage.

La compétence de vente est un atout indispensable et l'on n'imagine pas un Directeur des Ventes qui soit un piètre négociateur, ne serait-ce que lorsqu'il s'agira d'appuyer ses commerciaux pour des enjeux importants lors de phases délicates. Sa réussite passée et ses aptitudes présentes lui permettent d'être crédible et de s'imposer.

Parmi les qualités d'animateur et de meneur d'hommes, à celles qui ont déjà été annoncées nous voudrions ajouter le rôle de *pilote* et de *régulateur*. C'est lui qui transforme les objectifs définis en résultats obtenus par les commerciaux, en planifiant les objectifs, le programme de réalisation et le contrôle des résultats.

Ceci demande des qualités pédagogiques, et principalement l'art de simplifier pour clarifier, car seuls les objectifs et instructions simples éclairent les actions complexes.

Il prend en charge les multiples problèmes d'application et les difficultés rencontrées pour leur apporter les solutions qui s'imposent et les négocier pour les faire appliquer.

Tacticien, il a le sens de l'échelonnement des objectifs, et de leur répartition en objectifs partiels. Il sait accepter avec, réalisme les objectifs de repli pour éviter l'échec total. Ces qualités tactiques sont soutenues par un esprit d'*analyse* en vue de la *décision*. Son agilité intellectuelle et son sens de l'action concrète lui permettent de passer rapidement de l'observation des faits créant la situation problématique à la prise de décision créative, rapide et efficace et à la conduite des opérations à mettre en œuvre.

Il est également celui qui se porte sur les créneaux où il s'agit d'accélérer les décollages ou de colmater les brèches.

Le métier de Directeur des Ventes, comme la plupart des métiers commerciaux demande des titulaires en bonne santé, grands travailleurs et

acceptant de nombreux déplacements. L'animation d'une équipe ne se règle pas uniquement depuis le bureau et par le téléphone : le mouvement se crée sur le terrain.
Nous voudrions achever ce chapitre par deux questions particulières qui nous sont régulièrement posées : comment doit se comporter un Directeur des Ventes féminin dans une équipe masculine ? Quand un vendeur est promu Chef des Ventes ou Directeur des Ventes, peut-il continuer à tutoyer ses anciens collègues ?

SI LE DIRECTEUR DES VENTES EST UNE FEMME...

Comment une femme Directeur des Ventes doit-elle se comporter vis-à-vis de son équipe de vente masculine ? Si la question se pose, c'est qu'elle révèle la rémanence « machiste » qui imprègne fortement notre environnement et notre culture et qui a pour conséquence de récuser *a priori* la femme comme compétente.
Toutes les opinions peuvent être modifiées et c'est par son comportement professionnel que la femme fera oublier rapidement les doutes qu'a suscités sa nomination. Nous définirons ce comportement par deux traits : il lui faudra manifester un peu plus de compétence et de rigueur et ne jamais oublier de rester femme : le charme fait partie des éléments constitutifs d'une ambiance de travail.

TUTOYER OU VOUVOYER ?

Quand un vendeur est promu au poste de Chef des Ventes ou de Directeur des Ventes, il se demande quel comportement adopter vis-à-vis de ses anciens collègues. Doit-il encore les tutoyer ? Et d'une façon plus générale, cette vie au coude à coude avec l'équipe ne nécessite-t-elle pas de la part du Directeur des Ventes un mode de relation familier ? Que faut-il en penser ?
A notre avis, ce n'est pas le tutoiement ou le vouvoiement qui changera quoi que ce soit à la perception qu'aura de lui l'équipe de vente de son dirigeant. C'est son attitude d'aide qui importe et l'ensemble des gestes qu'il fera pour appuyer ses collaborateurs qui lui donneront sa dimension et son image de patron. Ce ne sera ni la familiarité, ni la démagogie qui lui gagneront l'adhésion des vendeurs. D'une façon générale le Directeur des Ventes ne se trompera jamais s'il respecte ses collaborateurs, s'il s'acharne à leur réussite, s'il sait se pencher sur leurs difficultés, s'il sait leur tenir le langage de l'ambition et de l'exigence, en un mot s'il modèle son équipe pour la mettre en condition de remporter des succès.

2

LA QUESTION DU TEMPS DISPONIBLE

□ L'angoisse d'un responsable commercial □ L'approche méthodique de la maîtrise de son emploi du temps □ Quelques définitions □ Les étapes du processus □ Première étape : quels sont vos objectifs fondamentaux ? □ Deuxième étape : inventaire de vos activités ; débordement et dispersion □ Faire la chasse aux missions pour les éluder □ La mesure du temps □ Et si la question était résolue ? □ Quelques bonnes questions □ Ce qui est déclaré « urgent » est-il à traiter d'urgence ? □ Les clés de la gestion du temps du Directeur des Ventes □ La délégation □ L'organisation □ Un bon Directeur vaut ce que vaut sa secrétaire □ L'hygiène de vie professionnelle du Directeur des Ventes □ Le Directeur des Ventes est un manager.

Nous ne serions pas autrement surpris que notre lecteur se dise, à ce stade de sa lecture : « Tout ceci est fort bien ; mais l'auteur de cet ouvrage a-t-il pensé un instant à la multiplicité de ce que j'ai à faire ? Et certaines idées et méthodes qu'il expose m'intéressent ; cependant comment puis-je surcharger encore un emploi du temps déjà très tendu ? »

L'ANGOISSE D'UN RESPONSABLE COMMERCIAL

D'autres questions accompagnent cette première interrogation :
— « Comment canaliser les multiples interruptions qui m'empêchent de travailler en toute sérénité ? »
— « Je suis constamment dérangé par le téléphone, au bureau et chez moi : mes représentants disposent de mon numéro pour me joindre ; je ne peux pas les empêcher de m'appeler ! »
— « Les *missions* que me confie mon patron perturbent mon organisation. Comment les éviter, sans me faire mal considérer par la Direction de l'entreprise ? »
— « Comment trouver du temps pour faire autre chose ? »
— « J'aimerais être disponible : j'ai trop à faire pour cela ! »
— « Mon travail m'obsède pendant mes temps de loisir : j'y pense, je dors mal, je me sens stressé. »
— « Je ne suis pas persuadé de faire l'optimum dans le cadre de ma fonction : certaines tâches sont négligées ou mal accomplies, faute de temps. »
— « Il m'est difficile de choisir : existe-t-il des méthodes d'organisation réalistes ? », etc.
Nous connaissons bien ces questions. Elles nous sont régulièrement posées chaque fois que nous travaillons avec l'encadrement commercial et il nous appartient, non seulement de ne pas les écarter, mais de nous pencher avec attention sur ce qu'elles révèlent d'angoisse de ne pas être à la hauteur de sa fonction, pour aider ceux qui les expriment à mettre de l'ordre dans leurs activités, afin de leur permettre d'exercer efficacement leur métier en accédant à une meilleure hygiène de vie professionnelle.

L'APPROCHE METHODIQUE DE LA MAITRISE DE SON EMPLOI DU TEMPS

Nous allons nous engager ensemble dans un processus méthodique de remise en ordre de vos activités afin qu'elles correspondent davantage à ce qu'on est en droit d'attendre d'un Directeur des Ventes exerçant pleinement sa *fonction* sans surcharge inutile.
Pour accomplir ce travail, il vous faut :

— disposer de trois à quatre heures pendant lesquelles vous ne serez pas dérangé ; au besoin, faites ce travail chez vous, sans téléphone ;
— prendre votre agenda de l'année écoulée et l'agenda de l'année en cours, pour pouvoir évaluer les masses de temps que vous consacrez à vos *activités* et à vos *missions* (nous définirons ces termes ci-après) ;
— décider de réfléchir aux fondements même de votre métier, d'en tirer les conclusions et... de les mettre en pratique ;
— enfin, un peu d'ardeur et de bonne humeur !

QUELQUES DEFINITIONS

Vous êtes Directeur des Ventes ou Chef des Ventes. Vous portez le titre qui désigne le *poste de travail*, c'est-à-dire l'*emploi* auquel vous avez été nommé au sein de la structure de l'entreprise. Ce poste de travail est relié aux autres postes de travail de l'entreprise par un *organigramme*. Cet organigramme établit la hiérarchie des emplois et leurs niveaux les uns par rapport aux autres.
En tant que Directeur ou Chef des Ventes vos exercez une *fonction*. On peut dire que la fonction explique la raison d'exister de ce poste de travail dans l'entreprise. Votre fonction peut se définir par les *objectifs* à long, moyen et court termes qui vous sont assignés. Un objectif est un but quantitatif (il sera chiffré) ou qualitatif (il sera décrit).
Cette fonction et ses objectifs apportent une réponse à des questions telles que :
— « A quoi sert-il ? »
— « Quelle contribution apporte-t-il à l'entreprise à laquelle vous appartenez ? »
Pour atteindre ces objectifs, vous exercez des activités et l'on vous confie des missions.
Une *activité* se définit comme une famille de tâches de même nature qui sont spécifiques de la fonction.
Une *mission* est une activité de caractère temporaire ou épisodique, n'appartenant pas en propre à la fonction exercée, mais qui peut lui être rattachée.
La *finalité* de votre entreprise est le but ultime vers lequel elle tend, pour les unes ce sera la puissance ou le leadership sur un ou plusieurs marchés, pour d'autres ce sera l'excellence, pour quelques-unes, une fonction humaniste ou d'utilité sociale.
La *stratégie* fixe la hiérarchie et les priorités entre les objectifs et les moyens dont dispose l'entreprise pour servir ses finalités.
La *politique commerciale* definit les voies et moyens employés pour permettre à la stratégie de se déployer et atteindre les finalités.

LES ETAPES DU PROCESSUS

Notre réflexion va se déployer au cours de quatre étapes.
1. — Rappel des objectifs qui vous sont assignés ou que vous vous êtes définis.
2. — Inventaire de vos activités et mesure du temps qui leur est consacré.
3. — Définition d'un programme d'activités rénové correspondant étroitement à vos objectifs.
4. — Comparaison de ce programme d'activités rénové à l'inventaire des activités existantes et décision sur les mesures à prendre : organisation, élimination, délégation, simplification, programmation.

PREMIERE ETAPE : QUELS SONT VOS OBJECTIFS FONDAMENTAUX ?

Maintenant, nous nous engageons dans la première phase de notre réflexion. Celle-ci consiste à réfléchir à vos objectifs fondamentaux.
Quelques exemples vous sont fournis. Ils sont d'ordre général et ne peuvent pas être considérés comme la norme unique à laquelle il vous faut adhérer. Chaque entreprise a ses propres finalités, sa propre stratégie pour y parvenir, sa propre politique commerciale au sein de laquelle s'inscrivent vos objectifs et votre action.
Vos objectifs seront appelés *quantitatifs,* chaque fois qu'on pourra les mesurer par des chiffres : objectifs de chiffre d'affaires, de quantités, d'unités, de volumes, de litrages, selon les produits à vendre, volume de marge.
Nous soulignons ici cette notion de *volume de marge.* Souvent la marge est définie en pourcentage du chiffre d'affaires ; ceci est moins parlant qu'une marge exprimée en valeur absolue, donc en francs.
Les objectifs *qualitatifs* sont définis par des mots, plutôt que par des chiffres, même si on peut en mesurer l'atteinte sur une échelle. Ces objectifs sont assez nombreux et variés et dépendent fortement des priorités qui ne peuvent être les mêmes d'une entreprise à l'autre.
Sans chercher à en établir l'inventaire, on en citera quelques-uns tels que :
— créer l'équipe ou la ressouder après que divers événements l'aient perturbée ;
— créer une ambiance de travail (mais aussi parfois de fête) ;
— insuffler un esprit de travail et de performance (ce qui est d'un degré supérieur à l'objectif précédent) ;
— améliorer les performances de l'équipe de vente ;
— former et perfectionner les vendeurs ;
— mettre l'accent sur certains produits et certaines clientèles ;
— faire travailler l'équipe dans le cadre de l'image voulue par l'entreprise, ou en d'autres termes, donner une image favorable de la société à travers son équipe de vente ;

— faire appliquer la politique commerciale et le plan de marketing ;
— donner ou redonner du tonus à l'équipe de vente, la motiver ;
On peut y ajouter les objectifs plus personnels au Directeur des Ventes :
— se donner une certaine image ou la redresser ;
— se rendre plus disponible et plus présent sur le terrain.
Bien entendu, vous ne pouvez pas poursuivre autant d'objectifs à la fois. Deux ou trois objectifs émergent et font écran aux autres. Il faut considérer ici les objectifs réellement prioritaires, ceux que nous appelons fondamentaux.

DEUXIEME ETAPE : INVENTAIRE DE VOS ACTIVITES ; DEBORDEMENT ET DISPERSION

On peut définir une activité comme une tâche effectuée dans le but d'atteindre un ou plusieurs des objectifs fondamentaux. En réalité, un nombre plus ou moins grand d'activités est exercé sans servir le moins du monde les objectifs du Directeur des Ventes ; il peut déjà s'estimer bienheureux quand l'exercice de certaines tâches ne va pas à leur encontre.

Quelles sont les activités habituelles d'un Directeur ou d'un Chef des Ventes, l'attribution de telle ou telle activité pouvant varier d'une entreprise à l'autre ? Ces activités sont multiples et il est guetté par la dispersion.

On commencera par les réunions avec la Direction de l'entreprise, en passant par les réunions de coordination interne avec les responsables de la fabrication, de la logistique, de la gestion, bien entendu du marketing, si cette activité existe dans l'entreprise, pour poursuivre par les tâches de suivi et de contrôle des activités des commerciaux, de la mise en correspondance des résultats et des objectifs sur le triple plan des ventes par produits, par clients et par secteurs, avec l'analyse de l'écart qui s'impose dès que celui-ci prend de l'importance, du suivi des budgets et des frais, de l'examen du tableau de bord.

Il faut aussi recruter, soit pour remplacer un départ, soit pour créer un nouveau secteur de vente, soit pour intensifier la densité de la présence commerciale.

Les vendeurs ont besoin de formation et d'entraînement sur le terrain. Même s'il délègue à un formateur professionnel l'animation des stages de formation, leur préparation, la définition de leur contenu et de leur niveau, la pédagogie adoptée, l'assistance au stage appartient au Directeur des Ventes.

L'entraînement sur le terrain, soit en appui-vente (la question est traitée dans le chapitre 17), soit en accompagnement-formation (se reporter au chapitre 14) nécessite un temps considérable qui de notre point de vue ne devrait pas être inférieur à 40% du temps total du Directeur des Ventes.

L'animation des réunions (voir chapitre 16), même si leur nombre est restreint, nécessite un temps de préparation qui s'ajoute au temps d'animation. Et quand la préparation concerne le congrès annuel de la force de vente, le temps de mise au point prend un poids appréciable.

S'informer et exploiter l'information, informer sa Direction et son équipe, définir les objectifs et y faire adhérer en pratiquant une concertation loyale, améliorer les méthodes de travail, concevoir et faire réaliser des aides à la vente, consomme du temps.

On n'oubliera pas le téléphone qui est, bien entendu, utilisé pour accomplir nombre de liaisons énoncées ci-dessus, mais qui est aussi la source de bien des dérangements.

Combien de temps, en outre, les déplacements en avion, en train ou en voiture, peuvent-ils mobiliser ? Certes, on peut travailler ou réfléchir en train. Cela est moins aisé en avion et quasiment impossible en voiture.

Et dans tout cela, quel temps reste-t-il pour ce qui est primordial pour tout responsable : le temps pour la réflexion ? Le temps pour la disponibilité et l'écoute ? Le temps pour sa propre formation ?

FAIRE LA CHASSE AUX MISSIONS POUR LES ELUDER

A ce catalogue pourtant copieux, s'ajoutent insidieusement des missions, c'est-à-dire des tâches ou des groupes de tâches dont on doit considérer qu'elles n'appartiennent pas normalement à la fonction de Directeur ou de Chef des Ventes. Et pourtant, ces missions lui sont confiées, il lui est difficile de les récuser.

Appartient-il au Chef des Ventes ou au Directeur des Ventes de suivre certains grands comptes de client en responsabilité directe ? Tel n'est pas notre point de vue (1), ou alors, il faut déclarer que le Chef des Ventes, comme le Maître Jacques de Molière, partage son temps entre plusieurs fonctions et n'est Directeur ou Chef des Ventes qu'à temps partiel.

Lui appartient-il de définir la politique commerciale et tarifaire, alors que c'est la responsabilité du Directeur Commercial ? S'il l'exerce, c'est probablement parce qu'il n'y a pas de Directeur Commercial ou que la fonction de ce dernier a été définie avec un contenu différent de ce qu'on y trouve classiquement. Par contre, le Directeur des Ventes peut participer en tant que *conseil* à l'élaboration de la politique commerciale ou tarifaire. Si la définition de la politique commerciale ap-

(1) Que le Directeur des Ventes accompagne un de ses commerciaux chez certains clients, qu'il déjeune avec eux, en présence du vendeur, est un hommage rendu par la Direction à sa clientèle et n'est pas antinomique de l'orientation exposée ici.

partient au Directeur des Ventes, on se retrouve dans le cas de figure d'un temps partagé entre plusieurs fonctions.
D'autres missions attendent encore le Directeur des Ventes :
— assurer l'intérim quand un secteur est vacant et qu'on ne peut pas le faire couvrir par d'autres vendeurs de la société (ce devrait être une exception) ;
— surveiller les règlements des clients ; mais n'est-ce pas une des activités des services de gestion de l'entreprise ?
— rencontrer des confrères pour des échanges d'expérience (on peut considérer cela comme une extension du domaine de la formation et le réintégrer comme activité) ou pour mettre au point une position commune face à une menace qui pèse sur la profession, etc.
L'idée dominante qui transparaît à travers ces quelques lignes consacrées aux missions est qu'il importe d'être vigilant pour ne pas se laisser envahir par elles, aussi séduisantes ou flatteuses soient-elles ou aussi nécessaires puissent-elles paraître.
Cependant, et ceci ne va pas à l'encontre de ce qui précède, une mission peut être un test du Chef des Ventes ou du Directeur des Ventes, auquel le soumet sa Direction pour éprouver son aptitude à exercer avec succès une autre fonction dans l'entreprise. Accepter une mission demande du flair et du discernement, mais d'abord de bons critères de choix : en quoi sert-elle les objectifs fondamentaux de l'entreprise ou les objectifs personnels de celui à qui on la confie ?

LA MESURE DU TEMPS

Une fois l'inventaire des activités et des missions effectué, il faut mesurer combien de temps a été consacré à chacune d'entre elles.
Pour assurer cette seconde demi-étape, il faut avoir un dispositif d'enregistrement : c'est le rôle qu'exercera votre agenda professionnel. Du moins si vous l'utilisez intensément pour noter rendez-vous et programme d'activités de chaque journée.
Si un agenda ainsi tenu vous fait encore défaut, nous ne saurions trop vous recommander de faire de votre agenda professionnel la *mémoire* de vos travaux, en l'annotant chaque jour.
Comment mesurer le temps ? A travers cette question se pose celle de l'unité de mesure et de la durée de la mesure.
Les *volumes de temps* consacrés aux activités et aux missions seront mesurées en *heures* (et en fractions d'heures pour les tâches à caractère répétitif, ces fractions étant regroupées en heures). La prise en compte des volumes de temps engagés se fait sur une *année* entière.
En raison de l'irrégularité de certaines activités, seule la vision d'ensemble d'une année entière peut donner une juste proportion à l'étendue de chacune dans l'ensemble.
Quand ce travail aura été mené à bonne fin, il permet de prendre la mesure de certains grands « *chronophages* » ou dévoreurs de temps. Ici ce

sera l'étendue des tâches administratives, là ce sera les réunions, ailleurs la participation multipliée à différents comités de gestion, de marketing, de qualité, de communication interne, etc., parfois les déplacements. Peu nombreux, selon notre expérience, sont ceux qui peuvent affirmer qu'ils arrivent à consacrer les *trois quarts* de leur temps à l'animation de leur équipe de vente.
Cet inventaire des activités et la mesure des volumes de temps qui leur sont affectés n'est que le constat, l'état actuel de votre emploi du temps. Ce constat serait stérile s'il ne s'accompagnait pas d'un plan de réformes. Nous allons l'aborder à présent.

ET SI LA QUESTION ETAIT RESOLUE ?

Quand on recherche une solution, l'expérience semble montrer que l'on obtient de meilleurs résultats quand on part du résultat souhaité que lorsqu'on s'appuie sur la solution actuelle en tentant de la faire évoluer.
Si l'on veut gérer son temps, il faut commencer par définir — idéalement — ce qu'on aimerait que son emploi du temps soit, compte tenu des objectifs que l'on doit atteindre et en s'affranchissant des pesanteurs dues souvent aux usages auxquels on n'ose pas trop contrevenir.
Ainsi donc, vous êtes invité à définir quelles grandes masses de temps vous devriez affecter à quelles activités prioritaires, pour apporter une profonde rénovation à la façon d'exercer votre métier.
Pouvons-nous vous souffler quelques recommandations ?
Essayez de bâtir un schéma dans lequel :
— 40% de votre temps est consacré aux échanges et aux présences sur le terrain, aux côtés de vos commerciaux, en appui-vente et en accompagnement-formation.
— 20% de votre temps est consacré à votre réflexion, à votre information et à votre formation.
Ainsi nous vous proposons de tailler à la hache dans les broussailles et les taillis pour installer prioritairement les activités essentielles. Inévitablement d'autres tâches, activités et missions vont souffrir de ce nouveau découpage de votre temps. Nécoutez pas les clameurs : vous êtes sur la bonne voie.
Sans doute aussi trouvez-vous le procédé grossier et brutal. Nous partageons votre point de vue. Notre but est ici pédagogique : il doit vous conduire à réfléchir à ce qui est essentiel, à lui accorder une place privilégiée et à remettre en question tout le reste.

QUELQUES BONNES QUESTIONS

Comparez maintenant le découpage « idéal » et l'état actuel de votre emploi du temps.
1. — Considérez votre emploi du temps actuel. Les volumes de temps consacrés aux différentes activités et missions sont-ils conformes à

l'idée que vous vous faites de ce qui est nécessaire pour atteindre vos objectifs ?
Qu'est-ce qui est trop développé ?
Qu'est-ce qui ne l'est pas assez ?
2. — Quelle est l'origine des activités et des missions qui vous sont imparties :
Ces activités sont-elles prévues et attendues, donc plus faciles à placer sur un programme ordonné ?
Certaines activités ne sont-elles pas imprévues, imprévisibles ? Lesquelles ? De qui émanent-elles ?
Quelles sont les activités subies parce qu'un autre en a pris l'initiative (client, supérieur hiérarchique, collaborateur) ?
3. — Ces activités sont-elles essentielles (importantes) ou secondaires ?
N'y a-t-il pas des activités inutiles ?
N'y a-t-il pas des tâches hors fonction ?
N'y a-t-il pas de tâches inférieures, c'est-à-dire appartenant normalement à des degrés inférieurs de la hiérarchie (tâches d'exécution, par exemple) ?
N'y a-t-il pas des tâches créatives, c'est-à-dire entraînant de votre part une réflexion qui augmentera vos capacités professionnelles, en restant dans le cadre de votre fonction ?
4. — Ces activités sont-elles importantes ou urgentes ou ni l'une, ni l'autre ?
Les activités importantes sont indispensables pour atteindre vos objectifs.
Les activités urgentes sont celles — vérification faite de la réalité de l'urgence déclarée — qui sont à traiter toutes affaires cessantes.
Dressez un tableau avec quatre cases et placez-y les tâches que vous assumez :

Important et urgent	Important et non urgent
Urgent et non important	Ni important ni urgent

Cet exercice entraîne une grande clarification. De plus, il vous dote d'un schéma d'analyse rapide et efficace pour canaliser les demandes effectuées par votre entourage professionnel — et parfois personnel.

CE QUI EST DECLARE « URGENT » EST-IL A TRAITER D'URGENCE ?

Nous voudrions vous aider à réfléchir sur l'urgence. L'urgence émane en général d'une tierce personne qui, pour être certaine que sa demande sera prise en considération, la qualifie ainsi :
— « C'est important et c'est urgent ! »
L'histoire se déroule fréquemment de la façon suivante. Un client vous appelle. Vous êtes absent. Votre secrétaire prend le message. Sensible au ton teinté d'angoisse de l'interlocuteur, elle demande : — C'est urgent ? Et votre client, heureux que sa question soit traitée rapidement, acquiesce. Le message est placé sur votre bureau avec l'annotation soulignée : « Important et urgent ». Faute d'une autre indication, dès votre retour, alors que d'autres tâches requièrent votre attention, vous traitez l'« urgence ».
Or un autre scénario était envisageable. A la demande de votre correspondant, votre secrétaire indique que vous serez de retour à tel moment, mais s'enquiert de l'objet de l'appel, fait préciser si la question doit être traitée par le Directeur des Ventes, ou par un adjoint ou encore par elle-même. Et ce même client parvient souvent à la conclusion que la réponse peut attendre quelques jours. Cette précaution permet de planifier le moment de son traitement.
Vous l'avez compris, votre secrétaire est le premier rempart de votre organisation et de votre disponibilité.
Fiction ? Non. Une histoire de tous les jours.
La plupart des « urgences », peuvent trouver leur ordonnancement dans la programmation. C'est une des meilleures recettes que nous connaissions pour apaiser les tensions et diminuer le stress de celui qui se consacre avec ardeur à son travail.

LES CLES DE LA GESTION DU TEMPS DU DIRECTEUR DES VENTES

Sans que les recommandations qui suivent visent l'exhaustivité, voici quelques clés qui vous seront d'un précieux secours pour obtenir, avec une pleine efficacité, une bonne maîtrise de votre fonction de Directeur ou de Chef des Ventes. Elles tiennent en trois mots : élimination, délégation, organisation.
Vous commencez par éliminer les tâches hors fonction, les tâches qualifiées ci-dessus d'inférieures (ce qui n'exprime aucun mépris pour leur utilité) c'est-à-dire accomplies par un de vos collaborateurs et enfin les tâches inutiles (inutiles pour vous et pour les autres).
Par exemple, si vos commerciaux vous ont adressé un rapport succinct et explicite sur leurs activités, leurs projets, l'état de certaines négociations, il n'est pas utile que ces mêmes précisions vous soient données

également par téléphone : voilà un quart d'heure épargné, à multiplier par le nombre des commerciaux de votre équipe. Ou encore les repas. En dehors de leur plaisante qualité gastronomique (et nous ne prêchons pas pour une austérité de mauvais aloi), sont-ils tous indispensables ? Sans compter que la bonne chère et les vins capiteux émoussent parfois votre énergie pour traiter d'autres questions importantes pendant les deux heures qui les suivent.

On peut trouver de nombreux autres exemples : certaines réunions, qui sont des « institutions » pas toujours respectables et qui gagneraient à être soit carrément supprimées, soit considérablement écourtées (on se reportera au chapitre 16 sur l'animation des réunions).

LA DELEGATION

La délégation a fait l'objet depuis plusieurs années d'excellents ouvrages (1). Nous ne reprenons ici que les traits essentiels de cette pratique.

La délégation doit être conçue comme une extension des capacités de celui qui la pratique. Ce qui exclut la « délégation-poubelle », dont celui qui la reçoit pense immanquablement : « il se débarrasse de ses corvées ou de ce qui ne l'intéresse pas ». C'est au contraire une mission de confiance, donc ressentie comme une valorisation pour celui que l'on charge d'effectuer une certaine tâche à votre place.

La délégation pose une double question : celle du savoir-faire de celui à qui on délègue — ce qui peut déboucher sur une formation préalable pour que la tâche déléguée soit effectuée par une personne qualifiée pour l'assumer — et celle du temps disponible du délégataire, ce qui nécessitera, au préalable une réorganisation de ses activités.

Or former et organiser demande du temps. Et c'est dans ses 20% de temps consacrés à la réflexion que le Directeur des Ventes puisera la disponibilité indispensable pour assumer l'accomplissement de ces deux tâches.

Les tâches à déléguer sont nombreuses :

— le filtrage téléphonique par la secrétaire (ce qui suppose que des critères détaillés lui aient été fournis) ;

— l'organisation et l'animation de certaines réunions confiées à l'un ou l'autre de vos commerciaux ;

— la formation de votre force de vente, assurée avec plus d'efficacité par des formateurs extérieurs (ils ne vous sont pas nécessairement supérieurs — encore que... — mais disposent du temps indispensable et sont rémunérés pour cela) ;

— la lecture du courrier et la préparation des réponses par votre secrétaire, à qui vous aurez donné les directives et conseils indispensables ;

---

(1) On se référera par exemple à *Savoir déléguer* de Patrick Korenblit et Gérard Layole, Les Editions d'Organisation, Paris, 1986.

— la lecture et la diffusion d'extraits de revues techniques et professionnelles ou leur résumé et le compte rendu verbal ou écrit confié à quelques commerciaux alternativement ;
— la tenue du tableau de bord, par la secrétaire, qui peut aussi devenir apte, après que vous l'ayez formée à cet effet, à relever les écarts notables.
La liste est loin d'être limitative.

L'ORGANISATION

S'organiser sans défendre farouchement son organisation, c'est-à-dire sans en être l'apôtre (le faire savoir), c'est élever des murailles en laissant une porte d'entrée béante.
Une organisation personnelle bien conçue commence par quelques refus dont l'évocation pourra vous faire frémir :
Il faut dans certains cas savoir dire non à son patron. Un exemple vous fera comprendre cette proposition. Votre patron vous confie une tâche. Par gentillesse ou par esprit de discipline, vois l'acceptez. Mais en votre for intérieur, vous pestez contre la tâche importune. Vous avez déjà tellement à faire ! Pourtant il n'est pas très difficile de dire : non. S'opposer à une telle demande est peut-être ressenti dans l'immédiat comme délicat. Si vous savez expliquer avec courtoisie que cette tâche supplémentaire et imposée va créer des handicaps pour l'atteinte de vos objectifs, il ne vous en sera pas tenu rigueur, et quel soulagement ultérieur d'avoir su défendre votre emploi du temps !
Apprenez à canaliser les demandes de vos collaborateurs et de vos collègues. Bien entendu, vous vous êtes promis d'être disponible envers eux. Mais pas à tout instant. Votre disponibilité mérite d'être planifiée. Prendre rendez-vous pour discuter d'une question, ce n'est aucunement refuser de l'aborder ; c'est au contraire vous permettre de l'aborder dans les meilleures conditions.
« D'accord mon vieux pour en parler avec vous ; peut-on se réserver une demi-heure à tel moment pour aborder ce sujet, notre réflexion n'en sera que meilleure. »
Et quand le moment sera venu, demandez son plan à votre interlocuteur. Notez-le et conservez-le sous votre double regard. Minutez-en aussi les séquences et... arrangez-vous pour respecter le *timing* dont vous serez convenu. Recommandez ceci à vos commerciaux : « Quand vous venez me voir, préparez non seulement les éléments du problème que vous souhaitez me soumettre, mais également la ou les solutions que vous envisagez. » Outre que cette recommandation vous épargnera bien des conversations parce que votre vendeur aura trouvé lui-même la solution adéquate et qu'il n'est donc plus nécessaire de vous en parler, si ce n'est pour vous en informer, la discussion, si elle est encore nécessaire, portera sur l'alternative éventuelle entre deux solutions, ce qui sera la source d'une précieuse économie de temps.

On peut considérer ce principe comme une délégation de la capacité de réflexion à vos commerciaux, excellent moyen de développement de leurs capacités personnelles et donc d'accroissement de l'efficacité de votre force de vente.
Songez aussi, notamment quand vous avez besoin d'un temps de réflexion qui mobilise de la concentration, à instituer l'heure sans téléphone. Pendant ce temps, les appels téléphoniques sont filtrés par votre secrétaire, qui prendra note des coordonnées et de l'objet de l'appel de votre correspondant. Vous rappelerez ultérieurement à un moment où vous serez plus disponible pour dialoguer.
Le domaine de l'organisation est extrêmement vaste, même si on le limite à ce qui touche directement la fonction du Directeur ou des Chefs des Ventes.
Fournir des plans types de lettres avec des formules d'introduction et de conclusion pour la secrétaire ; se préoccuper à la fin d'une réunion de définir *qui* doit faire *quoi*, pour *quelle date,* relancé par qui pour s'assurer qu'aucun retard n'est pris ; s'ingénier à regrouper des tâches pour les accomplir plus efficacement ; tenir compte de ses biorythmes pour placer les tâches qui requièrent la plus grande dépense d'énergie aux moments de la journée où l'on a le plus d'ardeur ; préparer une place à l'imprévu (parce que les imprévus se répètent avec une certaine régularité si on les observe sur une période suffisamment longue) ; mettre au point la circulation de l'information (émetteur, destinataire, traitement recommandé au destinataire), hiérarchiser et planifier ses activités, fournir aux vendeurs des plans types pour la tenue de leurs dossiers de clients, pour émettre une information complète et concise, c'est encore de l'organisation.

UN BON DIRECTEUR DES VENTES VAUT CE QUE VAUT SA SECRETAIRE

Votre secrétaire est le gardien de votre organisation personnelle : vous lui devez de l'aider à s'organiser. Et ce qui en est le corollaire, vous devez respecter son organisation (1).
Ces recommandations sont classiques, mais ont été éprouvées avec succès par beaucoup.
Evitez de l'interrompre à tout moment. Par exemple : *« Hélène apportez-moi tel document. ». Elle s'interrompt dans son travail, se lève, cherche le document en question, vous l'apporte et reprend sa place. Quelques secondes pour reprendre le fil de sa frappe et voici que vous lui dites : « Ah, j'y pense, Hélène, retrouvez-moi le numéro de M. Martin-Dubreuil et appelez-le, s'il vous plaît. » Nouvelle interruption. Elle reprend son travail, oublie un paragraphe, doit recommencer sa frappe et*

---

(1) Lire à ce sujet *Efficacité personnelle de la secrétaire* de Cammas, Chandezon, Lancestre et Marie, Les Editions d'Organisation, Paris, 1983.

voici que vous avez encore besoin d'elle pour vérifier je ne sais quoi... De quelle efficacité peut-on créditer une collaboratrice dont l'activité est hachée par vos soins en menus morceaux ?
Au contraire, comme vous le faites vis-à-vis de tout votre entourage professionnel, prenez le soin de programmer vos moments de travail en commun. Votre propre efficacité en dépend.
Associez-la à vos activités ; informée sur ses propres tâches et sur ses prérogatives (elle a son domaine d'autorité), soigneusement tenue au courant de la marche de l'entreprise et sur les raisons qui ont mené aux décisions, invitée à participer aux réunions commerciales, si vous lui avez en outre fourni les critères d'appréciation pour pouvoir filtrer et canaliser les sollicitations extérieures, elle devient alors pour vous un précieux chef de cabinet et trouvera son métier beaucoup plus attachant, ce dont vous serez encore le premier bénéficiaire.

L'HYGIENE DE VIE PROFESSIONNELLE DU DIRECTEUR DES VENTES

Quand on a une lourde charge de travail, il faut à tout prix éviter que l'obsession du métier déborde sur son temps de loisirs. Permettez-moi de vous faire part d'une de mes recettes personnelles :
En fin de journée, avant de cesser mon temps de travail, je note sur mon agenda ce que j'ai fait. Quelques mots suffisent, et souvent même ne sont pas nécessaires parce que les différents appels téléphoniques à émettre et les réunions ou entretiens qui ont eu lieu y figurent déjà au titre du programme de la journée. Ceci permet de retrouver ultérieurement la trace dont on peut avoir besoin. Puis je dresse par écrit, sur une feuille ou sur mon agenda — selon leur volume, les questions à suivre le lendemain ou les jours suivants et j'établis le programme de travail du lendemain. Parce que c'est écrit, je suis certain de ne pas l'oublier et je libère mon esprit pour être disponible, pour les autres et pour les miens ou simplement pour goûter pleinement à la détente à laquelle chacun a droit. J'évite ainsi, notamment, de me réveiller au milieu de la nuit en pensant : « Zut ! j'ai oublié ça, il faut absolument que j'y pense demain », et me fait aborder la journée suivante avec la fatigue due à un repos insuffisant.

LE DIRECTEUR DES VENTES EST UN MANAGER

Nous voudrions conclure cette longue réflexion sur votre métier de Chef des Ventes par deux principes empruntés l'un au maréchal Lyautey, l'autre à Antoine Riboud, président de BSN.
Lyautey a résumé en quatre phrases lapidaires le rôle du chef : « Tout faire. Ne rien faire. Ne rien laisser faire. Tout faire faire. » Cette définition s'applique exactement au rôle du Directeur des Ventes.

Tout ce qui est inscrit dans sa fonction est de son ressort. C'est de sa responsabilité et il l'exerce pleinement. (« Tout faire »).
Il n'est pas celui qui fait tout à la place des autres. On n'attend pas de lui qu'il soit le supervendeur qui se charge lui-même de tout dans les moindres détails. C'est le rôle imparti à sa force de vente. (« Ne rien faire »).
Il exerce son contrôle — au sens anglo-saxon de contrôler, tenir en main — sur l'ensemble des activités, des objectifs, des résultats, de l'analyse des résultats, et il intervient sur tous les écarts significatifs qui exigent une action de rétablissement vers l'équilibre (« Ne rien laisser faire. »)
Il délègue l'action à ceux qui sont qualifiés pour cela et qu'il a formés pour la réussir.(« Tout faire faire. »)
L'éclairage apporté par Antoine Riboud dans une conférence télévisée au cours des années soixante-dix vient utilement compléter cette définition. Antoine Riboud expliquait comment il concevait son rôle vis-à-vis de ses collaborateurs immédiats en matière de stratégie et d'exécution : « J'écoute le conseil de mes collaborateurs en matière de stratégie, mais je suis le décideur. En revanche, sur le plan de la tactique ou de l'application sur le terrain, je conseille mes collaborateurs et eux prennent la décision qui s'impose. »
Ce schéma de fonctionnement, transposé au management commercial, peut être représenté par la matrice suivante :

Niveau hiérarchique	Stratégie	Tactique d'exécution
Directeur des ventes	Décision	Conseil
Vendeurs	Conseil	Décision

Ils sont aujourd'hui quelques centaines ces Directeurs Commerciaux, Directeurs des Ventes et Chefs des Ventes à avoir appliqué avec succès de tels principes, après que nous les leur ayons présentés au cours de nos séminaires sur la Direction et l'Animation d'une équipe de vente.

3

LES METHODES DE MANAGEMENT DES VENDEURS

□ Le Directeur des Ventes est un manager □ Le management des vendeurs est une activité complexe □ Quel style de management adopter ? □ L'influence de la « culture » de l'entreprise □ Un ou plusieurs styles de management □ Le cycle de carrière des commerciaux □ La typologie des vendeurs □ Management des vendeurs : il n'y a pas de recette universelle □ Donner un ordre □ Les antécédents de l'ordre □ La structure de l'ordre en cinq parties □ L'ordre et le degré de compétence du vendeur □ Les cinq qualités d'un ordre □ Donnez confiance à vos vendeurs □ Le climat régnant au sein de la force de vente □ Les composantes du climat □ L'information des commerciaux □ La détermination des objectifs en participation □ Les aides à la vente □ La mise en route d'un nouveau vendeur □ Plan de carrière, enrichissement des tâches des vendeurs □ Les précautions à prendre avant une promotion interne □ Faut-il changer les vendeurs de secteur pour les aider à se renouveler ? □ Comportement du Directeur des Ventes masculin vis-à-vis des vendeuses de la force de vente □ Les vendeurs insuffisants □ L'entreprise, l'équipe de vente et les « désimpliqués ». □ Comment traiter la « sclérose des anciens » ? □ Les cas difficiles □ Méthode de traitement des cas difficiles □ Licencier un vendeur □ Inadéquation, indiscipline, malhonnêteté ? □ Un vendeur licencié doit-il effectuer son préavis ? □ Le Directeur des Ventes et son supérieur hiérarchique.

Qu'attend-on fondamentalement du Directeur des Ventes ? Qu'il soit celui qui guide et qui explique à chacun ce qu'il a à faire et les buts de son action, qu'il soit celui qui fait progresser l'équipe de vente dans son ensemble, qu'il soit aussi l'animateur — c'est-à-dire littéralement celui qui donne une âme — ce qu'on pourrait traduire par celui qui suscite et entretient l'élan des énergies et de l'ardeur de la force de vente au travail.

LE DIRECTEUR DES VENTES EST UN MANAGER

Curieux et complexe métier que celui du Directeur des Ventes. Déjà, à travers le portrait du « nouveau Directeur des Ventes » que nous avons tracé dans le premier chapitre de ce livre, le lecteur a pu percevoir les différentes facettes de la définition de son profil.
Il est à la fois l'entraîneur et le chef d'équipe de la force de vente — à ce titre psychologue en action — l'homme des méthodes et des techniques de la vente et le responsable de leur implantation et de leur application.
Il lui est demandé de savoir opérer, selon les circonstances et selon les personnes auxquelles il s'adresse, soit avec énergie, soit avec doigté, ce qui exige de lui des qualités humaines affirmées et le sens des degrés et des nuances.
On attend encore de lui, avec la même intensité, l'enthousiasme chaleureux et communicatif, par exemple pour animer la « grand'messe » qui donne le coup d'envoi de l'année commerciale, pour se porter en appui sur les créneaux en difficulté et pour accompagner les vendeurs pour les aider à mieux négocier ou pour les perfectionner ; en même temps que la rigueur indispensable pour effectuer les prévisions des ventes, organiser les activités, gérer les réalisations, interpréter les statistiques et les informations, prendre les décisions qui s'imposent, organiser et faire circuler l'information.
Cumuler en un seul personnage, et avec un développement homogène, la finesse psychologique, l'esprit de décision, l'énergie de l'action et la rigueur de l'analyse et de la synthèse, n'est pas le lot commun. Or c'est bien ce qu'on attend du titulaire de cette fonction.
Le Directeur des Ventes est par conséquent un manager au sens le plus plein du terme.

LE MANAGEMENT DES VENDEURS EST UNE ACTIVITE COMPLEXE

Nous définissons, après bien d'autres, le management comme l'art de gouverner les efforts de l'ensemble des personnes qui constituent la force de vente pour atteindre les objectifs quantitatifs définis par le Directeur des Ventes ou assignés par la Direction Générale.

Cette simple définition recouvre en fait des aspects complexes :
1. — L'activité de management du Directeur des Ventes concerne la multiplicité des personnes du groupe des vendeurs, c'est-à-dire une pluralité de personnalités, d'aptitudes et de capacités. (Cette question est abordé de façon plus détaillée plus loin dans ce même chapitre.) Chaque vendeur a ses points forts et ses faiblesses. Chacun également professe des opinions différentes et poursuit des buts personnels qui parfois ne sont pas en accord parfait avec ceux qu'exige son métier. Coordonner un ensemble nécessairement disparate n'est pas une affaire simple.
2. — Les objectifs sont tributaires de circonstances qui évoluent en permanence et selon des rythmes quelques fois peu prévisibles. Les circonstances concernent aussi bien les hommes et les femmes de la force de vente que l'entreprise elle-même.
Les informations relatives aux fluctuations circonstancielles sont d'une précision et d'une rapidité variables qui handicapent la parfaite compréhension des phénomènes qui se produisent et qui modifient le paysage dans lequel se situent les personnes, les objectifs et les actions.
A ce titre, à l'instar des personnages les plus haut placés dans la hiérarchie de l'entreprise, le Directeur des Ventes, comme tout manager, est placé devant le même lot d'incertitudes sur le bien-fondé de la décision à prendre.
Sans prétendre dresser le catalogue complet des applications possibles, ce chapitre envisage de réduire la zone d'incertitude du Directeur des Ventes en lui proposant quelques réflexions et méthodes pour traiter les situations usuelles devant lesquelles il peut se trouver placé.

QUEL STYLE DE MANAGEMENT ADOPTER ?

« Le style est l'homme même », selon Buffon. Il est indéniable que, selon sa personnalité, conséquence elle-même de son patrimoine génétique, de son éducation, des modèles qui ont jalonné son parcours humain et professionnel, le Directeur des Ventes privilégiera un style autocratique, un style très participatif, ou un style intermédiaire, selon le spectre de nuances suivant (1) :
A. — Le Directeur des Ventes prend les décisions et les annonce.
B. — Le Directeur des Ventes « vend » ses décisions.
C. — Le Directeur des Ventes présente ses idées et demande à chacun son avis pour effectuer ensuite la synthèse préalable à l'annonce de la décision.
D. — Le Directeur des Ventes définit le cadre à l'intérieur duquel la décision sera prise de façon participative.

---

(1) Lire à ce sujet « Comment choisir son style de direction ? » par Tannenbaum et Schmidt, *Harvard Business Review,* mars-avril 1958.

E. — Le Directeur des Ventes laisse au groupe des commerciaux le soin de choisir la solution au problème posé. Après discussion, il élabore la synthèse et annonce la décision.

Par son choix, le Directeur des Ventes révèle, plus ou moins consciemment que son point de vue sur les hommes le rattache à la fameuse « Théorie X, Théorie Y », énoncée par Douglas Mc Grégor, il y a trente ans, qui décrit deux points de vue extrêmes sur l'homme au travail.

On sait que la théorie X pose pour principe que l'homme, ici le vendeur, a besoin d'être contraint, dirigé et contrôlé. En participant à ce point de vue pessimiste, le Directeur des Ventes exprime qu'il fait peu confiance aux collaborateurs et à leurs capacités. Il révèle peut-être ainsi qu'il surmonte difficilement ses incertitudes et angoisses personnelles.

La théorie Y considère les collaborateurs comme adultes et autonomes, et détenteurs d'un bon niveau d'aptitudes et de capacité. Ils peuvent être associés à l'élaboration des objectifs et sont aptes à gérer eux-mêmes leurs réalisations et à apprécier les situations rencontrées localement pour décider des mesures opportunes à prendre. Le Directeur des Ventes qui adhère à ce principe ou s'en approche est probablement un professionnel qui porte une attention soutenue au recrutement des vendeurs et à leur perfectionnement et s'inspire vraisemblablement de bien des idées exposées dans le présent ouvrage.

L'INFLUENCE DE LA « CULTURE » DE L'ENTREPRISE

Un Directeur des Ventes ne peut se dissocier durablement de l'esprit régnant dans l'entreprise qui l'emploie, ce qu'on désigne couramment par l'expression « culture de l'entreprise ». En général il a été choisi, précisément parce qu'il se trouve en harmonie avec la philosophie des dirigeants. Ceux-ci peuvent porter leur attention plutôt sur les performances économiques (*productivité* ou *excellence*) ou sur la dimension humaine *(humanisme).*

Le style de management sera tributaire de ces dominantes, au moins quant au contenu des « discours » qu'il tiendra à la force de vente.

UN OU PLUSIEURS STYLES DE MANAGEMENT ?

En réalité, le style de comportement à adopter ne peut pas être unique. Nous avons observé qu'au sein d'une même équipe de vente, les profils des personnes étaient dissemblables, non seulement sur le plan des personnalités, mais également en fonction de leur compétence et de leur position sur leur *cycle de carrière.*

Un bref point sur les typologies des commerciaux permettra de clarifier la question.

LE CYCLE DE CARRIERE DES COMMERCIAUX

De même que les produits de l'entreprise sont situés sur un cycle de vie (lancement, développement, maturité, déclin), de même les vendeurs peuvent être situés sur un *cycle de carrière,* dont les appellations ne diffèrent que peu de celles du cycle de vie des produits. Le vendeur peut être en position de débutant, en développement, au stade de la maturité ou à celui du déclin.

Le débutant a tout à apprendre — ce que certaines entreprises importantes apprécient pour lui inculquer leur esprit et leurs méthodes propres — : société, structure et organisation, procédés de fabrication, produits fabriqués et leur concurrence, clientèle, méthodes de vente et d'organisation de l'efficacité, procédures de fonctionnement interne, communication, esprit de l'entreprise. La productivité du débutant est en général faible.

Au stade du développement, le vendeur commence à assimiler ce qui précède et la productivité du vendeur est sur une courbe ascendante.

Au stade de la maturité, les connaissances et les méthodes sont bien assimilées. La productivité du vendeur est au plus haut.

Le stade du déclin n'est pas une fatalité due à l'âge. D'ailleurs certains vendeurs sont touchés par l'âge de la retraite alors qu'ils sont encore au stade de la maturité. (Nous avons même rencontré le cas d'un vendeur mis à la retraite à 66 ans et qui a dû être remplacé par deux jeunes commerciaux pour que soit maintenu le même chiffre d'affaires sur son territoire de vente.) Les origines du déclin sont multiples : lassitude du travail, centres d'intérêts se déplaçant vers d'autres activités, parfois de loisir, baisse du moral dû à des difficultés de santé, de famille ou aux conséquences durables d'un accident de parcours professionnel, tel que le chômage consécutif à un licenciement collectif.

Quand il est au stade du déclin, le vendeur devient routinier et ne se renouvelle pas. Il a ses habitudes, bonnes et mauvaises. Il est porté par son expérience et s'en satisfait. La productivité stagne, voire décline doucement. Nous aborderons plus loin dans le même chapitre la question posée par les vendeurs insuffisants, les « anciens » et les « désimpliqués ».

LA TYPOLOGIE DES VENDEURS

Le Centre de Communication Avancée du Groupe Havas, sous la direction de Bernard Cathelat, a réalisé en 1984 une étude auprès d'un échantillon représentatif de plusieurs milliers de vendeurs, qui fixe en les désignant par des noms souvent cocasses, les trajectoires professionnelles adoptées par les commerciaux. Une représentation graphique, sous la forme d'un *maping*, permet de situer les positions des uns et des autres en fonction de deux axes, l'un horizontal (de l'égoïsme à l'altruisme), l'autre vertical (de l'affectif à l'argent). Voir figure ci-après.

MAPING DES TYPOLOGIES DE VENDEURS
Etude CCA-Havas France 1984

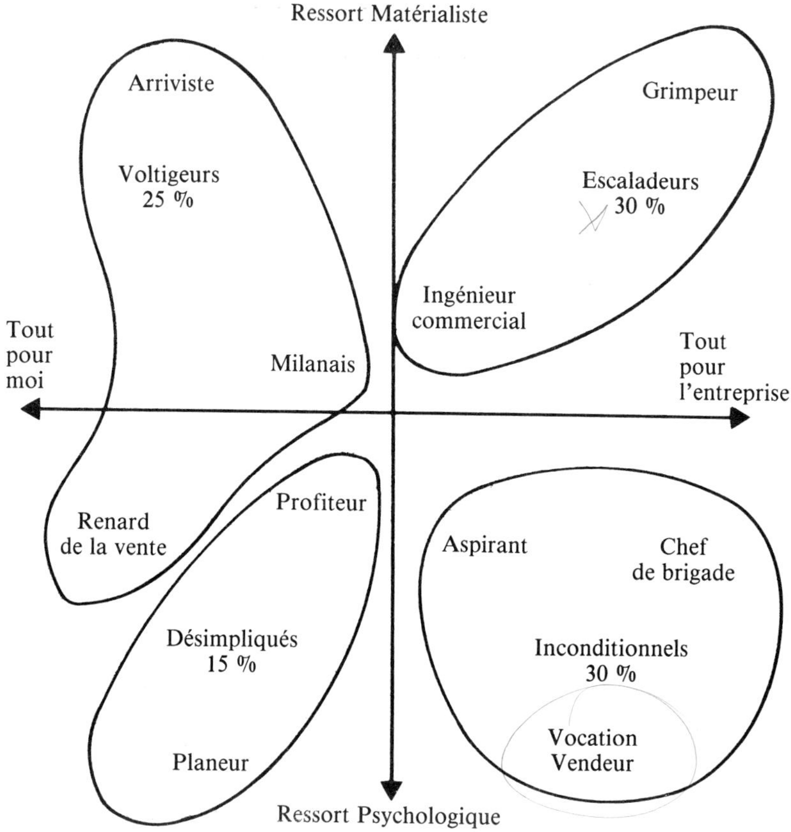

Les dix types présentés sont regroupés en quatre sous-ensembles *(voltigeurs, escaladeurs, inconditionnels* et *désimpliqués).*
Les *voltigeurs* sont décrits comme des éléments dynamiques, malins mais rebelles à l'entreprise et plutôt préoccupés par leur sort. Ils peuvent se montrer critiques, voire cyniques envers leur entreprise. Ce sont les plus instables, le « turn-over » de cette population étant supérieur à la moyenne. Parmi les *voltigeurs* figurent *l'arriviste,* très motivé par l'argent, le *Milanais*, homme d'affaires en herbe et le *renard de la vente,* le plus subtil de tous. Les voltigeurs représenteraient le quart de la population des commerciaux, toutes entreprises confondues, plus importants ici et moins là.

Les *escaladeurs* ne sont pas non plus des personnages de tout repos. On trouve parmi eux aussi bien des autodicdates que des diplômés, la vente étant pour ces derniers une sorte d'onction leur accordant la légitimité de leur ambition. Ces *escaladeurs* vivent la vente de façon volontaire et choisissent l'entreprise qui leur permettra le mieux d'exercer leur ambition. La vente n'est pour eux qu'une étape de leur trajectoire professionnelle. Les degrés et les capacités qui sous-tendent leur soif de pouvoir sont singularisés du bas en haut de l'échelle par les appellations d'*aspirant*, d'*ingénieur commercial* et de *grimpeur*, ce dernier visant carrément la Direction Générale de l'entreprise. Les escaladeurs représenteraient 30% de la population commerciale.
Les *inconditionnels*, qui représentent une proportion égale à la précédente sont le *noyau dur* de la population des vendeurs. Ils ont choisi volontairement la carrière commerciale, parce qu'elle correspond fondamentalement à leur tempérament. Disciplinés et observant les consignes qui leur sont adressées, ils sont lucides et ne supportent pas les entreprises instables. Il y a deux types parmi les *inconditionnels* : le *chef de brigade*, qui a vocation à assurer un bon encadrement sur le terrain et la *vocation-vendeur*, excellent fantassin de la vente, qui confère à l'entreprise qui sait se les attacher une assise solide et efficace pour ses performances commerciales.
Les *désimpliqués*, qui ne représenteraient que 15% de la population des vendeurs sont qualifiés de *voiture-balai* des trois autres populations. Perdus dans le mouvement de la vente, ils ne sont pas à la hauteur des exigences des métiers commerciaux. On y trouve le *profiteur* qui, à défaut de primes et de commissions, est le grand spécialiste des notes de frais et des kilométrages inutiles (il doit se considérer en quelque sorte comme un taxi rémunéré selon la distance parcourue) et le *planeur*, reconnaissable à ses gémissements sur les difficultés dues aux clients, à la conjoncture et à la concurrence.

MANAGEMENT DES VENDEURS : IL N'Y A PAS DE RECETTE UNIVERSELLE

On comprend, en conclusion de ce qui précède, que le Directeur des Ventes ne peut adopter une formule unique de management. Son style de direction sera adapté à chacun. Il s'adressera à celui-ci en faisant appel à sa fierté ; auprès de celui-là, il exercera plutôt la pression, voire la menace ; à tel autre il accordera une zone d'autonomie pour qu'il s'exprime pleinement, tandis que pour un quatrième il faudra cadrer précisément son action.
Afin d'aider le Directeur des Ventes à choisir le style le mieux adapté, nous lui conseillerons de faire preuve :
— d'*autorité*, s'il doit menacer (sécurité),

— de *directivité*, quand il sait qu'il peut s'appuyer sur l'esprit de groupe régnant dans la force de vente (sympathie) ou sur son esprit de corps (fierté, orgueil).
— de *persuasion* vis-à-vis d'une force de vente constituée de commerciaux de bon niveau professionnel, psychiquement équilibrés, où les décisions sont décentralisées.
On notera que la persuasion peut également s'exercer avec de bons résultats auprès d'une force de vente à laquelle on ne laisse que peu d'initiatives pourvu qu'elle soit cadrée par des règles et des méthodes strictes.
Quel que soit le style de management adopté, le Directeur des Ventes, dans le cadre des orientations et des instructions qu'il donne à sa force de vente va émettre un *ordre*.

DONNER UN ORDRE

Il est de plus en plus largement admis aujourd'hui que si l'ordre est un *signe* de l'autorité, le fait de donner un ordre *ne crée pas* l'autorité au profit de son émetteur. Ce point a déjà été développé dans le premier chapitre.
Un ordre se prépare : ce sont ses antécédents. Un ordre s'exprime : il a une structure. Un ordre s'adresse à des collaborateurs : il doit déboucher sur des résultats.

LES ANTECEDENTS DE L'ORDRE

L'intervention d'un médecin appelé au chevet d'un malade permet de décrire commodément l'organisation d'un ordre, de sa préparation à sa complète exécution.
Le médecin ausculte, examine le patient, lui pose des questions sur son état actuel et ses antécédents. Il prescrit au besoin des analyses. C'est le stade de l'*observation* des faits. Puis il réfléchit, compare les faits et témoignages recueillis à ce qu'il a appris, à son expérience, aux informations reçues (épidémie, par exemple). C'est le stade de la *recherche* des causes. Alors il peut effectuer le diagnostic. C'est le stade de la *décision*. Puis il met en place le plan d'action pour traiter la maladie. Il rédige une ordonnance et l'assortit d'instructions pour le patient sur le traitement à suivre. C'est le stade de la *réalisation*. Enfin, une ou plusieurs visites sont programmées afin de suivre l'évolution de la maladie et observer les résultats obtenus par le traitement. C'est le stade final de l'*enregistrement* des résultats.
Les trois premiers stades : observation, recherche des causes, décision, constituent les antécédents de l'ordre ou sa préparation. Le stade de la réalisation est celui de l'émission de l'ordre ou de l'instruction.

Le stade de l'enregistrement correspond à celui de l'exécution de l'ordre, c'est-à-dire de ses effets.

LA STRUCTURE DE L'ORDRE EN CINQ PARTIES

Pour qu'il soit clairement perçu et compris et correctement exécuté, l'ordre comporte cinq parties : *objectif* à atteindre (que faire ?), *moyens* à mettre en œuvre (avec quoi ? avec quels moyens matériels ? avec qui ? avec quels appuis humains ?), *méthode* (comment s'y prendre ?), *délai* (à partir de quand ? pendant combien de temps ? jusqu'à quelle date ?) et *contrôle* (quel sera le suivi ? quels seront les critères d'évaluation d'atteinte de l'objectif ?).
Si nous avons rappelé ici la nécessaire structure de tout ordre ou instruction que l'on veut rendre opérant, c'est surtout pour souligner que dans nombre d'ordres émis les deux derniers aspects (délai et contrôle) sont souvent omis ou considérés comme implicites, ce qui entraîne un affaiblissement de leur portée.

L'ORDRE ET LE DEGRE DE COMPETENCE DU VENDEUR

Selon que le Directeur des Ventes s'adresse à un vendeur débutant, à un vendeur confirmé ou à un bon professionnel, son intervention dans la préparation et l'exécution de la directive sera différente.
Avec un vendeur débutant, le Directeur des Ventes aide le vendeur à analyser le problème. Il lui montre les avantages et les inconvénients des différentes solutions envisageables. Il le forme aux méthodes et lui facilite l'emploi des moyens à mettre en œuvre. Il décompose la tâche à accomplir en phases successives. Le vendeur rend compte de l'exécution.
Avec un vendeur confirmé, le Directeur des Ventes laisse le vendeur faire sa propre analyse (il peut contribuer à l'alimenter). Il le conseille et met au point avec lui l'action à accomplir. Le vendeur rend compte de l'exécution.
Le vendeur professionnel est apte à analyser le problème, à préparer et à déclencher lui-même l'action. il rend compte au Directeur des Ventes, pour information.

LES CINQ QUALITES D'UN ORDRE

1. — L'ordre ou l'instruction doit être compréhensible pour le collaborateur (choix et précision de mots, longueur de l'instruction). Il doit en comprendre les raisons et le but (d'où l'importance de l'analyse du problème).

Le Directeur des Ventes doit s'assurer que l'ordre est clair et compris.
2. — La réalisation de l'ordre doit être contrôlable (étapes du suivi, critères d'évaluation des résultats).
3. — L'ordre doit être suivi de la récompense ou de la sanction associées à sa réalisation ou à sa non-réalisation.
Ces conditions doivent être connues du collaborateur dès le moment où l'ordre est formulé (ceci est conforme au célèbre principe juridique de non-rétroactivité de la loi).
4. — Les connaissances et l'expérience de celui qui donne l'ordre doivent être supérieures à celles de celui qui le reçoit (ce qui implique la compétence de celui qui l'émet. A défaut, le Directeur des Ventes sera bien inspiré d'agir, comme indiqué ci-dessus, en délégant l'analyse, la préparation et l'action).
5. — La réalisation de l'ordre doit pouvoir être demandée physiquement et psychologiquement à celui qui l'exécute : ceci recouvre aussi bien la durée, que l'intensité et le niveau intellectuel de l'effort demandé.

DONNEZ CONFIANCE A VOS VENDEURS

La situation idéale d'une force de vente serait celle d'une équipe composée d'éléments autonomes, agissant dans le cadre de la politique commerciale et des objectifs définis en commun et atteignant approximativement ces objectifs.
La réalité est évidemment assez différente. Souvent les vendeurs sont étroitement encadrés et contrôlés : on leur demande de justifier leurs activités et leurs déplacements ; on surveille les commandes issues de leur territoire de vente. Loin de nous l'idée de critiquer le principe des comptes rendus d'activités ou des statistiques de vente. Par contre il faut réfléchir à l'esprit qui sous-tend les dispositions prises. Suspecte-t-on systématiquement les vendeurs d'être mauvais gestionnaires de leur territoire de vente ? de chercher à en faire le moins possible, voire de tricher sur leurs activités effectives ? de manquer d'efficacité ? Alors il ne faut pas s'étonner que les comptes rendus soient rédigés sous la forme de justification. Se sentant menacé, le vendeur prépare son dossier de défense.
Tout ceci n'est pas sain. Que fait donc l'entreprise — et vous particulièrement Directeur Commercial, Directeur des Ventes, Chef des Ventes — pour apprendre aux vendeurs à gérer *en patron* leur territoire de vente, à organiser leurs activités et leurs circuits de visite, à structurer leur portefeuille de clientèle, à gérer leur temps, à tenir leur tableau de bord de façon à avoir une vision claire et synthétique de l'efficacité de leur travail ?
On le voit, il ne s'agit pas d'imaginer une qualité improbable d'hommes ou de femmes, en réalité peu répandue, mais en s'appuyant sur les

vendeurs dont on dispose, de leur mettre en main un véritable savoir-faire professionnel tel que nous l'avons abondamment développé dans nos différents ouvrages (1) et séminaires et de sortir du cercle fermé : « ils sont incompétents, je les contrôle » du Directeur des Ventes auquel correspond : « il ne m'apprend pas mon métier, il ne me fait pas confiance alors que je fais le maximum, donc je me justifie » du vendeur.

Il est symptomatique de constater que certains auteurs traitant du « contrôle de la force de vente » tombent dans le même travers de refus d'accorder la moindre valeur à la force de vente. S'inscrivent-ils dans une perspective de formation qui fait progresser les hommes en leur faisant acquérir méthodes et pratiques à la hauteur du métier qu'ils doivent exercer ? Aucune initiative intelligente n'est à attendre d'hommes considérés comme de simples exécutants.

LE CLIMAT REGNANT AU SEIN DE LA FORCE DE VENTE

Le climat qui règne au sein de la force de vente recouvre en partie les thèmes que nous traitons dans le dernier chapitre, consacré à la motivation de la force de vente. De notre point de vue, le climat est la résultante des initiatives prises par le Directeur des Ventes. Cependant, il nous a paru utile de préciser ce que nous entendons par *climat*.

Sous cette désignation coexistent plusieurs notions, les unes dépendant des autres. Il s'agit d'une part de l'attitude favorable des commerciaux envers un travail actif et qui mobilise leur énergie et leur attention, et d'autre part de la satisfaction éprouvée en raison du travail effectué, des résultats positifs obtenus, ainsi qu'envers l'environnement professionnel, c'est-à-dire le management et plus largement l'entreprise dans son ensemble.

LES COMPOSANTES DU CLIMAT

La philosophie régnant dans l'entreprise, l'attitude du management et le statut propre au vendeur sont aux origines du climat régnant au sein de la force de vente — et probablement plus généralement dans l'ensemble des services de l'entreprise.

Les facteurs favorables de la philosophie de l'entreprise sont constitués par son humanisme (place de l'homme dans l'entreprise), par ses principes de participation (notamment à la définition des objectifs et des critères d'évaluation), par son esprit de travail, d'effort, de perfectionnement conduisant à la réussite, par une éthique fondée sur le respect des règles qui s'impose à tous du haut en bas de la hiérarchie,

---

(1) Notamment, les *10 Clefs de l'Efficacité du Délégué Commercial* et *L'organisation optimale des Circuits de Visites et de Prospection,* Editions d'Organisation.

par son attitude face à l'avenir et d'une façon générale par ses valeurs spirituelles et culturelles. (En tenant de tels propos, nous sommes conscients d'être en avance souvent par rapport aux discours tenus par les chefs d'entreprise et de retrouver les sources d'une vie sociale plus humaine et plus performante.)
Le management, et notamment le Directeur des Ventes, contribue au climat en raison de sa considération à l'égard des vendeurs et de leur métier, de sa présence (le travail des vendeurs est dirigé et suivi de près), de son activité faite d'assistance, support de formation, de sa communication fréquente et ouverte, des interrelations favorisées au sein de l'équipe de vente et de la clarté du commandement (un seul chef et non une pluralité).
Les facteurs de climat inscrits dans le statut du vendeur dans l'entreprise se définissent en termes de satisfaction apportée par le métier (produits vendus, degré d'éducation de la clientèle, considération de cette clientèle à l'égard des vendeurs), de position claire dans la hiérarchie et l'organigramme de la société, d'activités bien définies, de rôle attendu tant de la part des clients que de la part de la direction et des comportements qui en résultent, de système d'évaluation des résultats clair et loyal, de bonne adéquation du poste aux aptitudes de chacun et d'encouragement des initiatives.

LES MESURES DU CLIMAT

Plusieurs occasions permettent de mesurer le climat régnant au sein de la force de vente. Lors des entretiens individuels annuels (ou plus fréquemment si l'on constate une forte détérioration du climat), le Directeur des Ventes se souciera de ce que chacun de ses collaborateurs apprécie dans son travail, ce qui le rebute, et pour éviter l'appel à la critique, il lui demandera ses suggestions d'amélioration du fonctionnement aussi bien sur le plan des hommes que sur celui des systèmes.
Le départ volontaire d'un vendeur est une occasion privilégiée pour recueillir des informations sur le climat, notamment parce qu'on peut obtenir à ce moment-là des réponses plus sincères.

L'INFORMATION DES COMMERCIAUX

Le phénomène des rumeurs — en général orientées d'une façon malveillante — a souvent pour origine l'absence d'information. Rien ne détermine plus un climat que la circulation d'informations non contrôlées qui se chargent d'occuper le vide informatif.
Le vendeur est un homme de communication, en raison des messages qu'il doit apporter à la clientèle et des informations qu'il recueille au-

près d'elle pour la transmettre à la Direction des Ventes. Ce *communicateur* ne comprendrait pas que son Directeur des Ventes ne soit pas exemplaire sur ce plan. Comme tout responsable, le Directeur des Ventes est au centre d'un écheveau complexe de communication :

— Il est émetteur, mais par son statut de membre de la Direction, les informations qu'il émet sont tributaires de *bruits*, c'est-à-dire de risques d'interprétations. Selon le climat régnant dans l'entreprise ou au sein de la force de vente, ces bruits seront soit négligeables soit facteurs d'une déformation considérable du message.

— Il est récepteur, sans quoi il ne pourrait exercer durablement sa fonction.

— Il est également l'auteur d'un certain nombre de messages et donc attentif à la perception qui en sera faite par le destinataire (choix des mots, ce qui ne se confond pas avec les bruits signalés précédemment).

— Il choisit le canal de communication : annonce verbale en tête à tête, ou en réunion ou encore par téléphone ou annonce écrite par lettre individuelle ou par circulaire, le choix du média interférant bien entendu sur la perception du message.

— Il décide du traitement à apporter aux messages reçus : stockage, retransmission, travail sur l'information avant stockage ou retransmission.

Les informations placées sous la responsabilité du Directeur des Ventes concernent l'entreprise, sa stratégie, ses politiques (commerciales, humaine, technique, financière), ses réalisations et ses projets, les marchés et les clientèles, les produits et leurs concurrents directs et indirects, l'action et les résultats de l'équipe de vente, les conditions commerciales et tarifaires, etc.

Les supports de ces informations sont variés : circulaire, note brève, lettres personnelles, rapports de visites et d'activités, fiches et dossiers de clients, téléphone, télex, télécopie, réunion individuelles ou avec l'ensemble de l'équipe de vente.

LA DETERMINATION DES OBJECTIFS EN PARTICIPATION

Toute information qui ne trouve pas sa situation par rapport à un ensemble de points de repères perd une grande partie de sa signification. Il en va ainsi des activités et des résultats de l'équipe de vente.

Il est de la responsabilité du Directeur des Ventes de fixer le cap, c'est-à-dire de se prononcer sur les objectifs à atteindre. On considère aujourd'hui que l'adhésion aux décisions est d'autant plus grande que la personne concernée par son application a été associée à celles-ci. La détermination des objectifs n'échappe pas à cet impératif.

Le processus à adopter ayant été décrit dans *Les 10 Clefs de l'Efficacité du Délégué Commercial* (pages 40 à 51) nous n'en reprenons pas ici la description. Nous en rappelons simplement le schéma par la figure ci-après.

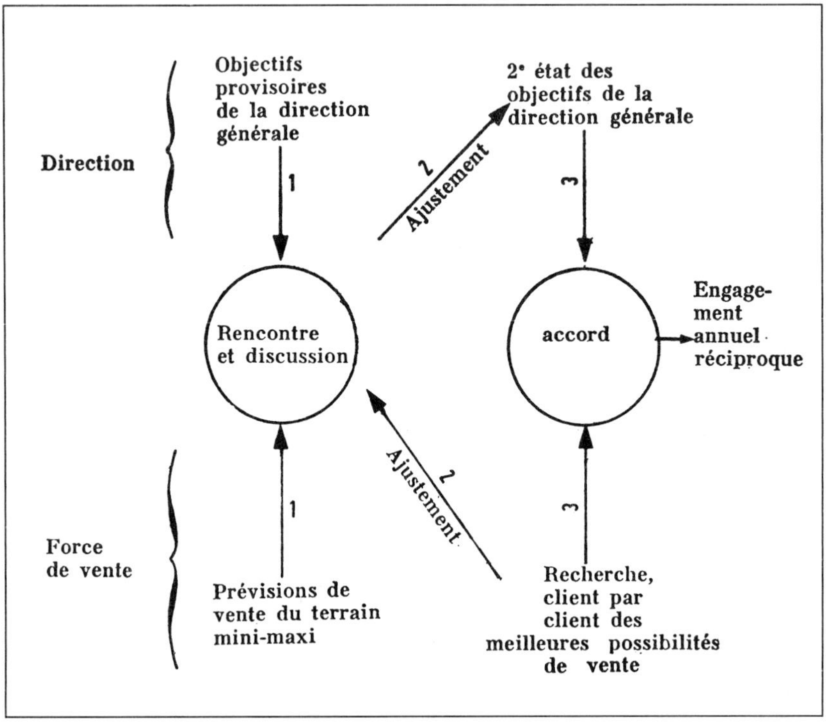

Schéma de la négociation des vendeurs et de la direction sur les prévisions des ventes.

LES AIDES A LA VENTE

Les aides à la vente sont multiples, des plus immatérielles (climat de travail, motivation, esprit du management, méthodes d'organisation et de vente) aux plus tangibles :
— aide-mémoire de la préparation de la visite ;
— support de présentation ;
— aide-mémoire ou liste-guide de découverte ;
— argumentaire (arguments structurés et réponses aux objections) ;
— supports de démonstration ;
— aide-mémoire d'exploitation de la visite ;
— manuel des procédures et des méthodes contenant, notamment, la liste des produits, leurs fiches techniques (description et conditions ou conseils d'utilisation), le barème tarifaire et les conditions commerciales, le barème des frais de transport et de livraison, les conditions d'exercice du montage et de la formation des utilisateurs à

l'emploi des matériels, le service après-vente, les documents relatifs aux campagnes de publicité (plan des insertions et diffusions dans les média et spécimen d'annonces), les références de l'entreprise (classées par domaines d'utilisation), le plan des informations à recueillir périodiquement avec l'indication de leurs destinataires dans l'entreprise, etc.

Pour de plus amples détails, le lecteur voudra bien se reporter à nos travaux des *10 Clefs de l'Efficacité du Délégué Commercial*, de *La Prospection Commerciale en Action* et de *L'Entretien de Vente.*

Nous voudrions aborder, à présent, quelques questions relatives à la mise en route d'un nouveau vendeur dans l'entreprise, aux précautions à prendre avant de décider d'une promotion interne d'un vendeur, à la permutation de secteurs de vente des commerciaux, aux relations entre le Directeur des Ventes (masculin) et ses vendeuses, aux cas difficiles et à la décision de licenciement d'un vendeur qui ne donne pas satisfaction, ces derniers thèmes étant particulièrement délicats à traiter.

LA MISE EN ROUTE D'UN NOUVEAU VENDEUR

Nombreux sont les vendeurs qui vous racontent ainsi leurs débuts : « On m'a vaguement expliqué en quoi consistaient les produits vendus par l'entreprise. On m'a remis une liste de clients, un tarif et une liasse de bons de commande. Je ne savais pas grand chose de la vente... et voilà comment j'ai débuté dans ce métier ! » Nous ne sommes pas persuadés aujourd'hui que cette histoire — triste — ne soit pas encore d'actualité.

La mise en route d'un nouveau vendeur, *a fortiori* s'il débute dans ce métier, doit être l'objet de tous les soins et de l'attention vigilante du Directeur des Ventes. Cette activité peut être déléguée à un Chef des Ventes ou à un animateur des ventes. Elle ne souffre en aucun cas la moindre improvisation.

Pour donner une description concrète de ce que peut être un plan de mise en route, nous présentons dans le tableau ci-après un travail que nous avons réalisé pour le compte d'un de nos clients. Cet exemple, par ses particularités n'a pas un caractère universel.

Exemple de plan de mise en route d'un nouveau vendeur

ETAPES	CONTENU	PEDAGOGIE
PREMIERE SEMAINE DU NOUVEAU VENDEUR Cette semaine se déroule sur le territoire qui sera visité par le nouveau vendeur. Première journée.	Présentation de la Société M. Historique, créateurs, développement. Description de la clientèle : grossistes, installateurs, maîtres d'œuvre, bureaux d'études, architectes. Présentation des produits M. Description du secteur géopraphique sur lequel travaillera le nouveau vendeur.	Le chef des ventes parle. Le nouveau vendeur est invité à prendre des notes qu'il conservera. Le chef des ventes est attentif aux questions que pose le nouveau vendeur. La question du système tarifaire ne sera pas abordée.
Deuxième journée et suivantes.	Le circuit des visites est composé de façon à avoir des entretiens de vente avec chacun des types de clients et des prescripteurs.	Le nouveau vendeur est accompagné par le chef des ventes. Le chef des ventes mène le jeu. Le nouveau vendeur est présenté comme « un collaborateur de M. qui s'initie à son futur métier ». Le chef des ventes décrit de façon détaillée les profils types des différents interlocuteurs qui interviennent dans la négociation.
DEUXIEME SEMAINE Stage technique de deux à trois jours au siège de la société M. La fin de la semaine se déroulera, comme précédemment, sur le territoire futur du vendeur avec le chef des ventes.	Apprentissage très détaillé des produits et des particularités de leur emploi. Vulgarisation technique des différents procédés de chauffage et de ventilation des bâtiments à usage d'habitation et de bureau. Initiation au vocabulaire technique et au jargon des métiers du bâtiment.	Explication des produits à l'aide de schémas et d'éclatés. Manipulation des appareils. Remise du lexique des termes et expressions à connaître. Chaque matin, une révision des notions enseignées la veille est effectuée, ce qui permet de rectifier les erreurs de compréhension.

TROISIEME SEMAINE Stage de formation à la vente - I. avec le formateur interne.	• Les motivations d'achat des différents interlocuteurs. • Comment ouvrir l'entretien de vente. • La découverte du client - que savoir ? - comment le faire parler ? • La réponse à la découverte - vocabulaire ; - arguments ; - adaptation à chaque catégorie de clients. • La préparation des visites. • Le déroulement des visites.	Travail en salle. Emploi du tableau de conférence à feuilles ou du tableau noir. Magnétoscope pour l'enregistrement et la diffusion des simulations. Remise de feuillets aide-mémoire. Chaque matin, révision des acquis de la veille et reprise des aspects insuffisamment assimilés.
QUATRIEME A DIXIEME SEMAINE Sur le territoire futur du nouveau vendeur. 4e et 5e semaines. Visites en clientèle en double commande (chef des ventes et vendeur).	• Préparation de la visite. • Conduite de l'entretien de vente. • Prise de notes. • Exploitation de la visite.	Le chef de ventes vérifie : - les connaissances acquises par le nouveau vendeur, consécutives aux deux semaines précédentes de formation. - l'état d'esprit du nouveau vendeur vis-à-vis de la société M. Se sent-il à l'aise dans la société M. ? Comment apprécie-t-il le métier qui l'attend... ? Le chef des ventes associe le nouveau vendeur à la préparation des visites et lui demande son interprétation du déroulement de la visite. Il l'aide à établir les comptes rendus de visites. Ainsi il favorise l'acquisition de réflexes méthodiques.

6e à 10e semaine Visites selon le principe de l'accompagnement-formation (voir chapitre14).	Le chef des ventes confie progressivement la responsabilité de la conduite de l'entretien de vente chez des clients peu connus de la société M. Apprentissage de l'emploi du temps.	Le chef des ventes vérifie l'aptitude du nouveau vendeur à devenir autonome. Il développe progressivement l'autonomie du nouveau vendeur en lui confiant d'abord la découverte chez les prospects, puis la découverte suivie de l'argumentation.
ONZIEME SEMAINE Stage de formation à la vente - II.	• Développement de l'argumentation. • Traitement des objections. • Préparation de la deuxième visite et des suivantes. • L'animation et le suivi des grossistes. • L'utilisation du téléphone pour négocier.	Nombreuses simulations de ventes devant le magnétoscope, afin de favoriser la dextérité dans l'emploi des méthodes.
DOUZIEME SEMAINE Décision de confirmation de l'engagement (ou d'éviction).	Vérification des - connaissances acquises ; - méthodes ; - comportements en clientèle ; - attitudes vis-à-vis de la société M.	

Tableau 1

PLAN DE CARRIERE, ENRICHISSEMENT DES TACHES DES VENDEURS

Une entreprise est-elle fondée à annoncer une *carrière évolutive* à ses vendeurs ?

Il s'agit de s'entendre sur le concept de carrière évolutive. Une carrière évolutive ne signifie pas nécessairement ascension dans la hiérarchie ou plan de carrière. Cette perspective-là est limitée à un petit nombre de personnes. Tous les vendeurs ne peuvent pas, mathématiquement, prétendre à une fonction d'encadrement. Au surplus tous n'en ont pas le goût, ni les qualités.

Le Directeur des Ventes soucieux de disposer d'une équipe de vente stable et solide se penchera sur sa composition en considérant plusieurs aspects :

• *La pyramide des âges,* de façon à éviter les effets du vieillissement simultané de tous les vendeurs, et recruter massivement des jeunes vendeurs au moment des départs à la retraite. Nous penchons donc vers une répartition des vendeurs sur plusieurs tranches d'âge.

• *La mosaïque des aptitudes,* en fonction des clientèles et de leurs exigences et en fonction des promotions de certains vendeurs à des postes d'encadrement (animateur des ventes, chef des ventes, directeurs des ventes, directeur commercial) ou à des postes fonctionnels (chefs de produit, directeur du marketing, publicité, études par exemple). Dans cette *mosaïque,* on se préoccupera de disposer d'un nombre suffisant de vendeurs solides (*vocation vendeur*), non destinés à une promotion hiérarchique, mais sur lesquels l'entreprise comptera pour effectuer chez elle une longue carrière. C'est à cette catégorie de commerciaux *inconditionnels de la vente* qu'il faut penser en évoquant les *missions* telles que la participation à des comités ou des groupes de projets (tels que nous les décrivons dans le chapitre 5) par exemple pour étudier un créneau de marché, la concurrence, voire pour mettre au point et assurer une étude ponctuelle du marché.

LES PRECAUTIONS A PRENDRE AVANT UNE PROMOTION INTERNE

Le principe de la promotion interne, auquel nous sommes très favorable, ne suscite pas en général d'opposition, pourvu que le choix soit fait avec discernement. Bien au contraire, chacun y voit le levain de la promotion des vendeurs et un stimulant au développement des aptitudes, des capacités, des responsabilités.

Cependant la décision de promotion interne génère souvent la crainte de faire accéder de façon irréversible un bon vendeur à une fonction pour laquelle il n'est pas préparé et, pire, pour laquelle il n'a pas les aptitudes indispensables. On n'oubliera pas non plus les inévitables jalousies et rancœurs que suscite une nomination inattendue parmi les anciens collègues de l'élu. Le cas le plus classique — et aussi la situation où l'on a rencontré le plus d'échecs dans les entreprises — est celui du bon commercial, promu en raison de ses succès de *vente* à un poste de Chef des Ventes pour lequel il lui est demandé des aptitudes au *management.*

Nous recommandons, chaque fois qu'une direction d'entreprise nous consulte sur une perspective de promotion interne pour un de ses collaborateurs, de procéder par touches successives, à la fois pour tester le candidat plus ou moins à son insu, et pour préparer son entourage professionnel à la nomination, si elle se réalise.

Il s'agit au fond :
— de ne rien rigidifier, ni rendre irréversible, en différant l'octroi d'un titre (par exemple de chef des ventes) au moment où les tests du candidat se sont révélés probants.
— de distinguer toutefois le collaborateur en lui accordant une appellation qui engage peu mais qui souligne ses mérites passés et présents (tel que *vendeur senior*).
— de l'éprouver sur des *missions* qui lui permettent de prouver ses aptitudes, ses méthodes, son flair de ce qu'il convient de faire ou d'éviter. On peut lui confier par exemple la mise en route d'un nouveau vendeur, la prise en charge de la préparation matérielle et de l'animation d'un sous-groupe de travail, puis d'une réunion plus importante, etc.

Ce faisant, on teste l'impact de ce *vendeur senior* sur ses camarades, sa capacité à les diriger, les conseiller, les épauler, les influencer par ses talents personnels et non parce qu'on l'a désigné comme *chef*.

Nous pouvons témoigner de réussites intéressantes de cette méthode par petites touches, les vendeurs promus s'étant révélés aptes à tenir leur rôle de responsable. Quant à ceux qui se sont avérés inaptes à l'exercice d'une fonction d'encadrement, leur non-promotion est passée inaperçue de leur entourage et certains même ont ignoré les intentions de promotion, qui les concernaient.

FAUT-IL CHANGER LES VENDEURS DE SECTEUR POUR LES AIDER A SE RENOUVELER ?

La permutation de secteur, un vendeur changeant de secteur géographique après quelques anées de présence semble être une pratique appartenant au passé (la méthode était très en vogue en vente de produits de grande consommation au cours des années soixante-dix).
L'idée qui préside au changement de secteur est d'aiguiser l'exploitation de son territoire de vente par le représentant en l'empêchant de sombrer dans la routine.

L'idée même de la permutation de secteur pour une telle cause nous semble condamner le management qui la décide. N'est-ce pas, en effet, à l'encadrement à relancer sans cesse les efforts et les actions des vendeurs pour qu'ils connaissent plus à fond leur secteur, pour qu'ils soient plus ardents en prospection ? De plus, on sait que les clients supportent mal les changements trop fréquents de représentants. Si l'on veut éviter la routine, il y a bien d'autre moyens, à commencer par la vigilance du Directeur des Ventes.

Cependant nous ne rejetons pas une formule voisine qui consiste à aider le vendeur d'un secteur par ses camarades des secteurs voisins par exemple en constituant un *commando* d'appui temporaire de trois à quatre vendeurs y compris celui du secteur concerné, selon le schéma suivant : le vendeur A est aidé par les vendeurs B, C, D pendant une à deux semaines, puis se joint à ses collègues B et C pour aider ensuite le vendeur D sur son secteur, et ainsi de suite pendant des laps de temps équivalents.

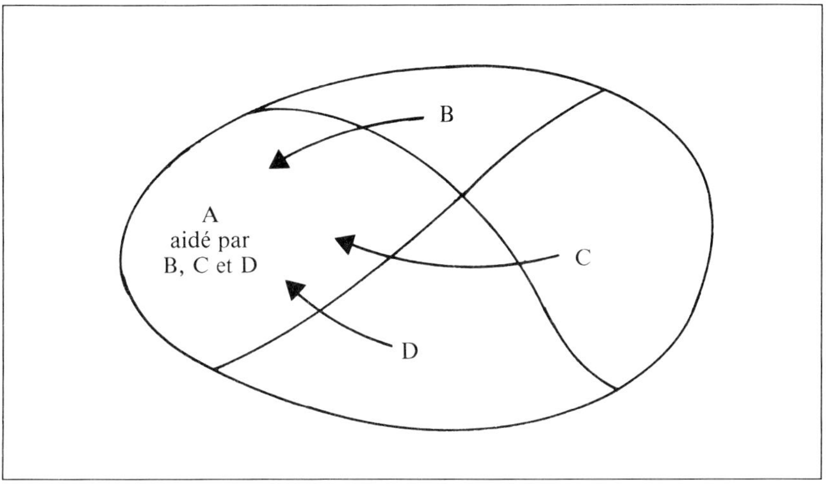

Figure 2
Le commando d'appui temporaire

Cette façon de procéder conserve l'avantage des permutations (*l'œil neuf*) sans avoir les inconvénients des *commandos de mercenaires* loués à l'extérieur (qui risquent souvent d'arracher des commandes abusives surtout si leur rémunération est liée au rendement), les collègues de chaque vendeur se sentant solidairement responsables des actions engagées sur le territoire d'un autre.
Cette solution est souvent pratiquée par les sociétés dont la clientèle se déporte lors des saisons d'hiver (stations de ski) et d'été (bords de mer) pour aider à la prise de commande de saison, les appuis venant des vendeurs de la région parisienne, de l'Est et du Centre de la France.

COMPORTEMENT DU DIRECTEUR DES VENTES MASCULIN VIS-A-VIS DES VENDEUSES DE LA FORCE DE VENTE

Qu'on ne sourie pas du titre de ce paragraphe ! De plus en plus nombreuses sont les sociétés qui décident de recruter des éléments féminins pour leur force de vente, y compris pour des produits industriels lourds et dans des métiers où l'on pensait que la femme n'avait pas sa place.
Lorsqu'une femme est admise au sein d'une équipe de vente masculine, le Directeur des Ventes ne sait pas très bien quel comportement adopter. Sa réflexion sera aidée par les considérations suivantes.

Lors de leur entrée, les vendeuses éprouvent un sentiment d'infériorité vis-à-vis de leurs collègues et clients masculins. Ce qui conduit certaines d'entre elles, par compensation, à afficher un comportemet assuré, qui sera parfois perçu comme agressif. D'autres, par contre, manifesteront leur découragement. Or le rôle du Directeur des Ventes étant d'aider tout collaborateur à réussir, il devra traiter le femme-vendeuse à l'égal des autres collaborateurs masculins.
La femme qui a choisi de vendre au sein d'une équipe en majorité masculine a les mêmes activités, les mêmes droits (la même rémunération) et les mêmes devoirs que ses collègues masculins. Elle ne peut de ce fait être exemptée de certaines contraintes (par exemple de porter les lourdes valises d'échantillons...). Le Directeur des Ventes doit donc se comporter de façon strictement identique envers les collaborateurs masculins et féminins. En conséquence, il ne manifestera aucune déférence particulière envers les femmes, il aura les mêmes exigences et conduira les entretiens d'évaluation de la même façon.
Sur quelques questions pratiques, le Directeur des Ventes conseillera les femmes de son équipe de vente en leur rappelant que, comme leurs collègues masculins, ce sont elles qui prendront l'initiative d'inviter les clients, s'il y a lieu (et non l'inverse, « parce qu'elles sont femmes »), en les guidant sur leur présentation (vêtements, coiffure, maquillage) sur un mode aussi direct que s'il s'adressait à un vendeur. De même, lors des visites à deux (Directeur des Ventes et vendeuse), le Directeur des Ventes ignorera les questions du type : — « est-elle jolie ? », « peut-on l'inviter à dîner le soir ? ».
La femme qui a choisi un métier fait par les hommes se comporte comme les hommes et est en définitive traitée comme les hommes.

LES VENDEURS INSUFFISANTS

Si les vendeurs moyens constituent le noyau majoritaire de la centaine de forces de vente avec lesquelles nous avons collaboré, il existe dans la plupart des cas un petit nombre d'excellents vendeurs (de 5 à 20% des effectifs) et une proportion équivalente — sans qu'il y ait nécessairement symétrie entre les bons et les faibles — de vendeurs insuffisants.
Les cas difficiles sont traités plus loin. Ici nous nous attachons à ce que doit faire le Directeur des Ventes face à ce vendeur faible ou à celui qui, en se relâchant, touche à la zone des performances insuffisantes.
Le Directeur des Ventes va provoquer un entretien avec ce vendeur. Comment lui est-il conseillé de procéder ?
1. — L'entretien sera annoncé quelques jours seulement avant la date fixée (d'un commun accord avec l'intéressé). Il n'est pas utile d'en

faire l'annonce longtemps à l'avance, dans la mesure où le vendeur peut éprouver des craintes sur son issue et peut ainsi être perturbé pour accomplir son travail).

2. — On évitera de solenniser l'entretien, par exemple en faisant venir le vendeur au siège de l'entreprise, alors qu'il exerce ses activités dans une région lointaine. On privilégiera dans le même esprit l'aspect informel de l'entretien.

3 .— Une fois en présence du collaborateur, le Directeur des Ventes commencera l'entretien en évoquant l'environnement du travail du collaborateur : jeu d'équipe, appui de la hiérarchie et des services (marketing, publicité, promotion), opinion sur la clientèle et les actions de la concurrence, exigences du métier (horaires) et répercussions sur la vie familiale. On ne s'attardera pas à ces points de repères, quitte à y revenir ensuite s'il y a là une variable explicative des performances insuffisantes.

4. — Après ce bref panorama, le Directeur des Ventes entrera franchement dans le sujet. Pour que l'entretien garde l'aspect d'un échange entre personnes, le Directeur des Ventes parlera à la première personne du singulier. (La première personne du pluriel semble dire que le Directeur des Ventes parle au nom de la société, ce qui confère à l'entretien un aspect plus oppressant ; ce n'est pas l'effet recherché : on ne cherche pas ici à se séparer d'un collaborateur, on cherche à lui donner les moyens de se reprendre).

5. — L'entretien se centrera sur les résultats de l'intéressé et sur leurs origines possibles. Le Directeur des Ventes doit se montrer incisif : « Vos résultats ne sont pas satisfaisants et j'aimerais donc en discuter avec vous. »

6. — Vraisemblablement le vendeur cherchera à justifier ses mauvais résultats en invoquant un certain nombre de circonstances qui le handicapent. Le Directeur des Ventes écoutera — et notera — les défenses invoquées, sans chercher à s'y opposer. Il est important que l'intéressé puisse parler et se soulager. En tout état de cause, certaines des difficultés sont probablement admissibles.

7. — Le Directeur des Ventes, après son exposé des faits, cherchera à analyser les causes. Elles tiennent, en général, à des facteurs comportementaux et à des principes d'organisation qui ne sont pas respectés.

8. — Le Directeur des Ventes va négocier un *plan de redressement* avec le vendeur. Il ne peut s'agir d'une solution toute faite, préparée préalablement à l'entretien, mais d'un plan composé *en tenant compte* des observations pertinentes de l'intéressé. A ce stade de l'entretien, le Directeur des Ventes doit exprimer clairement son exigence (il n'est plus dans le rôle d'un pédagogue, il exerce ici pleinement son autorité — compréhensive certes — mais sans compromission) : « J'ai écouté et compris votre point de vue et je le prends en compte dans ce que je vais vous demander d'accomplir à présent... »

9. — Une fois qu'il a énoncé ses exigences, le Directeur des Ventes cesse de suivre le collaborateur s'il continue à exposer ses vues et ses contre-arguments ; sinon l'on risque un entretien sans fin et sans conclusion.

10. — Pour renforcer l'effet de la demande, le Directeur notera en présence du vendeur les termes du *contrat* : nombre de visites à effectuer, rapports à envoyer, prospects à conquérir, etc, ainsi que les appuis dont il disposera (possibilités d'échanges téléphoniques avant une négociation importante, accompagnements, etc.). Une lettre de confirmation sera envoyée au vendeur quelques jours plus tard, qui reprendra intégralement les termes annoncés.

11. — Des points périodiques permettront, de proche en proche, de suivre l'application des directives par l'intéressé.

L'ENTREPRISE, L'EQUIPE DE VENTE ET LES DESIMPLIQUES

L'arrivée à l'âge du travail et la présence en entreprise de jeunes désabusés — ceux que l'on a appelés la *bôf-génération* — peut soulever un réel problème pour les dirigeants d'entreprise, dans la mesure où ils peuvent faire œuvre de prosélytisme et que celui-ci aille à l'encontre de la nécessaire mobilisation des énergies.

La conduite à suivre nous semble simple à définir :

1. L'entreprise se doit de définir, au-delà de sa vocation, de son métier, de ses buts ultimes, de ses politiques technique, financière et commerciale, dans le cadre de sa politique humaine, l'*esprit* dans lequel la communauté au travail développera son action. Il est évident qu'à cet esprit de l'entreprise correspondent certaines mentalités et pas d'autres. Ce qui entraînera également l'entreprise à les définir et à inviter ses ressortissants à se situer par rapport à ces mentalités.

Les mentalités individuelles sont susceptibles d'évolution. Il serait donc faux d'affirmer qu'une telle singularisation de l'esprit d'entreprise et des mentalités se traduit nécessairement par une sorte de rejet. D'ailleurs nous n'inventons rien. Bouygues et ses « compagnons du Minorange » (1), les Etats-Unis même qui proposaient à leurs immigrants une sorte de contrat d'adhésion, nous montrent la voie à suivre. Ne rien faire dans ce sens, c'est reconnaître que l'Entreprise doute d'elle-même, de sa justification. Ceci interpelle ses dirigeants.

2. Que faire des rebelles à cet esprit ? La définition même de l'*esprit d'entreprise* et des *mentalités* souhaitables isolera celles des personnes

---

(1) L'ordre des Compagnons du Minorange (groupe Bouygues) a pour but de « promouvoir l'esprit de l'entreprise (...), de servir d'exemple et de provoquer l'émulation » (article 2 des statuts). Ses membres auront « le goût du travail bien fait (...), s'appliquent à se perfectionner dans leur métier et à mettre en pratique les techniques nouvelles. Ils mettent en pratique l'esprit de camaraderie, de bonne entente, de sens de l'entraide, de probité rigoureuse... » (article 14). Les qualités morales et professionnelles sont nettement affirmées.

qui refusent d'adhérer à ce mouvement moral. Si être désabusé n'est pas un cas reconnu de cause de licenciement, il y a fort à parier que ce genre d'individus, en général peu combatifs — « à quoi bon » ? disent-ils — soit feront le gros dos, soit chercheront d'autres terrains pour laisser s'épanouir leur morosité complaisante.
3. La *charte morale* de l'entreprise servira également de filtre à l'entrée de tels types de collaborateurs que le Directeur du personnel ou le consultant chargé du recrutement sera invité à détecter pour les écarter.
Les lignes qui précèdent susciteront bien des réflexions chez les uns et des interrogations chez les autres : « Retour archaïque à la morale bourgeoise du XIXe siècle ! » va-t-on entendre. Balayons cela d'un revers de la manche. Cette question ne concerne pas seulement l'entreprise. Elle s'étend à l'ensemble de notre société française et sans doute occidentale. Doutons-nous de nous-mêmes, du bien-fondé de notre civilisation et de notre culture ? D'autres modèles se sont-ils montrés plus performants, plus enviables ? Cette question restant sans réponse, pourquoi ne pas redéfinir nos certitudes, celle de la haute valeur de notre modèle de fonctionnement, libéral, tolérant certes, mais aussi appuyé sur l'effort, sur la recherche du développement en vue d'améliorer les conditions générales d'existence de l'ensemble du corps social.
Que proposent ceux qui doutent ? Quel avenir dessinent ces désabusés ? Leur vie vaut-elle d'être vécue ? Pensent-ils se poser en modèle attractif ? Certes pas, malgré leur capacité de contagion. Alors si l'avenir est offert et ouvert par ceux qui se battent, par ceux qui s'investissent dans un projet de vie et qui probablement seront plus satisfaits du bonheur obtenu par leur volonté que celui octroyé par l'Etat, c'est à ceux-là qu'il faut se rallier, c'est à ceux-là qu'il faut demander de faire rayonner ce modèle de conduite sociale. Notre parti est celui de l'optimisme, jamais celui de la morosité. Imagine-t-on quel succès pourrait rencontrer un vendeur éternellement morose, désabusé, dubitatif désenchanté, blasé, déçu, las ?
Si par paresse d'esprit — et par paresse tout court — il est aisé de se livrer aux délices du doute, nous croyons à la vertu de la volonté, de l'effort en vue d'obtenir des résultats. Certes nous restons dans le domaine de la vente. Mais ne pensez-vous pas que cette réflexion concerne tous les métiers et toutes les activités humaines ?
4. — En pratique, la présence de tels éléments *désimpliqués* au sein de la force de vente doit susciter des interrogations sur le fonctionnement des filtres que constitue un recrutement correctement conduit.
Face à un vendeur *désimpliqué*, le Directeur des Ventes va légitimement se demander s'il doit investir en formation sur ce collaborateur. Nous lui proposons de précéder la décision par un entretien pour essayer de comprendre pourquoi ce personnage se comporte ainsi et de faire apparaître les causes probables de cette conduite afin d'apprécier si l'énergie et l'argent engagés sur la tête de ce vendeur ont une chance

de déboucher sur un autre état et une autre perspective de trajectoire. Aléatoire ? Oui. Avez-vous une meilleure idée ?

COMMENT TRAITER LA « SCLEROSE DES ANCIENS » ?

L'intitulé de ce paragraphe a un air vaguement médical. Il ne s'agit pourtant pas véritablement d'une nouvelle pathologie. Après vingt ans et plus d'expérience professionnelle, un vendeur a ses certitudes qui engendrent ce qu'on pourrait presque considérer comme une sclérose mentale. Bien sûr, il y a des exceptions, mais sur les milliers de représentants avec lesquels nous avons travaillé en entreprises, ces exceptions sont peu nombreuses ; quelques dizaines...
Comment peut-on s'y prendre ?
Tout d'abord, un principe de bon sens : celui qui obtient des résultats satisfaisants, à sa manière, laissons-le faire comme il l'entend. Du moins, tant qu'il ne se vante pas indûment que sa façon de procéder est supérieure aux méthodes commerciales de l'entreprise.
C'est celui qui obtient de mauvais résultats sur lequel se penchera le Directeur des Ventes. Il commencera par observer les échecs de ce vendeur *ancien*, lui en fera prendre conscience et lui proposera amicalement : « Je vais vous aider à mieux réussir ».
Mais pour cela, il faut mettre le marché en main : « Abandonnez ce que vous avez toujours fait. Cela vous conduit à l'échec. Vous êtes dans une impasse. »
Puis mettre en balance l'espoir d'un nouveau démarrage : « Je vous offre une nouvelle jeunesse... à votre âge, vous avez encore de l'avenir... mais vous ne le construirez qu'en vous engageant dans l'effort... »
Est-on certain que ce langage sera suivi d'effets ? Pas toujours. Mais même si l'on ne récupère ainsi que 20% des *sclérosés*, cela vaut la peine d'être essayé.

LES CAS DIFFICILES

C'est un truisme de rappeler qu'une équipe de vente est composée d'être humains. Comme dans tout groupe humain on y trouve des êtres attachants et des individus qui sont autant d'épines dans le pied du Directeur des Ventes : les *cas difficiles*.
Parmi ces cas difficiles, on trouve, sans que la galerie de portraits soit complète : le vendeur dont la tête ne revient pas à certains clients, en général importants (il n'arrive pas à se faire admettre), le *con* (le terme est trivial, mais son sens est connu... et le mot figure depuis près de deux siècles dans notre langue), le fils d'un excellent collaborateur qui est nul et imbécile, celui qui boit ou qui se drogue, la vendeuse très

âgée (« quand partira-t-elle à la retraite ? elle est bien fatiguée... ») celui qui triche sur les indemnités ou pire, celui qui conduit ses affaires personnelles en prenant appui sur les opportunités que lui offre son métier.

La présence de ces cas difficiles peut avoir des origines multiples : négligence de recrutement, conception ancienne du rôle du vendeur (le raté que l'on place là pour ne pas le mettre à la porte de l'entreprise, le parent dont on ne sait que faire et que l'on installe là par népotisme, etc.) ou évolution du caractère et du comportement de certains individus à la suite d'accidents psychologiques, de santé ou dus à certains enchaînements de circonstances malheureuses.

Les cas difficiles sont multiples et prétendre à une solution universelle serait hasardeux et dangereux. Au surplus, chaque cas a ses propres caractéristiques qui exclut toute proposition de conclusion en l'absence des éléments du dossier.

METHODE DE TRAITEMENT DES CAS DIFFICILES

Le rappel de quatre principes contribuera à la recherche de la juste solution :

1. — Une entreprise est une organisation à finalité économique. Elle n'est pas un hospice, et encore moins une Cour des Miracles.

2. — La présence de tels cas difficiles au sein de l'équipe de vente doit être ressentie comme une critique ouverte du Directeur des Ventes et comme le signe de son faible pouvoir.

Il a pour charge de façonner une équipe performante, ce qui implique qu'il dispose d'une certaine latitude pour recruter et licencier (même s'il s'agit de concert avec la Direction Générale ou la Direction des Relations Humaines).

3. — Le maintien des cas difficiles dans l'équipe retentit inévitablement et défavorablement sur les autres vendeurs (« Pourquoi tolère-t-il la présence de tels individus et prétend-il se montrer exigeant ? »).

4. — Une entreprise qui a commis des erreurs de recrutement doit en assumer les conséquences et non les faire peser sur le collaborateur concerné.

La méthode de traitement du cas difficile est présentée de façon schématique par la figure suivante :

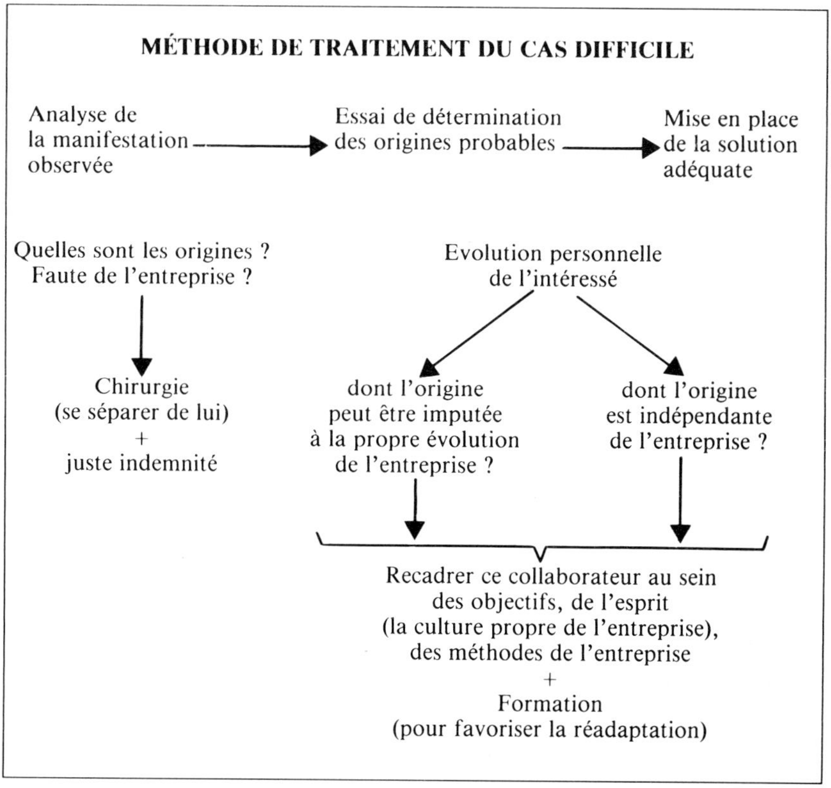

Figure 3

LICENCIER UN VENDEUR

Licencier un collaborateur n'est une tâche plaisante pour personne. La décision de licenciement peut avoir plusieurs origines :

- Soit *l'inadéquation* du vendeur aux exigences de sa fonction (ses performances sont très insuffisantes, ou bien le vendeur ne parvient pas à s'adapter aux conséquences d'une réorganisation et devient un poids pesant et non rentable).
- Soit *l'indiscipline* (exagération des distances parcourues et non observation de l'organisation des circuits de visites, frais excessifs, visites non accomplies, non-envoi des comptes rendus d'activités, etc.).
- Soit la *malhonnêteté* (détournements de chèques remis par des clients, commandes transmises à des concurrents, etc.).

Il importe pour le Directeur des Ventes de bien cerner où se situe la *responsabilité.*

INADEQUATION, INDISCIPLINE, MALHONNETETE ?

S'agit-il du vieillissement d'un collaborateur ancien dont les facultés s'émoussent, s'agit-il des conséquences mal surmontées par le vendeur d'une réorganisation de l'entreprise, l'intéressé, de qualification insuffisante, a-t-il été recruté par erreur ? Dans chacun des cas, l'entreprise doit se considérer comme responsable et en assumer les conséquences (c'est une question d'honneur et d'humanité). Aussi le Directeur des Ventes, avec l'appui des autres services de l'entreprise, se chargera de trouver un autre emploi au vendeur dont on veut se séparer, soit au sein de l'entreprise, soit à l'extérieur (où ce collaborateur peut être efficace chez un client ou chez un fournisseur). Il ne s'agit donc aucunement de se débarrasser d'un vendeur en lui versant une indemnité.

S'agit-il d'une manifestation constante et répétée d'indiscipline? Dans un premier temps seront rappelées les règles et procédures propres au bon fonctionnement de la force de vente et que gêne le comportement erratique du vendeur. Si la poursuite de l'indiscipline se propage auprès des autres collaborateurs de l'équipe de vente, un avertissement dans la forme légale sera prononcé. En cas de récidive, l'entreprise est fondée à licencier le collaborateur indiscipliné pour faute professionnelle (inobservation répétée et unilatérale des termes du contrat. Se reporter au chapitre 7).

Les cas de malhonnêteté seront plus rapidement tranchés. Lors de la première manifestation un avertissement dans la forme légale sera adressé au vendeur indélicat, en le priant de mettre immédiatement bon ordre au détournement de fonds ou de commande. En cas de récidive, la sanction tombera immédiatement et le Directeur des Ventes communiquera ouvertement et explicitement la décision prises et ses origines aux autres membres de l'équipe de vente. En parler en termes voilés, comme cela arrive souvent, crée une gêne et laisse penser que l'entreprise a sa part de responsabilité.

UN VENDEUR LICENCIE DOIT-IL EFFECTUER SON PREAVIS ?

Il n'est pas conseillé de laisser le vendeur licencié effectuer son préavis, sauf affectation à une tâche intérieure (remise à jour des fichiers, mise au point de documents) parce qu'il sera tenté de se répandre en propos amers, agressifs ou calomnieux auprès de la clientèle. Si le préavis ne donne pas lieu à l'exécution de travaux pour l'entreprise, les indemnités habituelles seront versées au vendeur licencié. Comme il est prévu dans le contrat d'engagement, les fichiers de clientèle, échantillons, livres de procédures, documents et tarifs seront restitués à l'entreprise.

LE DIRECTEUR DES VENTES ET SON SUPERIEUR HIERARCHIQUE

Les activités de management, par le poids considérable de leurs dimensions humaines, ne peuvent être portées moralement par le seul Directeur des Ventes. Il est indispensable qu'il trouve en son supérieur hiérarchique, si ce n'est l'ami, du moins le confident ou le regard extérieur qui permet de relativiser les choses, d'y voir plus clair et de se ressourcer moralement. Cette disposition n'est pas écrite dans les procédures de l'entreprise, mais elle fait partie du sens bien compris de l'humanisme qui l'inspire.

4

QUEL STATUT POUR LA FORCE DE VENTE ?

☐ Le statut de VRP ☐ Le représentant multicartes ☐ L'agent commercial ☐ Les représentants exclusifs.

— Quand une entreprise se constitue et veut se doter d'une force de vente, elle peut choisir entre trois possibilités principales (1) :
• des représentants salariés exclusifs ;
• des représentants salariés, vendant les produits de plusieurs entreprises, appelés multicartes ;
• des agents commerciaux, opérant également pour plusieurs entreprises.
— Le choix effectué en direction des représentants multicartes ou des agents repose en général sur la considération que l'entreprise ne connaît pas bien une clientèle ou préfère confier ses ventes à des professionnels exercés agissant de façon autonome et qu'il ne sera pas nécessaire d'activer pour obtenir des résultats.
— Quand l'entreprise veut assumer directement la fonction commerciale elle la confie à des représentants salariés exclusifs.
— Quelles sont les principales caractéristiques de ces trois catégories de profession ? Quelles sont les tendances actuelles et comment les expliquer ?

LE STATUT DE VRP

Il importe d'abord de préciser que la statut de VRP ne s'applique pas exclusivement, comme on le croit souvent, aux seuls représentants multicartes.
Dès lors que les cinq conditions suivantes sont remplies, tout salarié commercial, qu'il ait un ou plusieurs employeurs, peut prétendre au bénéfice du statut et de la convention collective des VRP (2) :
• un secteur ou une clientèle définie ;
• les marchandises ou les services à vendre ;
• une rémunération, qu'elle soit fixe ou qu'elle soit une commission ou qu'elle soit un panachage des deux ou qu'il s'y ajoute ou non des primes ;
• une activité de vente « exclusive et constante », c'est-à-dire essentielle, « effective et habituelle » ;
• l'interdiction d'effectuer des opérations pour son compte (acheter pour revendre).
Précisons qu'il n'est pas nécessaire que le collaborateur de vente détienne la carte de VRP pour bénéficier du statut et de la Convention Collective des VRP.
On sait que les principaux intérêts pour les bénéficiaires du statut de VRP sont d'ordre fiscal (encore que ceux-ci aient été nettement ré-

(1) Nous n'envisageons pas ici, parce qu'elles nous paraissent plus éloignées de l'entreprise et que la liaison avec l'entreprise est assurée par des salariés de celle-ci, les professions de concessionnaire, de courtier et de commissionnaire.

(2) Sources : Article L 751-1 du Code du Travail (loi du 18 juillet 1937), Convention Collective du 3 octobre 1975 et ses différents avenants, notamment l'arrêté du 5 octobre 1983.

duits au fil des gouvernements), d'ordre social (régime de prévoyance) et d'ordre économique (indemnité de clientèle ou indemnités conventionnelle et spéciale de mise à la retraite) (1).
Pour ce qui nous concerne, il suffit de retenir que le statut de VRP s'il crée des droits particuliers pour ses bénéficiaires, reconnaît explicitement un « lien de subordination » avec toutes les conséquences qui en résultent, notamment l'obligation de rendre compte (2).

LE REPRESENTANT MULTICARTES

La formule du partage des coûts et des revenus est séduisante dans son principe. Pour le représentant, dispersion des risques de mévente, dans le temps et dans l'espace, possibilité d'associer des produits complémentaires auprès d'une même clientèle, sources de revenus multiples. Pour l'entreprise, charge commerciale plus légère, notamment quand on a à vendre des produits saisonniers, et principalement ouverture des portes de la clientèle par le représentant pour un produit qui doit se faire connaître.
Pourtant, en définitive, le nombre de représentants multicartes est assez faible : 35 000, contre 152 000 VRP exclusifs (3) et sur une population totale de vendeurs itinérants que l'on peut situer entre 600 000 et 700 000 en France, soit 5 à 6% du total. Sur une longue période, encore que cette évolution soit variable d'un métier à un autre, on peut estimer que les représentants multicartes ont perdu la moitié de leur effectif entre 1950 et aujourd'hui, tandis que le groupe des commerciaux itinérants (vendeurs, délégués, attachés, cadres commerciaux ; technico-commerciaux, etc.) a doublé son importance numérique (4).
Le représentant multicartes, dans sa conception traditionnelle, est souvent critiqué par l'entreprise : indépendance par rapport aux objectifs définis par l'entreprise, produits négligés, trop nombreuses cartes, absence de comptes rendus d'activités. Le chef d'entreprise n'a pas, avec cette catégorie de personnel, l'impression qu'il maîtrise suffisamment ses ventes.

---

(1) Il convient de se reporter soit aux textes (Code du Travail, Convention Collective Nationale des VRP publiée par le Journal Officiel), soit au livre de Lannerée et Isselé *Représentants de Commerce* (Delmas).

(2) « Ne bénéficie pas du statut de VRP le représentant qui travaille dans une indépendance absolue » (Cass. Soc. 11.05.1980).
« Si l'obligation de rendre compte ne figure pas au contrat, l'employeur peut ultérieurement l'exiger, car il peut donner à son personnel des instructions nouvelles et apporter à son entreprise les modifications nécessaires à un meilleur rendement » (Cass. Soc. 24.02.1955).

(3) Chiffres cités par Marc Pignero, *Profession Représentant*, Les Editions d'Organisation, Paris, 1984.

(4) Aucun chiffre n'est disponible ; on est réduit à des conjectures.

Pourtant, l'apparition de formules renouvelées de multireprésentations, tels les *brokers* (force de vente organisée et structurée, sans produit et qui se loue à temps partiel à plusieurs entreprises en définissant avec chacune politique commerciale, objectifs, programmes d'activités, etc.) semble bien indiquer que les représentants multicartes peuvent maintenir leurs effectifs actuels, à condition de se libérer de leur pratique traditionnelle pour devenir un multipartenaire de chaque entreprise en adoptant les méthodes de travail des meilleures équipes de vente composées de vendeurs exclusifs et en les accompagnant d'un conseil en stratégie et en direction commerciales au bénéfice des entreprises qui leur confient leur carte.

L'AGENT COMMERCIAL

Personne physique ou morale, l'agent commercial est un *mandataire*. Il exerce une profession libérale et à ce titre exerce une profession indépendante (1) avec les conséquences habituelles sur le plan social liées à ce statut.
L'agent commercial vend pour le compte d'autrui et peut effectuer des opérations commerciales pour son propre compte.
Il peut accepter de nouveaux mandants sans avoir à en référer aux autres mandants et on comprend ce qu'une telle disposition peut entraîner comme dilution des efforts commerciaux, au détriment des cartes initialement acquises.
Indépendant, il ne lui est pas fait obligation de vendre. Il n'a pas à rendre compte. Nous en déduisons que l'entreprise avec laquelle il contracte ne serait pas fondée à lui fixer des objectifs (2).
On comprend que, pour une entreprise qui veut définir sa politique commerciale de façon volontariste, avec détermination des objectifs, plan d'action commerciale, tableau de bord de suivi des activités et des performances, pour pouvoir intervenir en vue de stimuler ou de redresser la trajectoire des ventes, le statut d'agent commercial, considéré sur un plan strictement juridique peut provoquer bien des hésitations (3).
Heureusement, en pratique, des solutions peuvent exister qui se négocieront sur un plan contractuel.

---

(1) Source : Décret 58-1345 du 23 décembre 1958.

(2) Nous verrons, infra, comment essayer de négocier le contournement de telles contraintes.

(3) Le contrat type d'agent commercial rédigé par la Fédération Nationale des agents commerciaux, la CNCIA, la FIA et l'UNIA est explicitée à ce sujet (article 2) : « En sa qualité d'agent commercial mandataire, (il) jouit de la plus grande indépendance. Il ne lui est donné aucun ordre et il n'est soumis à aucun rapport périodique. Il prospecte à sa convenance la clientèle, effectue ses tournées comme il l'entend et s'absente à son gré (...) ».

LES REPRESENTANTS EXCLUSIFS

Les représentants exclusifs, c'est-à-dire salariés attachés à une seule entreprise, situés au sein d'une force de vente organisée et structurée, ont le vent en poupe, notamment parce que depuis la fin des *trente glorieuses* années qui vont de 1950 à 1980, les entreprises ont commencé à comprendre, non seulement le rôle éminent de la fonction commerciale, mais aussi la nécessité impérieuse de maîtriser totalement les impulsions et le fonctionnement de leur force de vente.
Si l'on ajoute la pénurie relative de bons commerciaux à la nécessité d'occuper de façon plus intense le terrain commercial, on peut s'expliquer que les vendeurs soient particulièrement courtisés : volume d'annonces de recrutement en hausse, création de nombreuses écoles de vente à Paris et surtout dans de nombreuses régions, parfois enfin rémunérations confortables.
Une force de vente est composée d'êtres humains, qui, parce qu'on leur demande d'exercer un métier qui n'est pas commun, ont souvent un tempérament bien affirmé. Piloter un tel ensemble n'est pas une sinécure. On comprend que quand à ces difficultés s'ajoutent les obstacles nés des discussions sur ce qu'autorise ou exclut le statut de VRP ou d'agent commercial, les chefs d'entreprises optent de plus en plus pour le statut de collaborateur exclusivement attaché à l'entreprise. C'est à ce type de vendeur qu'il est fait référence dans cet ouvrage, encore que les principes exposés ici puissent s'appliquer presque exactement aux représentants multicartes, et moyennant négociation, également aux agents.

5

LA STRUCTURE DE LA FORCE DE VENTE

□ Existe-t-il des structures plus performantes que d'autres ? □ Ce qui rend la structure compétitive lui est extérieur □ Les douze règles des forces de vente performantes □ Les structures souples de comités □ Les comités commerciaux, une solution pour les petites entreprises □ Comment organiser la force de vente ? □ Définir les fonctions □ Le Directeur Général Commercial et du Marketing □ Le Directeur national des Ventes, le chef des Ventes □ Le Directeur des Ventes internationales □ L'ingénieur d'affaires □ Le chargé de prospection des nouveaux comptes □ Le vendeur-animateur des revendeurs □ Le vendeur aux clients des clients □ Le vendeur technicien □ La secrétaire commerciale □ Déconcentrer les fonctions de management vers des responsables intermédiaires □ Quand le Directeur des Ventes assure également une fonction de vendeur □ Combien de vendeurs et avec quel niveau de qualification ? □ Calculer l'effectif de la force de vente nécessaire pour atteindre les objectifs □ De combien de vendeurs peut s'occuper un responsable commercial ? □ Quel est le coût de la force de vente ? □ Quel est le taux « normal » de rotation des vendeurs ? □ Annexe — Note de méthode pour l'évaluation de la structure commerciale optimum.

EXISTE-T-IL DES STRUCTURES PLUS PERFORMANTES QUE D'AUTRES ?

Y a-t-il un « secret des structures compétitives » (1) dans l'organisation de la force de vente ? Notre expérience ne nous permet pas de donner une réponse affirmative à cette question. La structure n'est donc pas en soi prédicteur de performances.

Cependant, l'observation de multiples entreprises permet de dégager deux tendances.

Soit on aura affaire à une structure développée, avec cascades de niveaux qui induit une hiérarchie pesante si elle s'accompagne d'une forte centralisation des décisions. A l'inverse, une telle conception appuyée sur une décentralisation plus ou moins poussée, peut générer un bon fonctionnement. Ce type de structure a une forme pointue comme les toits de nos provinces d'Alsace et de Bourgogne.

Soit, on aura affaire, à l'inverse, à une structure en forme de toit à faible pente comme dans nos provinces du Midi, dans laquelle un petit nombre de cadres prend en charge un grand nombre de vendeurs. Cette structure, pour être efficace nécessite, soit une organisation rigoureuse, chacun sachant ce qu'il a à faire, soit la présence de collaborateurs de vente d'un bon niveau professionnel avec une certaine latitude d'action et une solide coordination.

Mais, de notre point de vue, ce n'est pas la hauteur ou la platitude de la pyramide qui génère à elle seule la performance.

CE QUI REND LA STRUCTURE COMPETITIVE LUI EST EXTERIEUR

Ce qui rend compétitive une structure de force de vente tient à la conception générale qu'a l'entreprise de son management, soit qu'il soit l'héritage expérimental de l'histoire de l'entreprise, soit qu'il soit dû aux réflexions et aux volontés des dirigeants actuels.

On sait que le fonctionnement d'une force de vente s'analyse selon sept critères :

1. — Le *système de prévision*, c'est-à-dire la définition des finalités de l'entreprise, de ses objectifs généraux et des politiques de l'entreprise, notamment sur le plan commercial, humain et financier pour ce qui concerne la force de vente.

2. — Le *système de délégation*, c'est-à-dire les principes de décentralisation plutôt que de centralisation, de délégation de l'autorité et de définition du domaine de responsabilité du niveau supérieur.

3. — Le *système de communication*, c'est-à-dire le choix d'une pratique de l'interconnexion fluide plutôt que celle du cloisonnement en-

---

(1) Octave Gelinier, *Le secret des structures compétitives,* les Editions d'Organisation, Paris, 1977.

tre les niveaux hiérarchiques (verticalement) ou entre les services (horizontalement) et qu'accompagne la compréhension par chacun du système d'organisation et de fonctionnement de l'entreprise.
4. — Les *règles de fonctionnement interne*, c'est-à-dire les principes de gestion, la méthode de prise de décision, le droit à la critique ouverte et d'une façon générale l'ensemble des méthodes.
5. — L'*attitude vis-à-vis de l'extérieur* (marché et concurrence), c'est-à-dire l'adoption du principe de la compétition ouverte, plutôt que la recherche du protectionnisme.
6. — Le *système de promotion* fondé sur l'évaluation des qualifications et des performances et l'organisation des filières de promotion interne.
7. — Enfin la *philosophie générale de l'entreprise*, que l'on appelle ici culture d'entreprise et là projet d'entreprise et qui se traduit par l'adhésion du personnel aux objectifs, aux finalités et à l'esprit propres à l'entreprise qui l'emploie.
Les entreprises performantes se reconnaissent à l'application constante des principes suivants.

LES DOUZE REGLES DES FORCES DE VENTE PERFORMANTES

Règle n° 1. Participation ouverte des commerciaux aux prévisions de vente qui précèdent la définition des objectifs généraux et particuliers, et aux programmes d'activités qui en découlent.
Règle n° 2. Information large et régulière sur les finalités et les politiques humaine, technique, financière et commerciale de l'entreprise. Cette information s'appuie souvent sur des documents écrits, accessibles à tous et commentés par l'encadrement.
Règle n° 3. Large décentralisation des décisions concernant chaque activité et usage généralisé de la délégation de l'*autorité*, l'encadrement conservant la *responsabilité*.
Les contrôles sont initiés par le collaborateur qui demande à l'échelon placé au-dessus du sien aide et assistance.
L'auto-contrôle est facilité par la définition entre le vendeur et son directeur des ventes de ses objectifs personnels et des étapes de réalisation qu'ils impliquent.
Les explications, quand il y en a, s'effectuent dans une atmosphère de relation franche et loyale.
Règle n° 4. Compréhension du système général de fonctionnement de l'entreprise et de la place et du rôle que chacun y exerce à son poste de travail.
Règle n° 5. Liaisons souples et fréquentes entre les services et les différents niveaux hiérarchiques.

Règle n° 6. Circulation rapide de l'information opérationnelle, tant horizontalement que verticalement, de bas en haut et du haut vers le bas.
Règle n° 7. Esprit de recherche constante de perfectionnement des connaissances générales et techniques, et des méthodes. L'entreprise se considère à l'égard de tous comme une *Université permanente* tendue vers le progrès personnel de chacun de ses membres.
Règle n° 8. Les erreurs sont analysées rationnellement et avec le moins d'intervention possible des « passions », dans le but d'améliorer les méthodes et les fonctionnements.
Règle n° 9. Mobilisation générale de l'entreprise et de chacune de ses composantes vers la performance sur le marché, dans un esprit de compétition constante avec les concurrents.
Ceci se traduit couramment par la diffusion de l'esprit du marketing, bien au-delà des seuls services du marketing et de la vente. (« Tous vendeurs »).
Règle n° 10. Le système d'appréciation et d'évaluation des commerciaux est établi et discuté ouvertement et loyalement avec chacun, en vue du perfectionnement de l'intéressé.
Règle n° 11. Les résultats prévalent sur les recommandations, les chapelles et les diplômes pour déterminer les rémunérations et les progressions hiérarchiques.
Règle n° 12. Sentiment général du personnel, de liberté et de mobilisation autour du projet d'entreprise, de ses objectifs et de ses finalités.
C'est en fonction de ces douze règles qu'on pourrait presque considérer comme la « Constitution de l'Entreprise », que nous préconisons, autant que faire se peut, la mise en place, au sein de la force de vente, de comités et de groupes de projets.

LES STRUCTURES SOUPLES DE COMITES

Il nous semble que les structures pyramidales à multiples étages dessinées par un organigramme recèlent plusieurs risques. Celui d'abord des *déperditions* dues aux multiples relais de transmission.
Celui ensuite de créer des *rigidités* : chacun s'estime destiné soit à rester à son niveau sans grande perspective d'évolution (et l'on débouche sur la « courbe d'ennui du vendeur » (1), soit à employer son énergie et ses talents en « politique intérieure » pour gravir les échelons, même si la compétence et la performance ne sont pas à la hauteur de ce qu'on attend de ce collaborateur.
C'est pourquoi nous préconisons la solution pratique de création de *comités* ou de *groupes de projets.*
Un *comité* est un groupe permanent avec des membres qui peuvent changer, par exemple en fonction des spécialités de chacun. Un *groupe*

---

(1) Lire à ce sujet : Xavier Auzouy *Le Management du service commercial,* collection Efficacité Commerciale, Les Editions d'Organisation, 1989.

de projets a une existence limitée au temps nécessaire à la mise au point du projet et est en principe constitué de membres permanents pendant toute la durée de l'étude qui lui est confiée.
Ces comités et groupes de projets peuvent avoir un rôle consultatif et de réflexion (préparation des décisions) ou un rôle exécutif (ou d'exercice d'une responsabilité définie).
Le principe du management par comités présente plusieurs avantages :
— Il évite de créer des structures rigides, définitives, sclérosantes. (Au fond on prend ses membres « à l'essai », et on les garde tant qu'ils se montrent performants).
— Il permet de faire appel, hors hiérarchie (donc en évitant au maximum de froisser des susceptibilités), à des compétences ou à des capacités de réflexion qui vont enrichir les propres compétences et capacités de celui qui suscite un tel comité.
— Il permet d'évaluer sur des questions concrètes les aptitudes de collaborateurs semblant disposer d'un certain potentiel.
— Il permet de décharger tel ou tel responsable central d'une trop grande centralisation des responsabilités et des préparations des décisions.
— Il permet de créer des directions de circonstances (*groupe de projet*), dont on se séparera quand le projet aura été mené à bonnes fins, sans créer de structures irréversibles alors que les circonstances auront changé. On évite ainsi les « droits acquis ».
— Il permet aux collaborateurs d'exercer des responsabilités pendant un temps limité et de ne pas s'user au pouvoir.
— Il permet de créer un vivier de futurs responsables et de les initier progressivement à l'exercice du pouvoir.
— Il favorise le travail en équipe.
Manager des personnes, engage chaque cadre hiérarchique à disposer de *temps* pour s'informer, échanger, comprendre les situations et les collaborateurs, négocier avec eux les changements nécessaires, ce qui implique pour le Directeur des Ventes d'être déchargé de certaines activités qui pourront être exercées avec la même compétence par d'autres personnes de l'organisation.
Outre les responsabilités qu'il assume dans le cadre de ses *activités*, tout vendeur est susceptible de se voir confier une ou plusieurs *missions*, en particulier l'animation de comités ou de groupes de projets.

LES COMITES COMMERCIAUX, UNE SOLUTION POUR LES PETITES ENTREPRISES

Avec une structure légère de petite ou de moyenne entreprise il ne peut pas être envisagé de créer un poste à temps plein pour l'exercice de certaines fonctions (personnel, qualité, méthodes).

Par contre cette fonction nécessaire peut être confiée à un comité. Dans le cas cité de la fonction « personnel », ce comité *préparera* :
— le recrutement (définition des profils de poste, des profils humains (psychologie, formation de base, expérience, etc.), de la méthode de recherche, de la sélection, etc.
— la promotion interne
— la formation et son évaluation
— la rémunération.

Au besoin, il fera appel aux compétences internes de la société, ne serait-ce que pour assurer la coordination et l'homogénéité des décisions à prendre.

Le groupe de projet pourra être chargé de l'étude de l'informatisation, du suivi commercial, de l'organisation des procédures, des circuits de transmissions de certaines informations, la recherche de nouvelles filières ou formules de commercialisation, etc.

Toute entreprise récèle des talents. La force de vente ne fait pas exception à cette constatation. Il est donc recommandé d'inviter les talents à se manifester pour participer aux travaux des groupes de projets et des comités, à condition que leur multiplicité n'entrave pas la bonne marche des ventes : l'atteinte des objectifs est un devoir sacré !

COMMENT ORGANISER LA FORCE DE VENTE ?

Parmi les grands débats sur l'organisation de la force de vente figure celui sur la spécialisation. La formule définitive n'existe probablement pas, si l'on considère qu'une même entreprise peut changer son orientation à plusieurs reprises en dix ou vingt ans.

Le choix est à faire entre une formule territoriale, une formule par produit et une formule par clientèle. Chacune a ses avantages et ses inconvénients.

La *formule territoriale* a pour avantage de définir clairement les responsabilités du vendeur, de faciliter le suivi, d'occasionner de moindres frais de déplacement et d'assurer une présence personnelle plus intense du vendeur sur son secteur de vente. Mais il est parfois difficile pour le vendeur de connaître tous les produits et tous les clients, surtout si les domaines d'application sont variés.

La *formule par produit* permet au vendeur de bien connaître les produits et leurs applications, leur nombre étant plus restreint que dans la première formule. Les inconvénients sont appréciables : davantage de déplacements et de frais, multiplication de la représentation de la firme auprès d'un même client, avec ses conséquences dommageables si une rigoureuse coordination des tarifs et des conditions n'est pas fermement établie.

La *formule par clientèle* favorise une bonne adaptation aux besoins des clients et permet une bonne rentabilité de l'action commerciale si l'on pratique une politique d'« écrémage » de la clientèle. Avec cette formule, les temps et frais de déplacement sont importants.

DEFINIR LES FONCTIONS

Nous présentons dans les pages qui suivent les définitions de fonctions du Directeur Général Commercial et du Marketing (que nous situons hors du champ couvert par cet ouvrage), du Directeur National des Ventes et le Chef des Ventes (qui sont les pivots de la Direction des Ventes), du Directeur des Ventes internationales (dont la position prendra une grande importance lorsque le Marché Unique Européen deviendra réalité) et de quelques profils types de commerciaux : l'ingénieur d'affaires, le chargé de prospection de nouveaux comptes, le vendeur-animateur des revendeurs, le vendeur aux clients des clients, le vendeur-technicien (ou technico-commercial), ainsi que de ce personnage souvent mis au second plan et dont le rôle est essentiel pour l'efficacité commercile : la secrétaire commerciale.
Ces définitions ne se prétendent pas universelles. Elles cherchent à singulariser les traits caractéristiques habituels de telles fonctions. Nous les présentons selon le plan de description suivant :
- définition générale de la fonction
- relations de dépendance et relations fonctionnelles
- limites de compétence
- profil de réussite
- et dans certains cas, critères d'évaluation des performances.

LE DIRECTEUR GENERAL COMMERCIAL ET DU MARKETING

- Le Directeur Général Commercial et du Marketing est le supérieur hiérarchique devant lequel répond directement le Directeur des Ventes.
- A nos yeux, la dualité voire la rivalité, que peut créer l'existence sur un même plan hiérarchique d'un Directeur de Marketing et d'un Directeur Commercial trouve sa solution dans la fusion des deux fonctions ; le Directeur Général Commercial et du Marketing étant alors épaulé par un Directeur National des Ventes (éventuellement démultiplié par des Chefs des Ventes régionaux) et par un ou plusieurs chefs de produits ou chefs de marché, qui assurent la fonction d'étude et de proposition contenues dans les activités de marketing.

1. — *Définition générale de la fonction*

Dans le cadre de la stratégie et de la politique générale établies par la Direction Générale, le Directeur Général Commercial et du Marketing a pour attributions :

— d'élaborer la stratégie et la politique commerciale ;
— de mettre sur pied la politique de marketing (étude des marchés, gammes de produits, leur positionnement, leur évolution, la définition des produits nouveaux) ;
— de définir le plan commercial (à 3 ans, par exemple) ;
— d'animer et de coordonner les services dont il a la responsabilité : marketing, communication publicitaire, ventes ;
— d'établir les plans commerciaux annuels et leur déclinaison en termes de structuration des gammes de produits, de choix des circuits de distribution et de politique commerciale vis-à-vis de la clientèle, d'élaboration de la grille tarifaire, d'actions promotionnelles, de politique publicitaire, de détermination des objectifs commerciaux ;
— de suivre le déroulement des plans commerciaux et de susciter les actions de correction ou de développement en fonction des opportunités (élaboration et suivi des tableaux de bord) ;
— d'élaborer et de suivre les plans budgétaires qui en résultent ;
— de conseiller et d'animer l'équipe des collaborateurs directs qui animent les services de marketing et de vente, en se souciant particulièrement de leur développement culturel et méthodique et de leurs résultats aussi bien quantitatifs que qualitatifs.

2. — *Relations*

— de dépendance ;
Il est placé sous la responsabilité du Directeur Général, dont il dépend hiérarchiquement.
— fonctionnelles ;
Ces relations sont constantes avec les Directeurs financier, de la production, administratif, des relations humaines ainsi qu'avec le secrétaire général et le Directeur des affaires juridiques.
Il fait partie des comités de stratégie générale de l'entreprise, des comités de projet (quand ceux-ci interfèrent avec la politique et l'action commerciale) et de certains comités techniques.

3. - *Limites de compétence*

Celles qui seront considérées comme empiètement sur les responsabilités des autres services.
Il ne peut prendre de décisions budgétaires et tarifaires qui mettraient en péril la solidité financière de l'entreprise.

4. — *Profil de réussite*

Homme complet, le Directeur Général Commercial allie l'aptitude à la réflexion, à l'animation des équipes de cadres qui travaillent à ses côtés et à l'obtention des résultats.

Son organisation du temps lui permet d'être disponible pour réfléchir et pour l'échange humain.
Il se positionne à la fois comme un homme de recul, comme arbitre, mais aussi comme quelqu'un qui est concerné par les résultats et se montre à ce titre vif et mobile pour engager une réaction rapide chaque fois que cela est nécessaire.
Homme d'idées, il a le souci constant du perfectionnement des hommes et de l'amélioration des méthodes.
Il sait se montrer brillant dans les manifestations extérieures qui requièrent sa présence. Ses concurrents savent apprécier la détermination, la solidité de ses jugements et le charme des relations qu'il enretient avec la profession.

LE DIRECTEUR NATIONAL DES VENTES LE CHEF DES VENTES

• Le Directeur des Ventes est le personnage pour lequel nous avons écrit ce livre. Nous ne reprendrons donc pas ici ce qui a déjà fait l'objet du premier chapitre. Cependant il nous a semblé commode pour le lecteur de ne pas oublier la définition de fonction du Directeur des Ventes au sein du chapitre consacré aux structures.
• Dans notre esprit, l'appellation de Directeur des Ventes concerne plutôt celui qui a en charge la responsabilité d'une force de vente nationale. Nous réservons l'appellation de Chef des Ventes à celui qui prend en charge une région de vente. Ceci précisé, les métiers du Directeur des Ventes et des Chefs des Ventes ont un grand nombre de points communs. De plus, les désignations varient d'une société à l'autre, certains Chefs des Ventes ont en charge une force de vente forte d'une centaine de vendeurs quand d'autres Directeurs des Ventes régionaux n'ont guère plus de cinq collaborateurs de vente.

1. — *Définition générale de la fonction*

Dans le cadre de la politique commerciale définie par le Directeur Général Commercial et de Marketing, à laquelle il a collaboré comme conseiller, le Directeur des Ventes est le garant de l'atteinte des objectifs qualitatifs et quantitatifs assignés à la force de vente.
Il a notamment pour attributions :
— de participer à la définition et à la mise en œuvre du plan d'action commercial annuel ;
— d'évaluer les commerciaux, sédentaires et extérieurs, leurs progrès, leurs points forts, leurs points à améliorer, leurs points faibles ;
— de se préoccuper et de réaliser les perfectionnements individuels et collectifs de la force de vente, soit en faisant appel à des institutions

extérieures, soit en utilisant les ressources de l'entreprise ou ses talents propres ;
— de licencier ou de recommander les licenciements qui s'imposent ou les déplacements de poste à effectuer ;
— de recruter les nouveaux collaborateurs de la force de vente ;
— de créer et de maintenir un climat de travail qui permette d'optimiser les performances de chacun. A cet effet, il est attentif aux préoccupations personnelles éventuelles de chacun de ceux qui dépendent de lui, pour le guider dans la voie d'une solution ;
— de participer à l'élaboration des méthodes commerciales et des aides à la vente ;
— de rendre compte régulièrement de son action et des résultats de la force de vente auprès du Directeur Général Commercial et du Marketing ;
— d'intervenir auprès de toute personne exerçant directement ou indirectement une fonction commerciale (standardiste, personnel d'accueil des clients, comptabilité clients par exemple) pour les aider à adopter un comportement efficace sur le plan commercial ;
— de définir les objectifs et de suivre la réalisation des ventes par produits et par clientèles, de volume de marge de chaque vendeur (tableau de bord) ;
— de déterminer et de suivre le plan d'action commerciale de chaque vendeur ;
— de se préoccuper de l'application effective par chaque vendeur des méthodes mises en place et de l'emploi adéquat des moyens dont chacun dispose ;
— de déterminer et de mettre en place le système de rémunération et d'en suivre les effets ;
— de se rendre disponible pour consacrer le principal de son temps aux accompagnements-formation et aux appuis-vente ;
— de préparer et de conduire la réalisation des manifestations commerciales, telles que foires-expositions, réunions des vendeurs.

2. — *Relations*

— de dépendance.
Il est placé sous la responsabilité du Directeur Général Commercial et du Marketing, dont il dépend hiérarchiquement.
— fonctionnelles.
Il est en relations suivies avec l'administration des ventes et la comptabilité-clients pour la bonne gestion des commandes et des règlements, et avec les services de fabrication, de stockage et de livraison pour l'exécution des commandes et l'instruction des litiges éventuels.

3. — *Limites de compétence*

L'action du Directeur des Ventes s'inscrit dans le cadre du budget annuel (rémunération de la force de vente, remises à la distribution, financement des moyens d'aide à la vente, formation). Tout dépassement sera discuté avec la Direction Générale Commerciale et du Marketing.

4. — *Profil de réussite*

Le profil ayant été traité de façon détaillée dans le chapitre premier, nous rappelons ici les principaux traits caractéristiques :
- Homme d'entreprise et d'initiative
- Homme de contact et de négociation
- Qualités de meneur d'hommes et d'animateur
- Qualités de tacticien
- Qualités d'analyse et de décision
- Qualités physiques (travail et santé)
- Qualités morales

LR DIRECTEUR DES VENTES INTERNATIONALES

- La fonction de Directeur des Ventes Internationales pourra se scinder à partir de 1993 en Direction de la Coordination des Ventes en Europe et en Direction des Ventes Internationales (hors de l'Europe des Douze).
- Le Directeur des Ventes à l'Exportation est à un niveau hiérarchique équivalent à celui du Directeur National des Ventes. Dans le cadre européen il aura une fonction de coordination, avec un arbitrage du Directeur Général Commercial et du Marketing.

1. — *Définition générale de la fonction*

Dans le cadre de la politique commerciale internationale définie par le Directeur Général Commercial et du Marketing, à laquelle il a collaboré comme conseiller, le Directeur des Ventes Internationales a pour attributions :
— de mettre en place la politique commerciale européenne et mondiale en la traduisant dans les faits (plans commerciaux annuels) ;
— d'animer et de contrôler les réseaux de vente implantés dans chaque pays : distributeurs, représentants, etc. ;
— de conseiller les responsables locaux sur les différents plans de l'évaluation et du perfectionnement des personnels de vente ;

— de diffuser les méthodes de vente ;
— de suivre le tableau de bord des ventes par pays ;
— de susciter et d'accompagner les actions de correction de trajectoire ;
— d'appuyer les négociations commerciales d'envergure.

2. — *Relations*

Placé sous la responsabilité du Directeur Général Commercial, il a une relation fonctionnelle avec les responsables commerciaux de chacun des pays où sa société est implantée.
Il suscite et conseille les cellules marketing implantées dans chaque pays où les produits sont vendus.
3. — *Profil de réussite*
Outre les qualités déjà décrites d'un Directeur des Ventes, à sa connaissance et sa pratique de plusieurs langues étrangères, il joint la compréhension des mentalités et des usages propres aux différents pays dans lesquels il opère.
Ses qualités de diplomate lui permettent d'obtenir que les principaux impératifs (d'image, de volume, de conquête de positions stratégiques, etc.) soient respectés en tenant compte des contraintes et des « accents » locaux.

L'INGENIEUR D'AFFAIRES

• Une explication d'abord sur cette appellation où la rigueur de la technique illustrée par le mot « ingénieur » est associée à l'image imprécise des « affaires ». On n'oubliera pas qu'en latin *ingenium* peut se traduire par talent d'intelligence et par aptitude à trouver, deux expressions qui, elles, s'associent bien aux affaires commerciales que cette fonction est appelée à rechercher et à mener à bien.
(En réalité, l'ingénieur semble l'héritier de l'engénieur ou constructeur d'engins, de machines de guerre sous la Renaissance).
• Les ingénieurs d'affaires ou chargés d'affaires exercent la fonction commerciale des métiers de :
— *prestataires de services*
Bureaux d'études, conseils, organismes de formation, sociétés de services informatiques, importantes sociétés de courtage d'assurances, banques d'affaires et établissements financiers, auxquels on ajoutera ceux qui négocient des contrats de longue durée.
— *constructeurs de biens d'équipements industriels complexes*
Machines spéciales, compresseurs, turbines, chaudières, rotatives et matériels périphériques d'imprimerie, fours, etc.
— *entrepreneurs*

Bâtiment, travaux publics, constructeurs d'ensembles industriels clés en main, installateurs, monteurs, etc.

1. — *Définition générale de la fonction*

L'ingénieur d'affaires est fondamentalement chargé de :
— la prospection des affaires chez les *générateurs d'affaires* (clients et prospects), y compris dans la phase préliminaire de la candidature à la préqualification ;
— l'étude du besoin du client (au besoin en associant le ou les ingénieurs de projet) en vue de la soumission de l'offre ;
— la négociation jusqu'à l'accord sur le contrat ;
— le suivi, sur le plan commercial, du déroulement de l'opération technique.

2. — *Relations*

— de dépendance
Il est placé sous la responsabilité du Directeur Général Commercial ou du Directeur des Ventes si l'importance de l'entreprise nécessite cette démultiplication.
S'il est un ingénieur d'affaires junior, il peut dépendre plus directement d'un chef de marché ou de groupe d'affaires, soit sur le plan géographique (Europe du Nord, Europe du Sud, Afrique, Sud-Est Asiatique, Proche-Orient, Amérique Latine, Amérique du Nord), soit sur le plan des spécialités (industries pétrolières, industries chimiques, industries agroalimentaires, laboratoires pharmaceutiques, hôpitaux et cliniques, etc.).
— fonctionnelles
Tant que l'on est au stade commercial et jusqu'à l'accord sur le contrat, il est le *leader*, associé à l'ingénieur de projet (qui étudiera avec lui l'affaire envisagée sur le plan technique) et au juriste (qui mettra au point les termes du contrat). Dès que le projet atteint le stade de la réalisation, il devient l'associé de l'ingénieur de projet, qui prend alors le *leadership* technique.
Ainsi est respecté le principe de l'interlocuteur unique face au client (maître d'ouvrage et maître d'œuvre).

3. — *Limites de compétence*

Dans son rôle commercial, s'il a autorité dans le domaine relationnel, il agira au plus comme conseil sur le plan technique et sur le plan de la gestion, la responsabilité et l'autorité étant détenues par les titulaires *ad hoc* (ingénieur de projet et responsable de la gestion).

4. — *Profil de réussite*

L'ingénieur d'affaires dispose d'une solide culture générale technique, commerciale et financière.
Homme de contact, il sait coopérer de plain-pied tant avec les responsables au plus haut niveau qu'avec les ingénieurs, les techniciens et les gestionnaires, aussi bien chez ses clients qu'à l'intérieur de sa propre organisation.
C'est un entrepreneur qui a le goût des affaires, le sens des opportunités, de l'imagination, des réflexes rapides et une grande stabilité émotionnelle pour affronter les multiples aléas des négociations.

5. — *Critères d'évaluation des performances*

Les performances de l'ingénieur d'affaires sont évaluées en fonction des :
— consultations de pré-qualification (son organisation est-elle destinataire des appels d'offres ?)
— volume et nombres des appels d'offres ;
— taux de transformation des consultations en contrats.
On peut accessoirement y ajouter :
— le nombre de devis ;
— le nombre de litiges, les pénalisations de retard ;
— la bonne fin des règlements financiers ;
— la rentabilité des affaires menées à leur terme ;
— le degré de satisfaction des clients et la réputation obtenue par l'organisation du fournisseur (possibilité d'exploiter les références acquises) ;
— le climat de travail et de coopération interne à l'organisation (relations entre techniciens, gestionnaires, juristes et commerciaux) ;
— le degré d'innovation dans les solutions mises en place, notamment quant aux avantages concurrentiels qui en résultent.

LE CHARGE DE PROSPECTION DES NOUVEAUX COMPTES

L'homme du *new business selling* est le fer de lance de l'entreprise. Encore que nous préférions que chaque vendeur soit lui-même chargé de prospection sur le secteur de vente qui lui est dévolu, nombre d'entreprises ont choisi de spécialiser certains commerciaux dans la mission de recherche de nouveaux clients.

1. — *Définition générale de la fonction*

Le chargé de prospection est chargé :
— de repérer et d'identifier les entreprises du secteur géographique ou de la branche professionnelle dont il a la responsabilité ;

— d'établir le contact avec le ou les décideurs ;
— d'étudier les besoins du client et de mesurer le degré de satisfaction éprouvé auprès des fournisseurs actuels ;
— de conduire la négociation jusqu'au terme de la première commande ou de passer le relais au vendeur qui assurera la relation commerciale courante avec ce client (1).

2. — *Relations*

Placé sous la responsabilité du Directeur National des Ventes, il peut avoir une position de vendeur *senior* qui exerce le rôle de conseiller et d'appui auprès des autres représentants, notamment quand ceux-ci souhaitent étendre leurs affaires avec de nouveaux départements avec lesquels ils ne travaillent pas chez des clients acquis.

3. — *Profil de réussite*

Vendeur expérimenté, il a souvent entre 30 et 40 ans et aime la conquête. C'est un coureur de fond, psychiquement solide, curieux, qui a le flair des affaires. Brillant dans les premiers contacts, la relation commerciale courante l'ennuie.
Son organisation rigoureuse est une qualité qui lui permet d'être présent au moment opportun.
Une certaine latitude dans ses activités lui sied particulièrement et son efficacité s'apprécie sur une moyenne période (plusieurs mois).

LE VENDEUR-ANIMATEUR DES REVENDEURS

Nombreuses sont les entreprises qui ne s'adressent au client final que par l'intermédiaire de grossistes ou de distributeurs. Or si une étape de la vente a été accomplie quand le produit est entré chez le distributeur, encore faut-il se soucier que ce même produit en sortira dans les meilleures conditions de rapidité, d'image, de services et de prix.
Le représentant du fabricant se transforme en animateur de la force de vente de chacun de ses distributeurs. Les désignations de cette fonction sont variées : inspecteur, délégué régional, technico-commercial, etc.

1. — *Définition générale de la fonction*

Le vendeur-animateur du réseau des revendeurs a pour attribution :
— de gérer son secteur de vente en analysant l'évolution générale du chiffre d'affaires de l'entreprise avec ses distributeurs et l'évolution

(1) Consulter *La Prospection Commerciale en action* Les Editions d'Organisation, Paris, 1986.

des différents produits, notamment les produits rentables, les produits stratégiques et les nouveaux produits ;
— de définir (avec l'appui du Directeur des Ventes) son plan d'action de secteur et d'en suivre attentivement le déroulement ;
— de négocier l'accord annuel de commercialisation avec chaque distributeur et d'en suivre l'application ;
— de rabattre vers les distributeurs les affaires en cours sur son secteur ;
— d'animer les distributeurs et notamment :
• d'assurer la formation technique (connaissance des produits et de leurs applications) du personnel de vente sédentaire (vendeurs au comptoir et vendeurs au téléphone) et itinérant (représentants du distributeur) ;
• d'assurer la formation commerciale (méthodes de vente au comptoir, par téléphone et face au client) ;
• d'accompagner les représentants en visite chez les principaux clients du distributeur. (Il exerce à ce titre une fonction analogue à celle d'un Chef des Ventes lors des accompagnements-formation et des appuis-vente, tels qu'ils sont décrits dans ce livre, aux chapitres 14 et 17.) ;
• de faire utiliser comme il convient les matériels et moyens de l'entreprise (fiches techniques, matériels de démonstration, catalogues, dépliants publicitaires, échantillons, tarif, etc.) ;
— de vérifier le fonctionnement du service après-vente, si celui-ci est délégué au distributeur ;
— de participer aux manifestations commerciales du distributeur (journées « portes ouvertes », présence aux foires-expositions, essais, démonstrations publiques, etc.).

2. — *Relations*

— de dépendance
Il répond directement devant le Directeur des Ventes dont il dépend hiérarchiquement.
— fonctionnelles
Il agit en tant que conseiller, sans relation d'autorité, auprès du distributeur et de ses différents collaborateurs.

3. — *Limites de compétence*

Il n'a pas qualité pour rompre un accord avec un distributeur existant, ni pour installer un nouveau distributeur (intervention nécessaire du Directeur des Ventes).
Il ne peut outrepasser, sans accord préalable formel du Directeur des Ventes, le quota d'affaires en cours au-delà de limites fixées par l'as-

surance-crédit, ni déroger de sa propre initiative au barème tarifaire convenu avec le distributeur.

4. — *Profil de réussite*

• Homme d'entreprise et d'initiative, il est le « patron » des ventes sur son territoire.
• Par ses qualités de contact et de négociation, il « fait le poids » et est capable d'engager le dialogue au plus haut niveau (dirigeants des entreprises de gros et de distribution).
• Il sait aussi bien se mettre à la portée des représentants, secrétaires, vendeurs au comptoir, préparateurs de commandes, responsables des stocks, magasiniers pour les associer à l'action commerciale de son entreprise et les motiver.

LE VENDEUR AUX CLIENTS DES CLIENTS

Parfois la vente aux revendeurs se dédouble. Un ou plusieurs vendeurs se chargent de promouvoir et de vendre les produits du fabricant au bénéfice du distributeur. C'est ce que les anglo-saxons appellent *missionary selling*. Cette fonction existe notamment dans les milieux agricoles (ventes de semences et de produits phytosanitaires).

1. — *Définition générale de la fonction*

Le vendeur aux clients des clients est chargé de créer la demande des produits de l'entreprise en aval des distributeurs. A cet effet il agit en organisant des essais, de démonstrations, en conseillant les clients utilisateurs sur les particularités d'emploi du produit pour en obtenir le meilleur résultat.
Bien que son action soit principalement d'essence technique, il n'en perd pas de vue le but commercial.
Cette fonction, exercée souvent en début de carrière, met le pied à l'étrier de son titulaire pour accéder à la fonction ultérieure de vendeur-animateur des revendeurs.

2. — *Relations*

Bien que considéré comme un *commercial-junior*, il n'est pas en général placé sous la dépendance hiérarchique du vendeur-animateur des revendeurs. Il est rattaché directement au Directeur des Ventes ou à un Chef des Ventes (sinon on court le risque que l'animateur des reven-

deurs le traite comme son assistant et se débarrasse sur lui de ce qu'il considère comme des corvées).
Sa relation avec l'animateur des revendeurs est fonctionnelle. Ces deux fonctions sont appelées à une étroite coopération. Il fait également équipe, sans lien de dépendance réciproque avec les forces de vente des distributeurs pour lesquels il exerce son action.

3. — *Profil de réussite*

De formation technique (BTS, BTA, parfois seulement CAP) il est un technicien qui a le goût de la vente et se montre apte à évoluer vers d'autres fonctions de la vente dans l'entreprise. C'est une fonction dont les titulaires sont jeunes.
Homme d'initiative, il est un promoteur des produits et de leurs applications et utilisation. Il va de l'avant pour visiter les clients et mettre en place les essais ou les démonstrations. C'est un actif.
Il est un homme de vente et a reçu pour cela une solide formation commerciale. Sa force de persuasion repose sur la sympathie qui émane de sa personne et sur sa compétence technique, plus que sur une pratique consommée des techniques de la vente, parce que la vente qu'il pratique peut être assez simple.
Homme d'équipe et de relations, il sait que la multiplicité de ses interventions auprès de ceux qui créent le mouvement de demande et d'achat du produit, contribue à créer une considération positive en faveur des produits de son entreprise.
Il est perçu par les utilisateurs comme un homme de conseil. Il entretient ou actualise en permanence ses connaissances techniques, et contribue à l'image de sérieux technique de son entreprise.
Homme de terrain, il ne se contente pas de dire. Il est aussi celui qui « met la main à la pâte » pour inculquer les pratiques nécessaires à la bonne utilisation du produit (il fait pour faire-faire).

LE VENDEUR TECHNICIEN

Le vendeur technicien ou technico-commercial est chargé de promouvoir et de vendre auprès de sa clientèle des produits qui, sans être nécessairement très complexes, demandent quelques connaissances techniques. Sont concernés les secteurs de la mécanique, de la chimie, du sanitaire, de certains dérivés pétroliers, etc.

1. — *Définition générale de la fonction*

Le vendeur technicien est chargé de :
— fidéliser et dynamiser la clientèle existante ;
— créer de nouveau clients ;

— maximiser la pénétration des produits de l'entreprise sur son secteur en fonction des objectifs négociés avec la Direction des Ventes.
— mettre en place les nouveaux produits.

2. — *Relations*

— de dépendance
Il est placé sous l'autorité directe du Directeur des Ventes.
— fonctionnelle
Il est en relation fonctionnelle avec le bureau d'études et le service technique, dont il doit respecter les impératifs, sans que cela crée une dépendance hiérarchique à l'égard de leur personnel. Il peut se faire accompagner par un technicien pour certaines démonstrations.

3. — *Activités*

Il visite les clients, les prospects et les prescripteurs.
Il est chargé d'analyser et de transmettre leurs besoins aux services techniques de l'entreprise.

4. — *Profil de réussite*

Plutôt jeune (quand on le recrute) il est titulaire d'un diplôme d'ingénieur, d'un DUT ou d'un BTS. Disponible et curieux des nouveaux problèmes qui lui sont posés, il a le souci d'actualiser en permanence son bagage technique.
Il ne privilégie pas pour autant le seul aspect technique lors des entretiens de vente avec ses clients et ses prospects et a le sens des accords à prendre et des résultats commerciaux et financiers à atteindre.

LA SECRETAIRE COMMERCIALE

1. — *Définition générale de la fonction*

Véritable coéquipière des vendeurs, la secrétaire commerciale règle activement les multiples détails du fonctionnement commercial interne en *arrondissant les angles* avec patience, fermeté et sourire.
Elle se montre attentive envers chacun des commerciaux et du Directeur des Ventes, pour leur assurer un bon confort de travail. Elle est chargée de la collecte et de la transmission de nombreuses informations commerciales.

Elle est la « permanente » — débrouillarde et au courant de tout— qui assure les multiples relais entre tous les collaborateurs commerciaux itinérants.
Son rôle, parfois ingrat, est remercié par un hommage judicieux à cette collaboratrice, quand l'occasion se présente.

2. — *Relations*

— de dépendance
Elle répond devant le Directeur des Ventes, dont elle dépend, hiérarchiquement et dont elle n'est la secrétaire personnelle qu'à temps partiel (du moins dans les moyennes et petites entreprises).
— fonctionnelle
Elle est en relation avec les Commerciaux, dont elle assiste le travail, sans que cela crée un lien de dépendance à l'égard de ceux-ci.
Vis-à-vis des clients auxquels elle répond par téléphone, elle est chargée d'apporter les informations et éclaircissements auxquels elle est apte à répondre ou sinon à les transmettre au vendeur du secteur concerné. Elle s'informe auprès des services intérieurs (comptabilité, expéditions, préparation des commandes, fabrication) pour apporter les précisions souhaitées.

3. — *Profil de réussite*

Pour être à la hauteur de sa tâche, la secrétaire commerciale aura pour principales qualités :
— de s'inscrire dans le mouvement de la vente : on imagine difficilement que cette femme ne sache pas se rendre disponible aussi bien pour écouter les vendeurs que sur le plan de son temps de travail.
— Une certaine autorité, tempérée par le doigté nécessaire pour maintenir les lignes de conduite définies en commun : envoi régulier des rapports, respect des directives, application des méthodes d'organisation et de vente.
Elle se montrera ferme sur l'application des principes et des règles qui assurent le bon fonctionnement d'une organisation vivante et active comme l'est le service commercial.
— de savoir prendre des initiatives, parfois sans en référer préalablement au Directeur des Ventes et dans le cadre qui lui a été défini, ce qui implique expérience et maturité.
A cet égard, nous trouvons assez logique d'envisager qu'une fraction de la rémunération de la secrétaire commerciale soit liée aux résultats globaux obtenus par les vendeurs dont elle a directement la charge. Et dans le même esprit, il est recommandé (nous l'avons maintes fois expérimenté avec un grand succès) de faire participer la secrétaire com-

merciale aux séminaires de formation suivis par l'équipe de vente — notamment ceux qui sont centrés sur l'organisation de l'efficacité des vendeurs —. Une telle décision, outre qu'elle permet à la secrétaire commerciale de mieux comprendre le métier des vendeurs, place cette collaboratrice en position de relais permanent de l'application des méthodes.

DECONCENTRER LES FONCTIONS DE MANAGEMENT VERS DES RESPONSABLES INTERMEDIAIRES

Le développement des ventes d'une entreprise nécessite parfois une augmentation des effectifs sans que l'on puisse envisager de créer des postes de Chefs des Ventes. Pour faire face à l'animation et au suivi d'un effectif accru, l'entreprise peut alors déconcentrer les fonctions d'encadrement en créant un niveau hiérarchique intermédiaire que l'on qualifie d'*animateur des ventes,*d'*inspecteur,* de *chef de secteur* ou de *chef de groupe.*

Le ou les titulaires de cette fonction reçoivent délégation du Directeur de Ventes d'une partie de ses activités.

Se pose cependant la double question de savoir à qui on doit confier la responsabilité d'encadrer et d'animer deux à trois vendeurs et le contour précis des responsabilités à transférer à l'animateur des ventes pour alléger la charge de travail du Directeur des Ventes, ou du Chef des Ventes quand les structures sont plus développées.

On rappellera en préambule que toute institution d'un poste hiérarchique dans une force de vente ne devrait pas se traduire par un alourdissement administratif, ni par une sédentarisation accrue, mais au contraire doit doter la force de vente d'éléments moteurs au niveau du terrain, chargés d'augmenter la puissance et la vitesse de l'action commerciale. Réduite à l'essentiel, cette fonction de responsable intermédiaire se définit en trois mots : Vente, Formation, Responsabilité.

Devenu animateur des ventes, le vendeur ne se coupe pas de la vente. D'une part sa propre action sera démultipliée par la prise en charge d'un, deux ou trois vendeurs. D'autre part, il conservera souvent, au moins dans un premier temps, sa propre clientèle.

L'animateur des ventes est l'un des relais indispensables de la formation à la vente et aux méthodes de vente et d'organisation mise en place dans l'entreprise. On sait qu'à l'issue d'un séminaire de formation, le progrès de chacun ne s'obtient que par un entraînement et une application constants. Si personne ne s'en soucie, c'est faire preuve d'irréalisme que de compter sur le progrès spontané du vendeur. Seuls les meilleurs se prennent en charge. C'est donc à celui qui est le plus proche du vendeur qu'incombent le souci et la responsabilité du perfectionnement continu du vendeur.

L'animateur des ventes est également un responsable ; il a charge d'âmes et a pour objectif d'atteindre les résultats attendus, non seule-

ment pour lui-même, mais également pour le ou les vendeurs placés sous son autorité.
Seront appelés à une fonction de responsable intermédiaire des commerciaux expérimentés, présents depuis quelques années et bien intégrés dans la société et pour lesquels l'accession à un rang d'encadrement constitue une récompense, une promotion et un stimulant. On s'attachera à leur orientation vers les autres. C'est pourquoi doivent être écartés de cette fonction d'excellents vendeurs, mais qui travaillent en solitaires, voire en égoïstes — cette caractéristique étant assez répandue dans la population des commerciaux — ou des vendeurs trop dépendants des directives de leur supérieur hiérarchique et un peu timorés face aux initiatives à prendre.

QUAND LE DIRECTEUR DES VENTES ASSURE EGALEMENT UNE FONCTION DE VENDEUR

> *« Est-ce à votre cocher, Monsieur,*
> *ou à votre cuisinier que vous voulez parler ?*
> *car je suis l'un et l'autre. »*
> Molière

Nous ne sommes pas, par principe, favorable au cumul des rôles, l'un pâtissant de l'exercice de l'autre. Cependant, il est courant de rencontrer dans une entreprise de petite dimension, dans une filiale nouvellement créée par un grand groupe industriel ou dans une agence où les effectifs sont peu nombreux, le cumul de la fonction de vente et de celle de management.
Comment ce titulaire de deux fonctions doit-il envisager sa position ? Il est à la fois chef et collaborateur et se doit de définir le partage de son temps entre ses activités de direction et ses activités de vente.
Son objectif principal est évidemment de développer le chiffre d'affaires et la rentabilité du secteur géographique ou de clientèle qui lui est imparti, afin de parvenir aussi rapidement que possible à confier l'activité de vente à un nouveau collaborateur et se consacrer désormais entièrement à son métier de chef. Il importe que, dans l'exercice de son rôle de vendeur, il se montre exemplaire :
— soit parce qu'il forge et prépare l'organisation, les outils, les méthodes, les comportements de celui qui succèdera en tant que vendeur ;
— soit parce qu'il a déjà à ses côtés un ou deux vendeurs, dont il est à la fois le chef et le collègue et dont le professionnalisme sert de modèle.
En définitive, cette situation de double fonction, qui dans notre esprit ne devrait être qu'une étape transitoire, suppose pour être vécue harmonieusement par l'intéressé qu'il ait une claire conscience des périodes où il agit en tant que chef et de celles où il agit en tant que vendeur.

COMBIEN DE VENDEURS ET AVEC QUEL NIVEAU DE QUALIFICATION ?

Si la question de l'effectif et du niveau de qualification est surtout posée dans les entreprises en voie de formation, elle est cependant présente épisodiquement dans les discussions des dirigeants commerciaux, à l'occasion par exemple d'un redécoupage de secteur, d'une nouvelle distribution des activités de vente, d'une démission ou d'un départ à la retraite.
Quelle réponse peut-on apporter à cette question ? Faut-il, à budget égal, plus de vendeurs d'un niveau moyen ou moins de vendeurs d'un niveau supérieur ? Notre préférence va à la seconde réponse pour quatre raisons.
Il nous semble évident que le niveau de qualification des acheteurs s'est élevé dans la plupart des métiers. Corrélativement, les négociations sont devenues plus élaborées et exigent pour leur conduite des vendeurs à plus large spectre de culture.
Il apparaît surtout que l' informatique, et spécialement la télématique, va très prochainement vider l'exercice du métier de la vente de ce qui paraissait souvent l'essentiel, c'est-à-dire la prise de commande. Comme nous le rappelons dans le chapitre 10 de ce livre, grâce à la télématique, la prise de commande est confiée à l'électronique : le client compose sur son terminal ou son minitel ce qui lui est nécessaire, reçoit automatiquement — la programmation l'ayant prévu — les différentes réponses tarifaires en fonction des quantités commandées, et peut bloquer immédiatement sur le stock disponible les articles qu'il décide d'acheter.
Le métier commercial se transforme alors considérablement : prospection, bien entendu, puis une fois le client acquis il faudra conforter la collaboration avec cet élément par une intense politique de services : conseils techniques d'emploi, essais, démonstrations, service après-vente, conseils en gestion et en marketing aval, etc. On conçoit que, soulagé de la tâche de prise de commande — que l'on peut considérer aujourd'hui comme assez primitive — le métier de vendeur prenne une autre dimension et fasse appel à une intelligence plus composite et à une culture plus large (politique économique, marketing, gestion, finance et connaissances technologiques propres au domaine d'activité de l'entreprise).
Quand on considère aussi que le temps réellement consacré au face à face avec le client n'excède pas dans le meilleur des cas 15 à 20% du temps de travail du vendeur, on comprend le souci des Directions d'entreprise d'apporter à l'exercice des métiers de la vente l'efficacité maximum. Celle-ci a davantage de chance d'être obtenue avec des personnels de haute qualification, en nombre peut-être restreint, plutôt qu'en alignant des bataillons compacts de fantassins de faible qualification « pour occuper le terrain ».

Toute notre civilisation professionnelle, en cette fin du XXe siècle, milite en faveur d'un fort développement du bagage de connaissances de tous les agents des activités économiques. Pourquoi voudrait-on que les métiers de la vente échappent à ce mouvement général ?

CALCULER L'EFFECTIF DE LA FORCE DE VENTE NECESSAIRE POUR ATTEINDRE LES OBJECTIFS

Que l'entreprise prévoie une forte expansion en raison du succès prévisible d'un ouveau produit, qu'elle veuille au contraire se replier pour des raisons financières ou conjoncturelles sur ce qui lui est strictement nécessaire, ou encore qu'elle souhaite apprécier si globalement sa force de vente est en situation d'effectif excédentaire ou d'effectif insuffisant, l'équipe dirigeante et notamment le Directeur Commercial doit être en mesure de calculer l'effectif commercial nécessaire et suffisant. Comment doit-on s'y prendre ? Une méthode, qui nous a donné satisfaction, consiste :

— 1°) à dresser le tableau des clients qu'il est nécessaire de visiter.
— 2°) à faire l'inventaire des tâches à accomplir par les commerciaux (sans décider de leur nombre) ;
— 3°) à mesurer le temps nécessaire à l'accomplissement des tâches ;
— 4°) à calculer l'effectif qui en résulte.

Un tel travail effectué à deux personnes — Directeur Commercial et consultant — a nécessité trois jours pour passer en revue les activités de marketing (chefs de produits), de communication publicitaire (chef de publicité d'annonceur), de direction des ventes et de vente (représentants).

Commentaires

1. Par « clients », il faut entendre la visite à tous les éléments du réseau de décision : prescripteurs, décideurs, utilisateurs, acheteurs, administrateurs du budget, ce qui peut multiplier par trois ou quatre le nombre de visites à effectuer par rapport au nombre de clients.
2. Les tâches à accomplir ne se limitent pas aux seules visites de vente et aux trajets d'un client à l'autre. Dans la plupart des métiers, il incombe au représentant d'agir sur l'environnement de sa vente par des démonstrations, des visites à des prescripteurs (EDF, architectes, organisations agricoles, etc.), des conférences d'information, etc. Il importe naturellement de les prendre en compte.
3. Certaines tâches sont générées par les clients. Plus l'entreprise veut en visiter, plus elle doit aligner un effectif commercial important. D'autres tâches sont rendues nécessaires par l'organisation

propre à l'entreprise : comptes rendus d'activité, rapports d'enquêtes, participation à des réunions, des séminaires de formation, des congrès des ventes, etc. Dans le second cas on part d'une hypothèse d'effectif pour mesurer le volume du temps nécessaire.

4. La mesure du temps est plus fidèlement saisie si on la calcule dans un cadre *annuel*, spécialement quand une activité de vente a un caractère mono ou pluri-saisonnier.
   L'effectif optimum ne se détermine pas par la simple division du temps de travail nécessaire globalement par le temps de travail produit chaque année par un collaborateur de vente. Il faut observer que certaines tâches doivent être accomplies simultanément par l'ensemble de la force de vente ou bien que certains peuvent réaliser tels travaux qui sont inaccessibles aux autres.
   En outre, il est prudent d'établir le niveau de plein emploi à 80% de la capacité théorique totale pour tenir compte de la non succession absolue de toutes les tâches, des retards d'exécution, des temps morts incompressibles, etc.
   Nous présentons en annexe au présent chapitre une note de méthode pour le calcul de l'effectif nécessaire à l'atteinte des objectifs de l'entreprise.

DE COMBIEN DE VENDEURS PEUT S'OCCUPER UN RESPONSABLE COMMERCIAL ?

A cette question classique il ne peut pas être répondu simplement. Le ratio Chef des Ventes/vendeurs dépend des situations et des qualifications. Si la force de vente doit être augmentée d'un ou deux nouveaux vendeurs que le responsable doit mettre en route, la totalité de l'effectif devrait se situer entre trois et quatre vendeurs. Si l'on a affaire à des vendeurs moyens, nécessitant une assistance et une présence importante sur le terrain, l'effectif encadré par un seul responsable sera de l'ordre de cinq à six vendeurs.
Si la force de vente comporte plusieurs *vendeurs seniors*, et des *vendeurs moyens*, l'effectif précédent de cinq vendeurs pourra être augmenté d'autant de *vendeurs seniors* très autonomes, jusqu'à un effectif de dix à douze personnes (soit par exemple dans ce dernier cas : cinq *vendeurs moyens* et sept *vendeurs seniors*).
On n'oubliera pas que ce sont les vendeurs qui « financent » en quelque sorte l'encadrement. Plus le ratio Chef des Ventes/vendeurs est élevé, plus le poids financier le sera.

QUEL EST LE COUT DE LA FORCE DE VENTE ?

Autre question classique qui ne permet pas une réponse universelle. Toutefois, nous observons que dans un grand nombre de sociétés fabricant et vendant des produits industriels, le coût de la force de vente est de l'ordre de 5% du chiffre d'affaires hors taxe.

QUEL EST LE TAUX « NORMAL » DE ROTATION DES VENDEURS ?

Derrière cette question se dissimulent deux aspects. La rotation peut être consécutive à l'instabilité des vendeurs. Si ce taux atteint ou dépasse 10%, il y a lieu de s'interroger vigoureusement sur la qualité du recrutement, le niveau de rémunération, la satisfaction apportée par le métier et le management des vendeurs.

La rotation peut être aussi la conséquence d'une politique active de promotion interne ou de transferts horizontaux vers d'autres activités commerciales du Groupe industriel ou de services, afin d'enrichir les capacités des collaborateurs de vente.

Dans tous les cas, on n'oubliera pas que la clientèle supporte mal les changements de titulaires commerciaux et qu'elle est tentée de penser que le climat qui règne dans votre entreprise n'est pas sain.

ANNEXE

Note de méthode pour l'évaluation de la structure commerciale optimum.

1. Chiffrage des hypothèses d'objectifs quantitatifs de vente à atteindre.
(Par exemple niveau seuil de la rentabilité globale, niveau moyen, niveau élevé par référence à la concurrence.)

2. Recensement de fonctions à assurer ; par exemple :
— Vente sur le terrain.
— Encadrement des vendeurs.
— Secrétariat commercial, planification, information, méthodes, liaison production-vente.
— Marketing.
— Communication.

3. Pour chaque fonction, analyse des tâches à accomplir :
• Recensement des tâches.
• Période préférentielle d'exécution de ces tâches.
• Temps estimé (ou calculé) pour accomplir ces tâches dans un cadre annuel.
A cet égard deux types de tâches existent :
— Celles générées par l'activité à déployer en clientèle (tâches opérationnelles).
Ce sont alors le nombre de clients à visiter, le nombre de visites annuelles, le temps moyen de visite, y compris les temps de déplacement et d'attente, en fonction des hypothèses d'objectifs à atteindre que l'on calculera.
— Celles générées par l'effectif (tâches structurelles).
Une réunion d'une journée représente pour douze représentants, douze jours ; pour le Chef des Ventes un jour, etc.

4. Mise en regard du potentiel de temps disponible mois par mois et du volume de temps mobilisé par les tâches à accomplir.
Cette mise en regard fait apparaître que, selon, les mois, l'effectif à aligner pour assurer les activités se situe entre un minimum et un maximum.
Cette mise en regard permet d'améliorer la réflexion sur l'organisation du travail et de la structure à mettre en place.
On suggérera par exemple :
— Le déplacement de certaines activités structurelles vers des mois moins chargés en tâches opérationnelles.
— La fixation du nombre de commerciaux à aligner soit au niveau minimum, en ayant recours à certaines périodes à des auxiliaires extérieurs (travailleurs saisonniers, intérimaires), soit à un niveau moyen, en essayant de mieux répartir dans le temps certaines tâches opérationnelles ne présentant pas un caractère impératif pour tel mois considéré (par exemple ; prospection).

5. Budgétisation des différentes hypothèses d'effectifs retenues et comparaison aux marges brutes dégagées.
La comparaison s'effectuera naturellement avec la structure, le fonctionnement, le chiffre d'affaires et la profitabilité actuelle, afin de prendre ultérieurement — et progressivement — les mesures qui s'imposent.

6

LE RECRUTEMENT DES COMMERCIAUX

□ Trouver de bons vendeurs. □ L'analyse du poste à pourvoir et le profil du candidat. □ Le vendeur au sein de l'équipe de vente. □ Les candidats d'origine confraternelle. □ Vendeurs masculins ou féminins ? □ Technicien vendeur ou vendeur technicien ? □ Vendeurs spécialisés par produits ou par clientèle, ou vendeurs pour tous produits et toutes clientèles ? □ Qui doit se charger du recrutement ? □ Quelles sont les sources de candidatures ? □ Quel mode de recrutement : approche directe ou annonce ? □ Votre annonce est-elle séduisante ? □ Faut-il indiquer le montant de la rémunération sur l'annonce ? □ Quelques formulations à succès. □ Et maintenant, testez le projet d'annonce. □ Le choix du support de presse. □ La réception des candidatures. □ L'étude des candidatures. □ La convocation des candidats. □ Les objectifs de l'entretien de recrutement. □ Une utile précaution. □ Le déroulement de l'entretien. □ L'accueil du candidat. □ La présentation de l'entreprise. □ La découverte du candidat. □ Après l'entretien de sélection. □ L'intégration du nouveau collaborateur.

La rotation des effectifs d'une force de vente est un phénomène très répandu. Plus accusée ici — dans la vente en porte à porte il faut renouveler chaque année la moitié de l'effectif — plus faible là — le taux de renouvellement est à peine supérieur à 10% chez les fabricants de lessive —, elle n'en provoque pas moins la nécessité de remplacer les vendeurs démissionnaires ou démis de leur fonction.
Le surgissement de nouvelles entreprises, la création d'un nouveau département dans une entreprise existante, pose inévitablement la question de la constitution d'une force de vente et donc de son recrutement.
Et, bien que le chômage exerce ses ravages sur tous les métiers, il semble ne pas mordre sur les emplois de la vente — du moins de la vente itinérante — où l'on se plaint au contraire de l'insuffisance de candidatures de bons vendeurs.

TROUVER DES BONS VENDEURS

La recherche de bons vendeurs serait-elle vouée à l'échec ? (1) Nous ne le croyons pas, à condition de se pencher avec attention sur chacune des étapes d'un recrutement réussi :
1. — Analyse du poste à pourvoir et définition du profil du candidat le plus apte à réussir.
2. — Décider du responsable du recrutement : cabinet extérieur, service des ressources humaines, direction des ventes ?
3. — Détecter les sources de candidatures.
4. — Déterminer le mode de recrutement : approche directe, annonce ?
5. — Conduire efficacement l'entretien de sélection.

L'ANALYSE DU POSTE A POURVOIR ET LE PROFIL DU CANDIDAT

Les tâches à accomplir, les clientèles rencontrées, le type de produit à vendre qui figurent dans la description du poste à pourvoir, sont des indicateurs-clés de détermination du profil du candidat de plus apte à réussir : âge, formation, expérience, personnalité, etc.
Nous observons aussi que les candidats qui réussissent le mieux ont un profil proche de ceux qui sont déjà de bons commerciaux dans l'entreprise.

---

(1) Dominique et Jean-Louis Wilmes ont écrit, à notre demande, pour la Collection Efficacité Commerciale, un excellent livre, rempli de conseils pratiques : *Recrutez de bons vendeurs*, Les Editions d'Organisation, Paris, 1987. Notre méthode est parallèle à la leur, sans être pourtant identique ; c'est pourquoi nous avons jugé utile de la publier dans le présent ouvrage.

Nous conseillons aux entreprises de définir le profil souhaité autour de douze pôles caractéristiques (nous explicitons chacun par quelques termes) :
• *Moralité* (franchise, loyauté, santé morale, respect des engagements, fiabilité...).
• *Caractère* (volonté, stabilité, tonus, ténacité, combativité, force de caractère, courage...).
• *Aptitudes* (souplesse d'adaptation, organisation, autonomie, faculté d'écoute, sens du contact, homme d'action et de réalisation, homme d'influence...).
• *Formes de l'intelligence* (curiosité, flair des affaires, intuition, logique, esprit de synthèse, rationalité, sens pratique, clarté des concepts, vivacité de la compréhension, faculté d'assimilation, dominante selon le métier à exercer : visuelle, auditive, kinesthésique, séquentielle (1)...).
• *Attitude et psychisme* (émotivité, affectivité, sociabilité, convivialité, maturité, stabilité, sérieux, discipline, confiance en soi, timidité, ouverture d'esprit, goût de l'effort, résistance à l'effort, anxiété, diplomatie, maturité émotionnelle, maîtrise de soi, optimisme, résistance à l'échec...).
• *Motivations* (volonté de gagner, ambition, diversité des centres d'intérêt, goût pour l'évolution, affirmation de soi...).
• *Connaissances, éducation, milieu d'origine* (culture générale, niveau des études accomplies, niveau de compréhension technique, connaissances spéciales éventuellement requises, origine sociale...).
• *Expérience professionnelle antérieure.* Sur ce point on repérera si la durée d'emploi précédente est suffisamment longue pour être significative, c'est-à-dire pour que les résultats déclarés soient bien imputables à l'intéressé.
• *Situation de famille.* Les personnes mariées, avec des enfants, sont souvent préférées. Le rôle de l'épouse et son acceptation des contraintes d'un métier qui comporte de nombreux déplacements est pris en considération.
• *Physique* (âge, endurance à l'effort, santé, allure physique, visage...).
Le jeune âge est loin de constituer la solution unique. Certains métiers de la vente requièrent de la maturité et de l'expérience. Passé 50 ans, nombre de vendeurs peuvent être très performants.
• *Loisirs, passe-temps* (activités physiques, cérébrales, associatives...).
• *Trajectoire personnelle* (équilibre entre la vie professionnelle et la vie familiale, évolution et ambition, buts poursuivis, cohérence des expériences personnelles, trajectoire qui prédit ou non une poursuite prometteuse...

(1) Le lecteur intéressé par les applications de la programmation neuro-linguistique (PNL) à la vente, lira *Persuader pour vendre* de D.J. Moine et J.H. Herd, Les Editions d'Organisation, Paris, 1987.

LE VENDEUR AU SEIN DE L'EQUIPE DE VENTE

Il est entendu qu'une des caractéristiques assez répandue est l'individualisme du vendeur. Il y a évidemment de notables exceptions. Et quand bien même cette particularité serait présente, on doit considérer que le candidat, s'il est recruté, s'intégrera à une équipe de commerciaux. Le choix tiendra aussi compte de ce facteur, ce qui peut conduire parfois à écarter certains bons candidats qui seraient trop décalés par rapport au noyau dur de l'équipe de vente.
Le recrutement s'intègre dans un processus de constitution ou plus généralement de consolidation d'une force de vente. On aura donc une préoccupation d'homogénéité, ce qui ne signifie pas que les collaborateurs soient identiques. Les complémentarités peuvent avoir des effets bénéfiques.
Si l'on se trouve dans le cas de la constitution d'une nouvelle équipe de vente, celle-ci ne saurait être entièrement composée d'éléments totalement inexpérimentés malgré la sympathie que l'on peut avoir pour l'enthousiasme et la volonté de se prouver des très jeunes commerciaux. Il est donc judicieux qu'au sein de la nouvelle équipe constituée figure au minimum un commercial connaissant à fond la vente propre au métier exercé et pratiquant de façon exemplaire les méthodes et techniques de la vente, celui-ci exerçant alors un rôle de leader et d'entraîneur à l'égard des nouveaux.

LES CANDIDATS D'ORIGINE CONFRATERNELLE

Que faut-il penser des candidats qui viennent de chez vos concurrents ? On peut penser *a priori* que s'ils font acte de candidature c'est en raison de la bonne image de votre société parmi ses confrères. Cependant il faut être aussi circonspect sur ce type de candidature que sur les autres : l'origine confraternelle n'est pas nécessairement un brevet de réussite. Pourquoi alors rechercher un mouvement horizontal et se contenter de passer d'un poste de vendeur à un autre poste identique et peut-être seulement mieux rémunéré (voir nos réflexions à ce sujet dans le chapitre 8 sur la rémunération) ?
Bien sûr l'explication de la candidature peut tenir à un changement de région d'origine familiale (mutation de la conjointe, raisons de santé pour cause d'allergie à un certain climat, etc.) ou encore en cas d'effondrement ou de disparition de la société qui employait le candidat (fusion-absorption avec réduction des effectifs, reprise de l'activité d'importation par la fabricant en direct, faillite, etc.). Les raisons invoquées demandent une vérification très stricte.

VENDEURS MASCULINS OU FEMININS ?

La réponse à cette question est fortement reliée au type de produits vendus ou de clientèles visitées. Cependant dans ce domaine, les traditions ont la vie dure et la masculinité des métiers de la vente est encore extrêmement répandue. Pourtant, pour avoir vu certains de nos clients engager avec succès de jeunes attachées commerciales pour vendre des produits cimentiers et se déplacer en bottes et casque sur la tête sur des chantiers de construction et de travaux publics, nous croyons qu'il est temps d'abandonner certaines idées reçues.

Sans doute la femme exerçant un métier commercial est-elle obligée de composer entre sa vie de mère au foyer et son activité professionnelle. Mais le débat ne se décrit plus en terme de tout ou rien. Des solutions souples existent, soit sous forme de métier exercé à temps partiel sur un territoire restreint, soit sous la forme d'un cycle où après les premières années professionnelles sans enfant et une éclipse de quelques années pendant le jeune âge des enfants, un retour est prévu au sein du métier commercial.

N'oublions pas, de plus, qu'avec l'informatique, nombre des métiers commerciaux se sédentariseront, ce qui augmente les possibilités de travail féminin.

Nous ajouterons que les femmes, plus naturellement altruistes que les hommes, savent mieux pratiquer l'écoute et en utiliser les informations recueillies que la plupart de leurs homologues masculins, ce qui peut en faire des commerciales très performantes.

Nous n'allons cependant pas jusqu'à préconiser une féminisation des métiers commerciaux extérieurs.

L'observation de groupes de vendeurs dans un nombre important de sociétés exerçant dans des domaines qui recouvrent la quasi-totalité des familles de métiers nous conduit à privilégier les groupes entièrement masculins ou entièrement féminins pour la vente de certains produits ou encore les forces de vente mixtes avec minorité de femmes. Dans ce dernier cas, il apparaît que les femmes exercent une influence à la fois stimulante (les hommes voulant se prouver par rapport à elles) et régularisatrice (les femmes étant plus réalistes que les hommes). Nous ne préconisons pas les équipes de vente mixtes où les hommes sont en minorité, parce qu'il nous semble observer dans ce cas-là une plus grande démobilisation des éléments masculins, le fait d'être en minorité dans un métier dominé par les femmes pouvant être l'explication.

TECHNICIEN VENDEUR OU VENDEUR TECHNICIEN ?

L'expérience permet d'observer une sorte d'antinomie entre la technique (les certitudes) et la vente (psychologie et incertitude de la négociation).

Le technicien, par sa tendance à se complaire dans la technique, se crée des handicaps dans l'art d'influencer le client.
Le vendeur pur peut se montrer insuffisant sur le plan technique (d'une part pour comprendre la technicité des produits et des appareillages mais aussi, d'autre part, pour discuter des applications avec ses interlocuteurs).
Selon les produits :
— d'un domaine peu technique, on préfèrera le vendeur pur ;
— d'un domaine où la technique est importante, parfois prépondérante, on sélectionnera des techniciens aptes à devenir vendeurs ou des vendeurs aptes à assimiler de solides notions techniques.

VENDEURS SPECIALISES PAR PRODUITS OU PAR CLIENTELES, OU VENDEURS POUR TOUS PRODUITS ET TOUTES CLIENTELES ?

La première solution présente le double avantage de produits mieux travaillés par un vendeur plus technicien.
Cette solution présente les inconvénients de créer des territoires de vente plus étendus et de laisser échapper des opportunités de vente, le spécialiste ne captant pas certaines informations extérieures à son domaine.
La deuxième solution rend le métier du vendeur plus complet, plus divers. Bien qu'une clientèle numériquement importante ou un grand nombre de produits à vendre génère des « oublis », ce léger inconvénient sera compensé par un cadrage du travail à effectuer par le vendeur par les objectifs à atteindre, le tableau de bord et la vigilance du Directeur des Ventes.
La solution la plus adéquate est souvent celle du *double en tennis*. Chaque vendeur a son domaine, mais « couvre » le domaine d'un autre. Ainsi chaque vendeur apprend à capter les opportunités en dehors de sa spécialité :
— soit pour les questions simples, en les traitant lui-même,
— soit pour les questions plus complexes en préparant la venue de son collègue.
Dans ce cas, la rémunération doit prévoir, partiellement, une partie commune partagée par les deux ou trois vendeurs spécialisés agissant sur un même territoire, ce qui favorisera le jeu d'équipe.

QUI DOIT SE CHARGER DU RECRUTEMENT ?

Recruter un vendeur exige de celui qui en prend la responsabilité un bon niveau de professionnalisme. Faut-il pour autant en réserver l'exclusivité à des cabinets spécialisés ?
Les psychologues des cabinets sont exercés à l'art de la rédaction des annonces, sont organisés pour le traitement des réponses, sont experts

dans l'art de conduire l'entretien et disposent de batteries de tests et de graphologues qui permettront les contre-expertises nécessaires. Certains cabinets ont concentré leurs interventions sur le recrutement des vendeurs, quelques-uns même offrant une formation opérationnelle avant l'insertion dans l'entreprise.

Cependant un Directeur des Ventes, s'il prend en charge directement les opérations de recrutement, soit en s'aidant du présent chapitre, soit en consultant l'excellent ouvrage de D. et J.L. Wilmes (1), aura pour atouts de connaître parfaitement l'équipe à laquelle se joindra le vendeur recruté et de pouvoir mieux apprécier les chances de succès du candidat, compte tenu des particularités du métier qui attend celui-ci. Seul, le manque de temps pourrait le décider à s'adresser à un cabinet de recrutement spécialisé qu'il choisira en tenant compte de la description détaillée qui lui en sera faite des procédures de recrutement utilisées.

Compte tenu des appréciations de plusieurs de nos clients qui ont testé, après nous, la méthode présentée ici, la compétition entre les deux solutions reste très ouverte.

L'appel au service des Relations humaines de l'entreprise s'il s'avère utile pour alléger la tâche du Directeur des Ventes (réception et tri des candidatures, éventuellement premier entretien) se fera en étroite liaison avec le Directeur des Ventes et laisse, en tout état de cause, la responsabilité du choix à ce dernier.

Quel que soit le choix effectué, sélection opérée de façon interne ou par un cabinet spécialisé, nous adressons ce chapitre à celui qui conduit les opérations de recrutement et nous l'appellerons le *chargé de recrutement*.

QUELLES SONT LES SOURCES DE CANDIDATURES ?

Où se trouvent les gisements de bons vendeurs prêts à s'intégrer à votre force de vente ? Classiquement les sources de candidatures se trouvent soit au sein des écoles commerciales, soit au sein des équipes de vente d'autres entreprises, soit parmi les chômeurs, soit enfin au sein de votre propre entreprise et y exerçant d'autres fonctions.

On a souvent dit des Ecoles de Commerce qu'elles formaient plutôt des financiers, des gestionnaires et des hommes de marketing que des commerciaux. Si cela est vrai pour la plupart des Ecoles Supérieures de Commerce, il faut prêter une attention à des Ecoles moins renommées et qui ont choisi de former des Commerciaux du terrain (2).

---

(1) Dominique et Jean-Louis Wilmes : *Le recrutement des vendeurs*, Collection Efficacité Commerciale, Les Editions d'Organisation, Paris, 1987.

(2) Nous citerons par exemple, la liste n'est bien entendu pas limitative, l'Ecole Supérieure des Technologies et des Affaires de Belfort, l'Ecole de Commerce de Troyes, etc.

L'ANPE et spécialement l'APEC ont fait dans les années récentes des progrès notables pour présenter aux entreprises qui s'adressent à ces organisations des dossiers de candidats. On peut y trouver des éléments intéressants. Il faut savoir surmonter l'idée qu'un commercial au chômage est nécessairement peu performant et tester cette filière.

QUEL MODE DE RECRUTEMENT : APPROCHE DIRECTE OU ANNONCE ?

L'annonce est encore le procédé le plus employé, même si elle n'est pas véhiculée par un support de presse ; nous pensons par exemple à l'affichage dans les Ecoles ou les organismes de placements de chômeurs. En ce qui concerne l'approche directe, nous ne pensons pas spécialement à celle des « chasseurs de tête », trop onéreuse quand il s'agit de recruter des commerciaux, mais plutôt à la *cooptation.*
La cooptation consiste à demander aux membres actuels de la force de vente de rechercher et de présenter à l'entreprise des candidats choisis dans leur entourage familial ou relationnel. Ce procédé présente plusieurs avantages :
— le *parrain* parle en connaissance de cause de son métier au candidat pressenti.
— le *parrain* s'engage sur la compétence du candidat (phénomène de responsabilisation).
Certaines entreprises ont recours prioritairement à l'approche directe par cooptation pour leur recrutement et semblent s'en féliciter.

VOTRE ANNONCE EST-ELLE SEDUISANTE ?

Qu'il s'agisse d'un texte écrit ou d'un message verbal, votre annonce doit décider celui qui la rencontre à sortir de sa coquille pour se présenter devant votre entreprise. Il est impératif de se pencher avec attention sur ce qu'exprime votre annonce : que contient-elle ? Comment l'exprime-t-elle ?
La rédaction de l'annonce ne se limite pas à des caractéristiques informatives. Le chargé de recrutement doit penser à celui auquel il s'adresse pour l'inciter à se manifester.
Aussi est-ce à partir des apaisements psychologiques attendus par le candidat type que vous allez élaborer votre annonce.
Il recherche la *sécurité.* Il faut que l'entreprise, dans la mesure où cela est possible, se désigne *nommément.* Le *métier* de l'entreprise ou du département qui recrute sera clairement décrit.
Il recherche ce qui lui *facilitera* l'existence ainsi qu'un climat de travail *sympathique*. Dites-lui en quoi consiste le *travail* pour lequel vous recrutez, quel *produit* il s'agit de vendre, à quelle *clientèle*. Précisez éga-

lement la *localisation* et la *dimension du secteur* de vente proposé et éventuellement si un *lieu de résidence* est souhaité.
Sa *position sociale* ne lui est pas indifférente. Mentionnez quel est le *titre* de la fonction offerte et quelle est l'*évolution prévisible de la fonction*.
Même s'il est un homme de mouvement, le candidat est soucieux de savoir quel est le cadre de référence de son action : de quels *appuis* va-t-il disposer (notamment sur le plan de l'encadrement) ? Quelles sont les *exigences* à satisfaire, quelles sont les *qualités* attendues du candidat pour réussir ?
Un emploi est une source de revenus. Nous pensons qu'il est préférable de préciser la *rémunération* offerte ou la fourchette, d'indiquer que les *frais* ne sont pas compris dans la rémunération, ainsi que les *modalités d'obtention* de la rémunération. Il ne sera pas superflu de dire que les objectifs à atteindre sont fixés de façon réaliste.
Une annonce de recrutement se conclut sur le *plan d'action* du candidat pour manifester sa candidature, c'est-à-dire écrire une *lettre manuscrite* (qui sera soumise à la graphologie pour les candidats les mieux placés en fin de sélection), un *curriculum vitae* et une photo. Si l'annonce ne précise pas quelle sera la rémunération, le salaire souhaité par le candidat sera demandé. On n'oubliera pas d'indiquer à quelle adresse écrire en ajoutant à celle-ci une clé d'identification du support qui a publié l'annonce (en cas de pluralité de titres).

FAUT-IL INDIQUER LE MONTANT DE LA REMUNERATION SUR L'ANNONCE ?

Notre réponse est affirmative pour plusieurs raisons. D'abord pour des raisons de transparence : il est bon que l'entreprise ait une politique de rémunérations claire et justifiée. Ensuite parce que si l'entreprise a défini une rémunération généreuse, il faut le faire savoir pour attirer les candidatures d'éléments qualifiés, actuellement moins bien rémunérés, pour s'attacher leur collaboration. On évitera également la manifestation de candidatures surdimensionnées par rapport au poste à pourvoir.

QUELQUES FORMULATIONS A SUCCES

De quelques annonces qui ont donné de bons résultats nous avons extrait quelques exemples de rédactions susceptibles d'attirer des candidats de valeur. Est-il utile de préciser que ces formules n'ont pas de caractère magique et qu'elles doivent correspondre étroitement à la réalité interne de l'entreprise.
« REJOIGNEZ UNE EQUIPE QUI GAGNE »

Ici le dernier verbe peut être compris dans le double sens favorable du succès et de la rémunération.
« Vendeur PERFORMANT et REALISATEUR »
Il est important de souligner, même s'il y a une redondance partielle, que l'on recherche un candidat sachant conclure et qui puisse justifier de résultats positifs.
Selon le style de direction propre à votre entreprise ou au moins à celui de l'équipe de vente avec un encadrement directif ou avec une grande latitude laissée aux vendeurs, on proposera par exemple :
« MANAGEMENT CHALEUREUX ET ATTENTIF »
ou bien :
« AUTONOMIE, INITIATIVE, RESPONSABILITE »
En fonction des positions actuelles et des développements prévisibles à court et moyen termes de votre entreprise et en fonction du type de candidat recherché, on annoncera par exemple :
« ENTREPRISE REPUTEE ET LEADER »
ou bien :
« ENTREPRISE AYANT UNE EXCELLENTE MAITRISE DE SON MARCHE »
Le produit à vendre sera décrit comme :
« PRODUIT DE LARGE DIFFUSION »
ou encore :
« PRODUIT REPUTE ET LEADER A CARACTERE TECHNIQUE »
Enfin on précisera à quel type de clientèle le candidat, s'il est sélectionné, aura affaire :
« CONTACTS VARIES DANS LE SECTEUR PROFESSIONNEL DES... »

ET MAINTENANT, TESTEZ LE PROJET D'ANNONCE

Relisez votre texte. Qu'est-ce qui émane de votre annonce ?
- Comment votre entreprise se présente-t-elle ?
- Est-ce valorisant et attractif ?
- Quel « climat » d'entreprise transpire-t-il à travers le texte ?
- Cette présentation reflète-t-elle la réalité ?
- Comment est annoncé le poste offert ?
- L'annonce est-elle claire ?
- Cette annonce sera-t-elle remarquée parmi les autres ?

Dernière recommandation. N'oubliez pas qu'une annonce de recrutement est rédigée et composée *d'abord* pour attirer les bons candidats et non pas pour que l'entreprise effectue une démarche narcissique.

LE CHOIX DU SUPPORT DE PRESSE

Le succès va au succès. Nous pensons que pour le choix du quotidien ou du périodique — général ou professionnel — le volume d'annonces de recrutement est un signe d'efficacité du support de presse considéré. Notre position ne brille certainement pas par son originalité, mais plutôt par son réalisme. De la même façon, les services d'annonces classées des journaux et des régies, qui ont intérêt à ce que vous soyez satisfait du rendement de votre annonce, vous conseilleront utilement sur le jour de parution le plus opportun (souvent en fin de semaine pour les quotidiens régionaux), ainsi que sur le format de l'annonce.

LA RECEPTION DES CANDIDATURES

Les réponses à l'annonce parue dans la presse commencent à arriver à partir du lendemain de la parution. Certains candidats prennent même l'initiative de téléphoner. Mais l'ordre d'arrivée des annonces n'a aucune conséquence sur l'intérêt à accorder à la candidature.
Avant d'être classés pour être étudiés, les dossiers de candidature sont datés du jour de la réception et l'on identifie le support où a été lue l'annonce (en fonction des clés figurant avec l'adresse en cas de pluralité de parution).
Les candidatures vont attendre quelques jours de manière à être assuré quand on commence le tri, que la plus grande partie des candidats s'est manifestée.

L'ETUDE DES CANDIDATURES

Vous avez rédigé, en vous inspirant de la description du poste à pourvoir et des « douze pôles » décrits en tête de ce chapitre, un tableau des critères décisifs. Ce tableau va vous permettre d'examiner rationnellement les dossiers de candidatures, et d'effectuer une répartition en trois groupes : oui, peut-être, non.
Le groupe des *Oui* accueille les dossiers qui répondent aux exigences principales du poste.
Le groupe des *Peut-être* collecte les dossiers présentant des caractéristiques intéressantes, mais mal centrées par rapport aux exigences du poste. Les candidatures constituent une sorte de réserve dans laquelle on puisera si les candidats intialement classés « Oui » ne sont pas retenus ou n'acceptent pas d'entrer dans votre entreprise. On doit aussi envisager de transformer un candidat « peut-être » en « oui », par adaptation du poste offert.
Le groupe des *Non* est constitué par tous les candidats dont les dossiers ne correspondent pas aux exigences principales du poste.

Les entretiens qui suivront les convocations étant de longue durée, nous recommandons, avant de lancer les convocations, de filtrer les candidatures classées, sur dossier « oui » et « peut-être » par un entretien téléphonique.

LA CONVOCATION DES CANDIDATS

Entre la décision d'envoi des convocations et la réception du premier candidat pour un entretien en profondeur, il faut prévoir un délai de quelques jours, de l'ordre d'une semaine.
Certains candidats ne répondant pas aux convocations, on peut envisager un léger surnombre d'entretiens pour chaque demi-journée. Par exemple pour deux candidats programmés, on peut en convoquer trois.
On peut également prier les candidats convoqués à un entretien de téléphoner pour prendre rendez-vous, ce qui permet une meilleure harmonisation du planning des entretiens.
Pour les candidats à qui l'on demande un déplacement important, l'entreprise soucieuse de son image adoptera le principe du remboursement des frais de déplacement avec fourniture de justificatif. Il ne serait pas décent de laisser supporter aux candidats des charges qui incombent à l'entreprise. Ceci ne suppose aucunement que l'entreprise accepte des frais de déplacement somptuaires (en général on se limite au tarif SNCF en 1re classe en ajoutant les éventuels suppléments).

LES OBJECTIFS DE L'ENTRETIEN DE RECRUTEMENT

Il s'agit pour celui qui se charge du recrutement de trouver la *vérité* du candidat, c'est-à-dire de l'amener à communiquer, à se raconter réellement. Il faut parvenir à ce que le candidat se montre tel qu'il est, ce qui implique pour le chargé de recrutement de faire tomber les masques et les faux-semblants. Il y va de l'intérêt du candidat aussi bien que de celui de l'entreprise.
On court souvent le risque que le candidat — spécialement chez les vendeurs — se fasse valoir au-delà de ce qu'il est et qu'il ne puisse ensuite se montrer à la hauteur de ce que le poste exige de lui.
Le chargé de recrutement est donc investi d'une mission de vérification des assertions du candidat. Ceci implique que le chargé de recrutement ait une bonne connaissance du métier pour lequel il recrute, ce qui nous a conduit à préférer le Directeur des Ventes plutôt qu'un tiers. Fondamentalement, le chargé de recrutement a pour mission de porter des appréciations aussi équitables que possibles et fonder sa décision sur des preuves.

A l'issue de l'entretien, le chargé de recrutement doit pouvoir répondre à plusiers questions :
1. Le candidat est-il au niveau de compétence requis ?
2. A-t-il les dispositions mentales et les comportements exigés par l'entreprise ? (est-il déjà des nôtres ?)
3. Sera-t-il heureux et s'épanouira-t-il dans notre entreprise ?
4. Est-il sur une *trajectoire* dont on peut penser qu'elle se poursuivra et se développera dans notre entreprise ?
Une deuxième série d'objectifs est en général négligée, sur lesquels nous voudrions attirer l'attention de notre lecteur.
Au cours de l'entretien de sélection, le chargé de recrutement doit aussi parvenir à *séduire* les candidats, pour leur donner envie d'entrer et de faire carrière (au moins quelques années) dans l'entreprise.
Naturellement un seul sera élu — ou quelques-uns s'il y a plusieurs postes à pourvoir. Il ne faut cependant pas perdre de vue que ceux qui ne seront pas acceptés seront peut-être un jour — qui sait ? — vos clients, vos fournisseurs, vos concurrents. Il importe de leur laisser la meilleure image de votre entreprise.

UNE UTILE PRECAUTION

La lettre de candidature *manuscrite* (aux fins d'analyse graphologique) a-t-elle bien été écrite par le candidat ? Bien que les cas de tricherie soient rares, on s'en assurera en demandant à l'intéressé, avant le début de l'entretien avec le chargé de sélection, de remplir un dossier ou de rédiger quelques mots sur un thème quelconque (raisons de sa candidature, traits de personnalité lui permettant de réussir, etc.) afin de vérifier la concordance ou la différence des deux écritures.

LE DEROULEMENT DE L'ENTRETIEN (1)

Nous préconisons un entretien en profondeur, donc d'une durée assez conséquente. D'abord parce que, pour bien fouiller les caractéristiques de la personne qui se présente sur la chronologie de ses expériences professionnelles, sur ses traits de personnalité, sur son environnement social et familial, sur ses motivations, il faut du temps. Ensuite parce que la durée et donc la fatigue du candidat permettent de percer certaines défenses et donc de mieux fonder son appréciation. On dispose ainsi du temps nécessaire pour entrer dans les anecdotes et les détails significatifs : on ne triche pas facilement avec les faits.

---

(1) On trouvera d'utiles indications sur la conduite de cet entretien et sur sa pratique dans *L'Entretien provocateur* de Jacques Tixier (Editions EPI-DDB) qui bien que consacré au recrutement des Dirigeants est parfaitement transposable à celui des commerciaux et dans les questionnaires publiés par le périodique *Chef des Ventes Infos* (Editions Pratique, Annecy).

Certains de nos confrères filment en vidéo l'entretien avec le candidat. Pourquoi pas, si les effets seconds n'altèrent pas l'atteinte des objectifs.
Selon notre conception et notre expérience, cet entretien en profondeur va passer par un certain nombre de phases : accueil du candidat, brève présentation de l'entreprise, découverte du candidat, cette dernière phase occupant la quasi-totalité de l'espace de temps (de l'ordre de une heure et demie à deux heures).
Pour ne pas alourdir ce chapitre, nous ne présentons pas ici le questionnaire semi-directif que nous employons, et nous nous limiterons à expliquer notre façon de procéder.

L'ACCUEIL DU CANDIDAT

La phase d'accueil a pour objectif de mettre à l'aise le candidat. Le chargé de recrutement se manifestera de façon courtoise et sympathique. Le sourire est de rigueur. Tout ce qui pourrait ressembler à une mise à l'épreuve et à un jugement sera soigneusement exclu. Le confort matériel du lieu où se déroule l'entretien ne sera pas négligé.
Le chargé de recrutement observe au cours de cette phase aussi bien la démarche que l'expression du visage du candidat.

LA PRESENTATION DE L'ENTREPRISE

C'est une phase brève, d'autant qu'une présentation plus détaillée est prévue en fin d'entretien. On se gardera, au cours de cette phase de dévoiler en détail le poste offert au candidat, pour éviter qu'un candidat agile n'adapte ses propos conformément à ce qu'il pressentirait de favorable pour être choisi.

LA DECOUVERTE DU CANDIDAT

Cette longue phase, essentielle pour étayer son appréciation, va passer classiquement par un certain nombre d'étapes :
— identité du candidat ;
— formation et études ;
— expériences professionnelles ;
— explications du choix du métier commercial ;
— environnement ;
— intérêt porté au poste décrit par l'annonce de recrutement.
Nous préconisons pour chacune de ces étapes de commencer par des questions fondées sur la lecture du *curriculum vitae*, qui seront éclairées par des questions plus personnelles pour parvenir à la vérité du

candidat. En effet, la succession des expériences est en général rationalisée *a posteriori* par l'intéressé et n'apportent pas le témoignage que l'on est en droit d'attendre. Il va falloir s'emparer d'un détail et le fouiller pour en extraire toutes les informations utiles qu'il recèle, pour atteindre à l'expression profonde de la personnalité qui se présente au chargé de recrutement. En voici une illustration, à titre d'exemple :

L'entreprise recherche un candidat qui allie à ses qualités de vendeur, une certaine culture ou de la créativité. Celles-ci s'alimentent par la recherche constante d'informations. Si l'on demande seulement au candidat s'il se tient au courant des évolutions, la réponse sera probablement positive. Cependant cette réponse est-elle suffisante? Ne camoufle-t-elle pas une certaine inertie dans ce domaine. Il faut aller plus loin. On demandera donc au candidat :

— *Vous considérez-vous comme intéressé par beaucoup de choses, plein de curiosité ?*

La réponse sera vraisemblablement positive. Le chargé de recrutement poursuit :

— *Y a-t-il un article ou un livre qui vous ait marqué spécialement depuis peu de temps ?*

Ici encore, réponse affirmative. Mais la question suivante pousse plus avant l'investigation :

— *Voulez-vous m'en parler ?*

Ce processus sera repris aussi bien à propos de la dernière fonction occupée, de l'explication des succès annoncés, de la relation d'un échec, etc.

La fin de l'entretien est consacrée au poste offert. A ce moment-là, plutôt que de le décrire, il est préférable de solliciter les questions que le candidat souhaite poser, leur teneur et leur précision étant pleines d'enseignements sur la façon dont ce candidat se projette dans son éventuel métier futur.

APRES L'ENTRETIEN DE SELECTION

Un ou plusieurs candidats ont retenu l'attention du chargé de recrutement. De multiples précautions doivent être prises.

D'abord une contre-expertise s'impose. Il faut revoir le candidat un autre jour pour vérifier si l'impression favorable est corroborée. Il est également judicieux d'organiser une rencontre avec d'autres personnes de l'entreprise dont le point de vue peut confirmer ou infirmer l'appréciation du chargé de recrutement.

La deuxième précaution à prendre tient au délai de décision. Si l'on est en présence d'un excellent candidat, il est probable que celui-ci ne limite pas sa recherche à votre seule entreprise. Et d'autres chargés de recrutement simultanément vont apprécier ses qualités. L'entreprise la plus rapide et en même temps la plus séduisante gagnera la partie.

L'INTEGRATION DU NOUVEAU COLLABORATEUR

Chacun garde un souvenir précis et durable de ses premiers pas dans une nouvelle entreprise. A vous de faire le nécessaire pour que le nouveau collaborateur ait l'impression que son arrivée était attendue et organisée et que sa prise en charge a été faite dans un climat sympathique (présentations) et de façon dynamique (rythme soutenu des différents stages et passages dans les services, échanges fréquents avec celui qui a reçu la mission de sa mise en route).

7

QUEL CONTRAT POUR LA FORCE DE VENTE ?

☐ Pour un contrat stimulant. ☐ Idées pour un nouveau contrat de représentant. ☐ Idées pour un nouveau contrat d'agent commercial.

POUR UN CONTRAT STIMULANT

Soyons clair : la fonction d'un contrat n'a jamais été de créer le mouvement, mais plutôt de protéger les contractants contre les risques d'empiètement excessif de l'une ou l'autre des parties. Nous soulignons cependant que bien des contrats existants dans les entreprises, ainsi que la plupart des « contrats types », ne sont pas inspirés par une idée d'exercice dynamique du métier commercial, sinon ils ne contiendraient pas autant de clauses sclérosantes. Aussi nous a-t-il paru utile de proposer, non pas une nouvelle version idéale du contrat d'engagement d'un représentant, mais quelques idées pour rédiger certains articles, incomplets ou mal orientés dans les contrats actuels, tout en restant dans le cadre légal. Ces idées de rédaction formalisent juridiquement la conception du métier de vendeur tel que nous le présentons dans nos réflexions, nos travaux, nos interventions de conseil en entreprises, nos actions de formation et nos ouvrages.
Nous nous intéressons ici aux contrats de représentants exclusifs et multicartes, puis aux contrats d'agents commerciaux.

IDEES POUR UN NOUVEAU CONTRAT DE REPRESENTANT

Les contrats de représentants exclusifs et de représentants multicartes sont assez proches de notre point de vue. Ceci se comprend d'autant mieux que ces collaborateurs commerciaux de l'entreprise ont en commun d'être salariés et d'avoir un lien de subordination envers leurs employeurs uniques ou multiples.
La nomenclature des articles à prévoir est présentée dans le Tome II de ce livre (1). Seuls sont mentionnés ici les articles qui nous paraissent devoir être repensés.
Secteur (Territoire de Vente)
Le secteur est défini :
— Il pourra être modifié ou réduit sans que cette mesure donne lieu à indemnité. Par contre, une garantie de rémunération minimum sera assurée par convention entre les parties.
— Le changement de secteur entraîne le changement de résidence.
— Les clients non visités pendant un délai de... mois, les rapports de visite faisant foi, seront retirés du secteur affecté.
Produits à vendre
La liste des produits figure sur une annexe au contrat. Cette liste est restrictive. On évitera une rédaction s'achevant par : « et d'une manière générale tous produits ou services actuels et futurs que l'entreprise serait amenée à commercialiser ». On précisera au contraire :
— En cas de lancement de nouveaux produits ou de la prise en commercialisation de nouveaux produits, l'entreprise se réserve le droit de

(1) La parution en sera ultérieure.

vous en confier ou non la vente à des conditions à définir le moment venu.
— L'entreprise se réserve le droit de modifier ou de réduire la gamme de produits sans que cette mesure modifie le contrat ni donne lieu à indemnité.
Rémunération
Elle comporte une partie fixe, une partie proportionnelle à la marge (commission sur marge) et des primes.
— Les commissions sont calculées pour les ventes réalisées chez les clients visités, les rapports de visite faisant foi.
Nous excluons la conception d'une rémunération sur les ventes indirectes (émanant du territoire de vente du représentant et adressées directement à l'entreprise sans travail effectif du représentant).
— Les commissions sont acquises sur les ventes menées à bonne fin.
— Il sera versé (ou : il pourra être versé...) chaque année (ou : chaque mois, chaque trimestre) des primes, dont les conditions seront fixées au début de chaque année.
Frais
Il faut prévoir « un remboursement sur justificatif ». En effet, les indemnités forfaitaires de remboursement de frais sont assimilés par la sécurité sociale à des rémunérations et sont réintégrées dans la masse salariale devant supporter les cotisations sociales.
Obligations
— En vue de favoriser vos résultats, vous devrez vous conformer aux méthodes mises au point par notre entreprise.
— La clientèle sera visitée (régulièrement) conformément aux méthodes définies par note interne.
— Les fréquences de visites à assurer aux clients seront fixées (chaque année) par note interne.
— Des rapports d'activités et de visites seront envoyés dans la forme et selon la fréquence préconisées par l'entreprise.
— Vous devrez suivre le crédit du client et exercer auprès de lui les actions demandées par la Direction.
— D'une façon générale, vous serez prié de suivre les recommandations de la Direction.
— Selon l'usage, en fin de contrat, vous devrez restituer les échantillons et docments restés en votre possession (livre des méthodes, fichier, catalogues, tarifs, etc.).
Clause de non-concurrence
Pendant le contrat seulement.
Si la clause de non-concurrence s'étend au-delà du contrat il y a lieu de prévoir alors une indemnité de non-concurrence au départ du représentant.
Accident, maladie
— En cas d'arrêt pour cause de maladie ou d'accident, l'entreprise se réserve le droit de visiter les clients du secteur pendant la durée de l'ab-

sence. De ce fait, les commissions ne seront plus versées passé une franchise de... mois.

IDEES POUR UN NOUVEAU CONTRAT D'AGENT COMMERCIAL

Il est entendu que l'Agent Commercial exerce sa collaboration commerciale avec l'entreprise mandante « dans la plus grande indépendance », « qu'il prospecte à sa convenance la clientèle », « qu'il effectue ses tournées comme il l'entend » et « qu'il s'absente à son gré », etc., bref que si l'on prenait à la lettre une telle latitude de pratique de son métier, chaque entreprise devrait être particulièrement préoccupée par le risque d'inefficacité engendré par un tel statut.

Pour avoir rencontré de nombreux Agents Commerciaux et pour avoir collaboré avec quelques-uns d'entre eux, nous savons bien combien ces partenaires indépendants de l'entreprise peuvent se montrer efficaces. C'est précisément pour formaliser ce qui existe implicitement que nous proposons que l'article 2 du contrat type d'Agent Commercial (1) s'enrichisse d'un deuxième alinéa qui s'intercalerait entre les alinéas 2 et 3 de l'actuelle rédaction. Nous avons été particulièrement vigilant à ne pas établir un risque de lien de subordination dont on devine que la sécurité sociale ne manquerait pas de s'emparer pour revendiquer le versement de cotisations aussi bien à l'entreprise qu'à l'agent.

« Sans créer pour autant un lien de dépendance, et dans le cadre de la recherche d'une plus grande efficacité pour l'entreprise mandante et pour l'agent mandataire, à l'initiative de l'une ou l'autre partie, dans le cadre de la politique commerciale ou du plan commercial annuel de l'entreprise,

— une fois par année au moins, et en cours d'année si la conjoncture ou l'état des affaires le nécessite, l'agent proposera à l'entreprise :

- ses plans d'action ;
- ses perspectives de résultats ;

— l'agent et l'entreprise feront périodiquement le point sur les ventes par produits et par clients ;

— à la demande de l'agent ou à l'initiative de l'entreprise et si l'agent l'accepte, l'entreprise pourra proposer à ce dernier tout conseil et assistance susceptibles de favoriser ses activités et ses résultats. »

EN CONCLUSION

- Un contrat sera considéré comme satisfaisant si les intérêts financiers des vendeurs et les activités demandées aux vendeurs correspondent aux objectifs fondamentaux de l'entreprise (sur lesquels ils ont pouvoir d'agir).
- Si le contrat n'est pas loyal, les meilleurs vendeurs partiront.

---

(1) Contrat type adopté par le protocole d'accord du 30 décembre 1959 entre la CNCIA, la FIA, l'UNIA et la Fédération Nationale des Agents Commerciaux.

8

MUSCLEZ LA FORCE DE VENTE PAR VOTRE POLITIQUE DE REMUNERATION

□ Origine du problème des rémunérations. □ Les nouveaux venus et les pionniers. □ Solution miracle. □ Le système des trois tiers. □ La rémunération et les contraintes de l'entreprise. □ Le métier du vendeur change. □ La vente, vecteur d'ascension sociale. □ Comment repenser le système de rémunération de votre force de vente ? □ Les systèmes classiques de rémunération. Avantages et inconvénients. □ Le salaire fixe, un système émollient. □ La commission, un système contesté. □ Les charmes discrets de la prime. □ Les systèmes associés corrigent les excès des systèmes précédents. □ Quels objectifs assigner au système de rémunération des vendeurs ? □ Comment doser les composantes du système de rémunération ? □ Quelques éléments d'audit de votre nouveau système de rémunération. □ Comment passer du système de rémunération actuel à un autre système ? □ Questions diverses sur la rémunération de la force de vente. Les frais □ Les rémunérations indirectes. □ Comment évoluent dans le temps les composantes du système de rémunération des trois tiers ? □ Commissions des représentants et remises à la distribution. □ Faut-il révéler les marges aux vendeurs ? □ Préoccupation des gestionnaires. □ Commissions et primes : individuelles ou d'équipe ? □ La rémunération de l'encadrement commercial. □ Annexe : l'indemnité de clientèle des VRP.

S'il est une question la plupart du temps mal résolue, c'est bien celle de la rémunération des commerciaux.

ORIGINE DU PROBLEME DES REMUNERATIONS

Pour peu que l'on parte à la recherche de l'insatisfaction éprouvée, on constate souvent qu'aux débuts de l'entreprise, son ou ses reponsables ne se sont pas penchés très attentivement sur le mode de rémunération accordé aux représentants et qu'ils se sont satisfaits d'adopter ce qu'il était d'usage d'accorder. On a pensé qu'en introduisant dans l'entreprise une solution classique, celle-ci pourrait se perpétuer quelle que soit l'évolution des hommes, de leur mentalité, des produits, des technologies des marchés, de la conjoncture.
Prenons l'exemple du cas le plus courant. L'entreprise est inconnue sur son marché, ses produits sont nouveaux, qu'ils soient des copies de produits existants ou qu'ils apportent une différence positive réelle. Il a fallu que des représentants acceptent de prendre en charge ces produits, de les faire connaître, de les promouvoir, de créer en un mot une clientèle attachée à l'entreprise et à ses productions.
Quelques années après, soit grâce à l'efficacité de l'équipe de vente, soit pour d'autres causes : extension du marché due à la démographie, expansion économique générale, large diffusion de la richesse auprès des diverses strates de la société, modification des mentalités, progrès technologiques, décisions des Pouvoirs Publics, il se trouve que l'équipe de vente recueille, sans véritable effort, le fruit de la conjonction de multiples facteurs favorables à la vente des produits.
Et l'on entend les Directions se plaindre amèrement des « rentes de situation », des « rémunérations obtenues sans effort réel » (« nos vendeurs se contentent de relever les compteurs »).

LES NOUVEAUX VENUS ET LES PIONNIERS

Face à une telle situation, les Directions d'entreprises et les Directions commerciales sont perplexes. Les dates d'entrée des représentants dans l'entreprise ne sont pas identiques. Les nouveaux venus doivent-ils bénéficier des mêmes rémunérations que les pionniers ? Quelle que soit la réponse apportée, elle est source de tensions et de critiques. L'« ouvrier de la dernière heure » est jalousé s'il bénéficie des mêmes avantages que ceux qui ont « peiné toute leur vie ». Mais si l'on tient compte de l'amélioration du contexte du produit sur son marché pour définir différemment le salaire des nouveaux représentants, c'en est fait de l'unité souhaitable du système de rémunération. Et l'on peut déjà anticiper la formation de clans — les anciens et les nouveaux — qui portent en germe des lézardes dans le corps de la force de vente.

L'historique des sociétés n'est pas la seule explication au problème mal résolu — mal posé ? — des rémunérations des forces de vente. Il existe encore, il faut bien l'écrire, dans de nombreuses entreprises une incompréhension, teintée parfois d'un certain mépris pour l'indispensable fonction commerciale. Il faut avoir entendu certains dirigeants parler de leurs « zèbres » (ou autre appellation identique) pour apprécier la distance et le désintérêt porté à l'action des représentants et ne pas s'étonner ensuite d'observer que la force de vente soit composée de collaborateurs de peu d'envergure, mal rémunérés et peu efficaces en définitive.

SOLUTION MIRACLE

D'autres dirigeants ont compris, eux, que le développement de leur entreprise repose, au-delà de l'innovation technique, au-delà de la rigueur de la gestion financière, au-delà de l'excellent climat de travail de l'entreprise, sur l'efficacité de la force de vente. Mais au lieu de chercher à définir clairement les objectifs de l'entreprise, la part de la création de valeur ajoutée qui revient à la Recherche, à la Production, à l'Administration, à la Vente et aux apporteurs de capitaux, on recherche la solution miracle au problème de la rémunération des représentants, en adoptant sans autre analyse la formule expérimentée avec succès par tel confrère.
Et l'on raffine ici et là sur les formules, chacune présentant, bien entendu, des avantages et des inconvénients ; inconvénients qui peuvent prendre une grande dimension si la formule appliquée, avec succès ailleurs se trouve simplement plaquée sur un contexte d'entreprise différent.
Depuis la simple rémunération fixe, jusqu'aux systèmes les plus élaborés associant salaire fixe plus primes plus pourcentage, en passant par les commissions assises sur le chiffre d'affaires ou les quantités vendues, les taux de commission différents selon que l'affaire est traitée directement ou indirectement ou selon le type de client (direct, grossiste, revendeur, client qualifié de « leader », de « pilote », etc.), ou encore selon le taux de remise consenti, sans oublier les taux progressifs ou dégressifs en fonction des paliers de vente atteints, ni non plus les modalités de perception des rémunérations par le représentant (à la commande, à la livraison, à l'encaissement) avec ou sans pénalisation selon que la marchandise ou le service vendu n'a pas été ou a été livré par l'usine ou la société, on se trouve face à un maquis de formules.
Et finalement il est peu habituel de rencontrer un chef d'entreprise ou un directeur commercial durablement satisfait du mode de rémunération institué pour sa force de vente.

LE SYSTEME DES TROIS TIERS

Est-ce écrire que le sujet de la rémunération est le sujet le plus difficile à aborder ? Y a-t-il un système idéal et lequel ?
Nous préconisons quant à nous le système des trois tiers :
un tiers de rémunération fixe, un tiers de rémunération proportionnelle à la marge de commercialisation, un tiers de rémunération sous forme de primes d'objectifs.
En réalité, cette préconisation a surtout un but pédagogique, celui d'inciter les directions à définir nettement leurs volontés (rentabilité et plan d'action commerciale) et à construire leur *propre* système de rémunération en accusant suffisamment les traits.
Le meilleur système de rémunération est celui qui correpond aux objectifs que cherche à atteindre l'entreprise, non seulement aujourd'hui, mais aussi demain. Il serait donc imprudent d'adopter aveuglément le système des trois tiers indiqué ci-dessus. Cependant par son aspect spectaculaire notre proposition des « trois tiers » doit inciter le responsable commercial à s'interroger sur les conséquences du système actuellement existant et si la réponse n'est pas satisfaisante, à engager une évolution qui lui permettra de penser à terme que le nouveau système — où la part de la commission sur marge et des primes auront une proportion déterminante — a véritablement contribué à muscler l'action de la force de vente.
Etablir un système de rémunération sans avoir au préalable défini de manière détaillée et précise sa politique commerciale aboutit presque infailliblement à un antagonisme entre les objectifs et les volontés de la Direction et l'intérêt bien compris de la force de vente.
Il nous est arrivé à plusieurs reprises, alors que nous nous faisions expliquer par un chef d'entreprise son système de rémunération, après avoir fait définir quels étaient les produits et les activités prioritaires pour l'action commerciale, de lui faire constater que vraisemblablement les difficultés qu'il éprouvait, et au sujet desquelles il souhaitait s'entourer des avis d'un consultant, naissaient de cette sorte d'incitation à vendre les produits les plus facilement acceptés par la clientèle, mais aussi les moins rémunérateurs pour l'entreprise, la rémunération étant identique pour le représentant, qu'il vende un produit difficile à forte marge ou un produit prévendu à faible marge.
Un système de rémunération s'inscrit dans un contexte humain. Les hommes et les femmes qui ont choisi le métier de vendre, même s'ils n'en ont pas une claire conscience, ont effectué ce choix pour des raisons bien définies. Il est utile d'essayer de clarifier les rapports des vendeurs à l'argent. C'est une vue un peu courte que de voir en eux des « machines à vendre » attirées par l'appât du gain. Si cela était, on ne rencontrerait pas de ces sociétés qui, parvenant à dégager des marges commerciales importantes, offrent des rémunérations confortables et pourtant ne trouvent pas les collaborateurs de vente qu'elles recher-

chent. On ne se débarrasse pas de la question des vendeurs par le seul aspect de l'argent distribué. Il faut se pencher en premier lieu sur le métier qu'on leur propose d'exercer. Est-il exaltant ou humiliant? Quel progrès professionnel et personnel le management propose-t-il à ses représentants ? Quele est l'ambiance de travail ? Quels sont les signes de reconnaissance pratiqués ? Sur quels aspects porte l'évaluation ? Quelle appréciation la force de vente porte-t-elle sur la société, ses produits, ses méthodes, ses dirigeants ?

LA REMUNERATION ET LES CONTRAINTES DE L'ENTREPRISE

L'entreprise ne dispose pas de toute sa liberté pour définir le niveau des rémunérations de ses commerciaux. Qu'on évoque les rigueurs qu'impose une saine gestion ou qu'on replace le coût de la force de vente au sein de *marketing-mix* ou qu'on situe les rémunérations par référence aux niveaux pratiqués par les confrères de la même branche professionnelle, la réflexion sur la rémunération est tributaire de contraintes économiques et de la concurrence. Elle est d'ailleurs également tributaire des contraintes sociales. A l'intérieur de l'entreprise des comparaisons s'exercent entre les rémunérations obtenues par les vendeurs et celles des autres fonctions de l'entreprise. Il faut souligner à ce propos qu'au-delà des envies suscitées par une rémunération élevée des représentants, il convient d'abord de ne la situer à un niveau tel qu'il puisse être l'objet de convoitises de la part des autres salariés que si la fonction commerciale a un caractère réellement vital pour l'entreprise. Il ne faut pas non plus perdre de vue qu'il est demandé aux vendeurs de pratiquer des durées de travail de cinquante à soixante heures par semaine, de travailler en solitaire, d'être rémunérés partiellement en fonction des résultats obtenus.

Mais, si les dirigeants de l'entreprise veulent disposer d'une équipe de collaborateurs de vente ardents, directement responsables de la prospérité de l'entreprise, un peu comme des « guerriers aux Marches de l'Empire », il faut bien que ce métier ait quelque valeur attractive.

Et si ce métier attire ainsi des talents à l'intérieur de l'entreprise (le dessinateur du bureau d'études, le chauffeur-livreur, le magasinier se portant candidats pour devenir représentant), faut-il s'en plaindre? Que faut-il préférer ? Un nombre important de représentants de qualité courante, moyennement rémunérés pour occuper le terrain ? ou bien un nombre plus restreint de représentants hautement qualifiés et rémunérés de façon importante ?

Le meilleur niveau des acheteurs et parallèlement, la formation de plus en plus développée des commerciaux, la généralisation des méthodes de vente, la nécessité de posséder une solide culture d'économie d'entreprise pour mieux comprendre et conseiller les clients, appellent à la fonction commerciale des hommes et des femmes ayant un plus grand potentiel que par le passé.

LE METIER DU VENDEUR CHANGE

Il n'est pas jusqu'à la télématique, qui en s'insérant dans la relation de routine entre le vendeur et son client, va alléger la fastidieuse et coûteuse prise de commande sur place, pour y substituer une vente à distance, plus élaborée, l'écran informatique renseignant instantanément sur le stock disponible, le délai de réassortiment, les tarifs, etc. La télématique ne fera pas disparaître la relation avec le client, mais celle-ci, parce qu'elle sera moins fréquente, devra gagner en intensité. Cette évolution prévisible milite en faveur de la sélection de plus fortes personnalités, aptes à exercer une relation de qualité avec la clientèle. On peut ainsi prévoir dans nombre d'entreprises une stagnation, voire une diminution des effectifs commerciaux, pour exercer une fonction devenue plus complexe, les rémunérations individuelles étant appelées à progresser sensiblement. Il restera toujours une vente que l'on pourrait qualifier d'artisanale et qui maintiendra la pratique sociale ; mais on peut estimer qu'elle se marginalisera, notamment si les vendeurs qu'elle conservera seront ceux qui n'auront pas eu accès à la vente de type évolué que nous avons esquissée ci-dessus, et il se créera ainsi une forte catégorie de vendeurs économiquement moins favorisés.

Penser une politique de rémunération ne peut se réaliser en ignorant les idées dominantes d'une époque dans le pays considéré. Si l'expression des dirigeants politiques propage, volontairement ou non, un système de valeur où la sécurité, le moindre travail, l'écrêtement des rémunérations sont des normes dont il n'est pas bon de se désolidariser, nul doute que les forces de vente de toutes les entreprises ne finissent par être contaminées.

Et, sauf pour les dirigeants à définir une solide philosophie du métier et des rémunérations et à sélectionner leurs collaborateurs en fonction de leur adhésion à une telle philosophie, il est difficile d'évacuer totalement de telles idées démobilisatrices.

LA VENTE, VECTEUR D'ASCENSION SOCIALE

On observera cependant que dans leur majorité — tout en sachant que les représentants sont loin d'avoir le même profil — les hommes et les femmes de la vente sont entrés dans leur métier pour qu'il leur apporte une chance d'ascension sociale que leur passé, pour des raisons personnelles, familiales ou sociologiques ne leur a pas offert.

Un vendeur est un homme ou une femme à la poursuite de la réussite. L'argent que leur apporte leur rémunération n'est pas une fin en soi,

mais un moyen, un signe d'affirmation de cette réussite vis-à-vis de l'extérieur. Il n'est que de constater le goût assez répandu parmi les représentants pour une vie large, brillante, voire ostentatoire.
L'argent permet également de compenser ce que chacun peut trouver d'insuffisant en lui-même : éducation limitée (encore qu'il existe de notables exceptions sur ce point), timidité, trajectoire professionnelle passée insatisfaisante. La devise : « Humble quand je me considère, sûr de moi quand je me compare » s'applique assez commodément à l'effet compensateur que revêt l'argent pour le vendeur.
Qu'on ne déduise pas des propos qui précèdent la moindre opinion tendant à dévaloriser les commerciaux. Il faut aujourd'hui, au contraire, estimer et propager cette espérance d'atteindre à la réussite par ses propres efforts. En ce qu'elle procède de cette ambition, cette catégorie professionnelle se compare à celles des entrepreneurs, quels qu'ils soient, qui s'en remettent d'abord à eux-mêmes pour progresser et qui ne comptent ni sur l'Etat ni sur l'obtention de certains privilèges pour bâtir leur vie. Ce qui conduit à constater que les métiers de la vente constituent un facteur de mobilité sociale humainement plus estimable que celle que l'on organise par lois et par décrets.

COMMENT REPENSER LE SYSTEME DE REMUNERATION DE VOTRE FORCE DE VENTE ?

Si nous nous plaçons dans l'hypothèse où, désireux de remettre à plat votre réflexion sur le système de rémunération de votre force de vente, vous faites momentanément abstraction de ce qui existe pour envisager un nouveau dispositif ayant pour effet de renouveler les activités et les résultats de vos commerciaux, comment faut-il conduire votre raisonnement ?
Nous vous proposons une démarche en quatre étapes :
1. — Analyse des systèmes classiques de rémunération. Leurs avantages et leurs inconvénients.
2. — Quels objectifs peut-on assigner à un nouveau système de rémunération ?
3. — Comment construire le nouveau système ?
4. — Comment concilier le nouveau système et les contraintes légales et réglementaires ?
Il est important d'engager une réflexion autonome sur la question des rémunérations. Le plus mauvais moyen de l'aborder consisterait à copier ce qui se fait chez les confrères et qui semble leur donner satisfaction. Vérité là-bas, erreur ici. La meilleure façon de considérer la question est de construire, en fonction des données exposées ci-après, son propre système et de le faire correspondre aux objectifs que cherche à atteindre votre entreprise, non seulement aujourd'hui, mais également pour l'avenir.

LES SYSTEMES CLASSIQUES DE REMUNERATION. AVANTAGES ET INCONVENIENTS

Nous pensons qu'il est plus simple de présenter les avantages et les inconvénients de chaque composante des systèmes classiques de rémunération sous la forme de tableaux.

LE SALAIRE FIXE, UN SYSTEME EMOLLIENT

Avantages
- Sécurité pour le vendeur.
- Les revenus de l'intéressé sont stables ; il évite les surprises des évolutions à plus ou moins forte amplitude ; sa gestion budgétaire propre est plus aisée.
- Aucune difficulté ne naît d'un changement de secteur ou de clientèle.
- Le salaire fixe rémunère toutes les tâches que l'on peut exiger du vendeur : recueillir de l'information, rendre compte, récupérer les impayés, participer à des foires-expositions, visiter les prescripteurs, etc.
- Adapté aux situations où la responsabilité de la vente est difficile à détecter, par exemple quand plusieurs personnes interviennent activement à des titres divers dans la négociation.

Inconvénients
- Le salaire fixe ne présente aucun caractère incitatif (ceci n'est pas nécessairement redhibitoire dans la mesure où l'incitation ne repose pas entièrement sur la rémunération, comme nous le verrons chapitre 19).
- Favorise les vendeurs peu productifs (du moins à court terme, les résultats obtenus finissant par avoir une forte incidence sur l'évolution des rémunérations, et ceci d'autant plus que l'individualisation des évolutions des rémunérations s'est fortement développée depuis quelques années).
- Encourage la tendance des vendeurs à favoriser les produits qui plaisent aux clients et qui sont plus faciles à vendre, ce qui ne correspond pas souvent aux objectifs de ventes par produits.
- Corollaire de ce qui précède, la rémunération fixe n'apporte aucune certitude que la politique commerciale sera appliquée.

LA COMMISSION, UN SYSTEME CONTESTE

Le système de rémunération proportionnel au chiffre d'affaires a été longtemps considéré comme le mode de rémunération idéal des commerciaux. « S'ils ne vendent pas, les vendeurs ne seront pas payés, ça ne me coûte rien » a-t-on entendu souvent. Propos stupide. Que devient l'entreprise qui ne vend pas ou insuffisamment ? Aujourd'hui elle est guettée par la disparition ou par le rachat par un de ses confrères, si tant est, dans le second cas, qu'elle détient des produits, des brevets ou des savoir-faire de valeur. Aujourd'hui la commission sur le chiffre d'affaires est fortement mise en question. Pour qu'un tel système continue à être envisagé, il faudrait au minimum asseoir le taux de commission sur la profitabilité des produits vendus.

La commission malgré quelques avantages présente de nombreux inconvénients.

Avantages

• Rémunération proportionnelle au chiffre d'affaires, donc en principe aux performances du vendeur.
• Système simple, facile à calculer.
• Incite au développement du chiffre d'affaires.
• Le coût de la rémunération de la force de vente est proportionnel au chiffre d'affaires. (Ce dernier avantage n'est que relatif : l'entreprise supporte d'autres charges qui elles ne sont pas proportionnelles au chiffre d'affaires. De plus certains chiffres d'affaires ne permettent pas d'atteindre le seuil de rentabilité.)

Inconvénients

• Rémunération non proportionnelle aux marges.
• Pour peu que la commission porte sur les ventes indirectes, il n'y a pas de lien évident entre le résultat et la responsabilité du vendeur.
• Le vendeur établi depuis longtemps sur son territoire peut capitaliser de façon exagérée les efforts accomplis dans le passé. Ce sont les rentes de situation que nous dénoncions au début de ce chapitre.
• Système qui incite les vendeurs à vendre les produits les plus faciles.
• Conséquence de ce qui précède, l'entreprise n'est pas du tout assurée que la politique de vente par produits sera respectée.
• Système entraînant de fortes disparités entre les revenus des vendeurs. (En soi les disparités ne sont pas choquantes si elles correspondent aux mérites et aux résultats obtenus ; elles le deviennent quand tous ne bénéficient pas des mêmes *rentes de situation*.)
• Les activités autres que celles concourant aux ventes directement et à court terme risquent fort d'être négligées.
• Les produits porteurs d'avenir, mais difficiles à implanter et peu rémunérateurs au début de leur vie commerciale seront-ils soutenus comme il convient ? La commission favorise le court terme.
• Que devient la rémunération à la commission en cas de changement de territoire (notamment en cas de réduction de celui-ci) ou de clientèle ?
• La hausse des prix pour des raisons de spéculation mondiale (qu'on pense aux cafés, aux huiles, à certains métaux, au pétrole entre 1970 et 1980) entraîne la perception de commissions partiellement indues.
• A l'inverse la baisse des ventes dues à des raisons conjoncturelles pénalise les vendeurs.
• Enfin, les vendeurs qui bénéficient d'une forte rémunération par ce système, hésitent à accepter — et parfois refusent des postes de direction ou de gestion qui leur sont proposés.

LES CHARMES DISCRETS DE LA PRIME

Système limité dans le temps (en général on définit les taux de primes et les bases de son calcul une fois par an), parfaitement adaptée à l'atteinte d'objectifs temporaires, la prime, par son extrême souplesse s'adapte bien à l'atteinte des objectifs de la politique commerciale. La prime a donc bien des charmes, même si elle n'existe qu'associée à une rémunération fixe ou moins fréquemment à une commission.
Ses inconvénients sont relatifs et peu nombreux.
— les vendeurs s'en méfient parce qu'ils craignent que la Direction manipule le système à leur détriment chaque fois qu'on l'actualise ;
— les calculs peuvent être parfois un peu complexes ;
— la gestion en est un peu plus difficile que celle des deux systèmes précédents, encore que l'informatique rende cet inconvénient pratiquement *caduc*.

LES SYSTEMES ASSOCIES CORRIGENT LES EXCES DES SYSTEMES PRECEDENTS

Depuis longtemps, ceux qui réfléchissent à la meilleure façon de rémunérer la force de vente pour l'inciter à déployer ses efforts et à obtenir de meilleurs résultats, ont associé deux, voire trois des systèmes précédemment analysés, afin de corriger les excès d'un système envisagé à l'état pur. C'est ainsi qu'existent fréquemment des combinaisons de la rémunération fixe et de la commission, de la rémunération fixe et des primes, ou encore la triple association de la rémunération fixe, de la commission ou des primes, et plus rarement de la commission et des primes. Le critère d'appréciation de chacun de ces systèmes tient à la réponse apportée à la recherche de la maîtrise par l'entreprise de sa politique commerciale. Il ne semble pas que l'association fréquente de la rémunération fixe et de la commission apporte une réponse satisfaisante. Ce qui revient à pressentir que la prime peut exercer un rôle décisif, à condition toutefois de tenir une place importante, ce que nous définissions déjà au début de ce chapitre

QUELS OBJECTIFS ASSIGNER AU SYSTEME DE REMUNERATION DES VENDEURS ?

Il va de soi que l'on pense en tout premier lieu à l'atteinte des objectifs quantitatifs de chiffre d'affaires, de volume de marge, de ventes par produits, d'implantation des produits nouveaux, des produits stratégiques et des produits prioritaires, ainsi qu'au maintien ou au développement de la part de marché ou de la présence dans certains créneaux de clientèle.

Le système de rémunération peut également se voir assigner l'atteinte d'objectifs qualitatifs. En voici quelques-uns, dont la liste n'est pas limitative :

1. — Faire coïncider les *efforts* accomplis par les vendeurs aux objectifs fondamentaux de l'entreprise.
2. — Stimuler les énergies.
3. — Eviter les *avantages acquis* injustifiés et les *rentes de situation.*
4. — Assurer la sécurité financière des collaborateurs commerciaux sans engendrer de léthargie et en même temps relancer en permanence les efforts en fixant de nouveaux enjeux.
5. — Créer l'attirance des bons vendeurs et des meilleurs vendeurs des concurrents, conserver ses meilleurs vendeurs, décourager les moins efficaces, susciter des vocations de vendeurs à l'intérieur de l'entreprise (préparateurs de commandes, dessinateurs industriels, chauffeurs livreurs, pourquoi pas ?).
6. — Composer un système simple à comprendre et dont on calcule facilement les revenus qu'il apporte, incitatif pour les vendeurs et loyal. On sait que tricher ou même simplement finasser, c'est empoisonner rapidement le climat de travail et risquer de provoquer le départ des meilleurs éléments.
7. — Qu'il nous soit permis d'ajouter que le revenu des commerciaux doit être calculé de façon généreuse. Il n'est pas scandaleux de rémunérer fortement des collaborateurs auxquels on demande beaucoup !

COMMENT DOSER LES COMPOSANTES DU SYSTEME DE REMUNERATION ?

Nous avons pris parti pour un système associant la rémunération fixe, la commission et les primes, de façon à fortement accuser les effets positifs apportés par chacune de ces composantes. Si, en effet, les systèmes composés d'une partie fixe, d'une commission et de primes sont loin d'être une nouveauté, on doit considérer que leur efficacité n'atteint pas toute l'ampleur désirée parce que les primes sont en trop faible proportion. On ne donne pas le meilleur de soi-même, quand on est motivé par l'argent, pour 5 à 10% de primes. Que ces primes s'amplifient au point d'atteindre le tiers de la rémunération, comme nous le prescrivons, et l'on verra le très important effet de levier qu'elles opèreront.

Il faut que la rémunération des commerciaux comporte une partie *fixe.* La rémunération fixe, par sa régularité est un facteur de sécurité pour son bénéficiaire. Elle permet de rémunérer l'exécution des tâches nécessaires et dont le résultat direct est difficielemt mesurable, telles que assurer des démonstrations, être présent sur un stand de foire-exposition pour accueillir la clientèle actuelle et potentielle qu'elle qu'en soit l'origine géographique, mettre en route un nouveau vendeur, etc.

La rémunération fixe permet également de reconnaître les potentialités d'un collaborateur dont on sait qu'il sera ultérieurement à des fonctions plus importantes et de calmer son impatience pendant son séjour au sein de la force de vente.

Autre atout de la partie fixe de la rémunération : elle consolide les acquis antérieurs en cas de promotion interne.

Son évolution étant placée sous la dépendance des Conventions Collectives, donc indépendamment des volontés de la Direction Commerciale, il est utile de scinder la partie fixe en un minimum correspondant au niveau de qualification déterminée par la Convention Collective et une autre partie dépendant des décisions de la Direction Commerciale.

Malgré les réserves exprimées au sujet de la *commission*, celle-ci occupe une place notable dans nos prescriptions. Cependant cette commission est assise non plus sur le chiffre d'affaires, mais sur le volume de marge commerciale dégagé par le délégué commercial ou à la rigueur sur un chiffre d'affaires coefficienté en fonction de la marge commerciale. Il va de soi que les rentabilités évoluant dans le temps, les pourcentages de commissions seront actualisés périodiquement (ceci étant explicitement prévu dans le contrat. Lire à ce sujet le chapitre 7).

Nous avons affiché clairement notre opinion sur les *primes* et l'on sait donc qu'elles ont notre faveur. Les primes correspondent aux objectifs majeurs, assignés à chaque délégué commercial — elles peuvent donc être personnalisées — découlant directement des décisions définies dans le cadre de la politique commerciale. Les primes peuvent avoir des assiettes multiples, par exemple résultats obtenus en prospection, performance réalisée à l'occasion du lancement d'un nouveau produit et diminution des taux de remises consenties à la distribution. Cependant il ne faut pas multiplier le nombre des primes sous peine d'en diminuer le volume unitaire et, en dispersant les efforts, de brouiller la vue du délégué commercial sur l'essentiel.

Est-il préférable d'adopter une prime unique calculée à partir de points gagnés à l'ocasion de plusieurs performances, avec additions et soustractions ? Nous ne penchons pas pour cette pratique. Nous préférons plutôt des cloisons entre les primes, de façon à ce qu'une contre-performance ne pèse pas sur les autres performances réalisées.

Se pose aussi la question de savoir ce que l'on décide en cas de dépassement de l'objectif. Faut-il placer un butoir ? Peut-on envisager une accélération du taux de la prime ou au contraire une décélération ou encore simplement la poursuite de la courbe au même taux ? Il est difficile de donner une réponse générale, dans la mesure où certaines productions sont limitées et que les dépassements peuvent ne pas être

livrés à certains clients. Les décisions seront prises en fonction des spécificités des différentes activités industrielles ou de services (1).
Que l'on n'oublie pas notre recommandation que le système de rémunération doit être pensé *généreusement*.

QUELQUES ELEMENTS D'AUDIT DE VOTRE NOUVEAU SYSTEME DE REMUNERATION

Votre nouveau système de rémunération a été repensé. Il faut maintenant l'éprouver :

- Est-il compatible avec les Lois sociales ? La réponse devra, bien entendu, être positive.
- Quels seront les effets envisageables de ce système ?

Quelles seront les réactions psychologiques des intéressés ? Comment se situe-t-il par rapport à l'ensemble des autres rémunérations de l'entreprise ? Qu'il soit avantageux est un résultat intéressant dans la mesure où l'on demande beaucoup aux commerciaux (ne serait-ce que parce que leur temps de travail effectif est supérieur d'un quart à celui des personnels sédentaires) et que d'eux dépendent, en grande partie, la vitalité et la prospérité de votre entreprise.

- Le nouveau système aura-t-il pour effet de favoriser les meilleurs éléments et donc de défavoriser les moins bons ? Est-il suffisamment attractif pour inciter les vendeurs de concurrents à solliciter un emploi commercial dans votre entreprise ?
- Les gestionnaires effectueront légitimement une simulation en appliquant le nouveau système aux ventes et aux performances des deux à trois années antérieures. Il faut souligner à cet égard que les réactions psychologiques des bénéficiaires au nouveau système ne peuvent pas être reconstituées lors de ce retour en arrière ; elles ne peuvent être qu'estimées.

COMMENT PASSER DU SYSTEME DE REMUNERATION ACTUEL A UN AUTRE SYSTEME ?

Soyons clair : proposer un nouveau système de rémunération revient à modifier le contrat de travail sur une de ses dispositions essentielles. Bien entendu les vendeurs peuvent parfaitement refuser cette proposition, dans la mesure où il s'agit d'une décision unilatérale. Cependant l'enteprise peut négocier et obtenir le passage d'un système à un autre en plaçant des *clauses de sauvegarde*. Par exemple, pendant les deux années suivant la mise en place du nouveau système, un double calcul

---

(1) Il faut se reporter aux travaux exposés dans le livre de J.F. Meret et B. Dervaux, *La Rémunération des Equipes de Vente*, dans la collection Efficacité Commerciale, Les Editions d'Organisation, Paris, 1984.

sera effectué et le montant le plus favorable sera attribué au représentant. Toutefois, si ce montant favorable est celui du nouveau système, il ne pourra pas revenir en arrière les années ultérieures. Après deux ans, le nouveau système s'applique à tous.

L'entreprise peut aussi instituer que dorénavant — si la convention collective n'empêche pas une telle disposition — les augmentations seront obtenues sous forme de mise en place progressive de primes (1).

Il est utile de citer sur ce sujet quelques jurisprudences récentes de la Cour de Cassation, Chambres Sociales (1982-1986) :

— Diminuer le *taux* de commission des représentants ?

— Décider le paiement des commissions des représentants *après* encaissement, alors que ce n'était pas le cas avant (2).

— Supprimer le remboursement des frais de téléphone et la réduction des frais d'essence ? (3). La Chambre sociale de la Cour de Cassation déclare dans son Arrêt qu'il s'agit d'une « modification importante des conditions de travail du salarié. La salarié peut légitimement refuser les nouvelles conditions et prendre acte de la *rupture du contrat*, sans pour autant être considéré comme démissionnaire ».

— Baisse d'activité du représentant nécessitant une baisse du prix de vente, ce qui entraîne la réduction du *taux* de commission. L'Arrêt de la Chambre sociale de la Cour de Cassation indique : « Rupture du contrat, donc licenciement. Ici le licenciement est considéré comme justifié pour des raisons économiques » (4).

— Des *raisons économiques* peuvent être légitimement avancées à l'appui d'une modification du système de rémunération (5).

— Toute proposition de modification doit être assortie d'un délai de réflexion suffisant (6).

— Si la rupture incombe à l'employeur, en raison des modifications substantielles des éléments du salaire, celle-ci n'est pas forcément abusive (7).

---

(1) On peut limiter la portée des dispositions conventionnelles en les appliquant aux seuls minima de chaque échelon hiérarchique. Au-delà du minimum l'entreprise conserve sa liberté de manœuvre.
En ce qui concerne le transfert sur des primes des augmentations dues à l'inflation, si l'effet en est faible en période de petite inflation (2 à 3%), on conçoit par contre que dès que l'inflation atteint ou dépasse les deux chiffres, l'entreprise dipose d'une masse de manœuvre importante (en 3 ans on peut dépasser le tiers de la rémunération).

(2) Cass. Soc. 22.4.85 Holmes C. Brehin.

(3) Cass. Soc. 28.5.86 Holmes C. Vannier.

(4) Cass. Soc. 21.12.82 Binot C. Rijert.

(5) Cass. Soc. 25.4.85 Le Guern C. SBDA.

(6) Cass. Soc. 21.7.86 Terraillon C. Jacquier.

(7) Cass. Soc. 7.11.85 Maisons Phenix Lorraine C. Grosset.

— Le salarié qui *continue de travailler* aux conditions nouvelles de rémunération est considéré comme ayant donné son accord aux modifications même s'il a, auparavant, exprimé sa désapprobation (1). Exemple : un employeur modifie, en 1964, le mode de rémunération du salarié. Celui-ci, tout en protestant contre cette nouvelle rémunération, reste néanmoins au service de son employeur sans considérer son contrat comme rompu. Licencié dix ans plus tard, il réclamera en vain un *rappel de commissions* : les juges ont estimé que, pendant toute cette période, le contrat de travail s'était poursuivi aux nouvelles conditions.

QUESTIONS DIVERSES SUR LA REMUNERATION DE LA FORCE DE VENTE.

LES FRAIS

Bien entendu les remboursements de frais ne font pas partie de la rémunération, même s'ils font partie, comme on vient de le lire, des éléments implicites ou explicités du contrat de travail. Nous désirons seulement attirer l'attention sur les effets psychologiques de leur niveau. Sans engager pour autant les entreprises dans des dépenses somptuaires, la qualité de la voiture, la qualité de l'hôtel que le délégué commercial peut s'offrir sont autant de considérations que l'entreprise porte à son métier et qui ont un retentissement sur son ardeur à l'exercer.

LES REMUNERATIONS INDIRECTES

Il est judicieux, pour retenir les meilleurs collaborateurs commerciaux, que l'entreprise prenne à sa charge certains avantages sociaux en leur faveur. Nous citerons, sans épuiser le sujet, le plan d'épargne d'entreprise avec *abondement* (2), le prêt d'une maison de vacances, l'adhésion à un club de gymnastique, l'assurance-vie, les aides à l'éducation des enfants, l'adhésion à des clubs ou associations (DCF, Lyons, Rotary, Jeune Chambre Economique) ou encore l'abonnement à certaines revues professionnelles.

COMMENT EVOLUENT DANS LE TEMPS LES COMPOSANTES DU SYSTEME DE REMUNERATION DES TROIS TIERS ?

Nous avons distingué trois parties ; l'une fixe, l'autre propotionnelle à la marge (commission sur marge ou chiffre d'affaires coefficienté) la troisième sous forme de primes d'objectifs.

(1) Cass. Soc. 22.7.86 Lamotte C. Sté Robichon Signode.

(2) L'abondement étant le versement opéré par l'entreprise en plus de celui effectué par le salarié.

La partie fixe a été scindée en deux : l'une est alignée sur l'évolution des rémunérations générales de l'entreprise en fonction de la Convention collective qui régit les salaires de l'entreprise. Cette première partie de la rémunération fixe, progresse comme l'ensemble des salaires auquel leur assimilation à un échelon hiérarchique les rattache. Cette première partie fixe peut représenter les deux tiers de la partie fixe.
La seconde partie fixe tiendra compte pour son évolution de l'accroissement des compétences de l'intéressé et sera évaluée annuellement au cours d'un entretien entre l'intéressé et ses supérieurs hiérarchiques. Cette seconde partie peut s'accroître plus que proportionnellement aux augmentations décidées dans le cadre contractuel.
La commission sur marge bénéficiera ou pâtira des résultats obtenus par le délégué commercial. Il est possible que dans le temps elle connaisse des évolutions sensibles qui entraîneront un développement de ce tiers plus important que le reste de la rémunération. Ceci est d'autant plus logique que le délégué partage avec l'entreprise l'amélioration des profits due à la qualité de son action commerciale.
Les primes d'objectifs doivent être calculées de façon à ce que non seulement l'objectif soit atteint, mais puisse être dépassé. Lors du calcul des années suivantes, on se gardera de fixer un seuil en fonction de celui qui a été atteint, mais en fonction de celui qui avait été négocié. Ainsi celui qui par ses efforts a dépassé le niveau fixé n'est pas pénalisé. Mais pour celui qui ne l'a pas atteint, au seuil de l'année suivante, c'est l'objectif antérieur qui sera reconduit.
Après quelques années on assistera probablement à une amplification plus marquée des deuxième et troisième « tiers » qui réduira — proportionnellement — la part du premier tiers fixe. Encore que l'on puisse considérer que la seconde partie fixe fondée sur les compétences connaisse un effet de reconnaissance qui maintiendra la partie fixe non loin du tiers initial.

COMMISSIONS DES REPRESENTANTS ET REMISES A LA DISTRIBUTION

Un autre aspect plus délicat de la collaboration entre une entreprise et un délégué commercial ou un VRP multicartes tient à la pratique — -officiellement inexistante et néanmoins bien vivaces — des « droits de péage » (certains parlent de « rançons ») pratiquées par les Centrales d'Achats et la Grande Distribution à l'égard des fabricants. Il s'agit on le sait, pour accorder un référencement, la mise en place d'une promotion des ventes (tête de gondole, mise en avant, etc.) d'obtenir du fabricant un « budget » qui augmente d'autant les remises et bonifications de fin d'années déjà obtenues.

Bien que peu nombreux soient ceux qui parlent ouvertement d'une telle pratique, ouvertement condamnée par le législateur qui y voit une atteinte à la libre concurrence, il faut évoquer cette question ici, non pas sur le plan de la morale commerciale, mais en raison de ses incidences possibles sur la rémunération des délégués commerciaux et des VRP multicartes. En effet, le délégué commercial ou le VRP peut accepter, pour favoriser ses affaires, trop facilement la revendication pécuniaire de la grande surface, réaliser des affaires profitables sans se préoccuper de leur rentabilité pour l'entreprise, spécialement s'il est rémunéré par une commission sur le chiffre d'affaires réalisé. L'entreprise a toujours la possibilité de refuser la commande prise dans ces conditions ; mais le principe du « tout ou rien » ne nous paraît satisfaisant pour aucune des parties. De plus, s'agit-il en définitive pour l'entreprise de refuser le principe du *péage* ?
On peut en effet considérer que — comme le comptabilisent nombre d'entreprises américaines — ces « budgets », « remises », « bonifications de fin d'année » sont à assimiler à des charges commerciales s'inscrivant dans le *marketing-mix* des produits, au même titre que les dépenses de publicité, de promotion des ventes (baisses temporaires de prix et coût de réalisation des matériels et actions promotionnelles), de transport, de stockage sur « plates-formes d'éclatement », sans oublier les salaires, frais et charges relatifs à la force de vente. Seulement ces *péages* ont pour particularité d'être engagés, non à l'initiative de l'entreprise, mais à celle du distributeur.
Il importe donc que l'entreprise implique ses délégués commerciaux et VRP multicartes ou exclusifs en leur faisant toucher du doigt les conséquences de l'acceptation sans réelle négociation de mesures unilatérales.
Nous proposons donc aux entreprises de stipuler que « le taux de commission pourra subir une réfaction d'un demi à un point sur le chiffre d'affaires au cas où le distributeur exige un budget pour engager, pour poursuivre ou pour développer le chiffre d'affaires réalisé sur certains produits ». En quelque sorte il s'agit pour l'entreprise et pour la force de vente de partager, selon une règle à établir, l'amoindrissement de la rentabilité des ventes. Pour que cette mesure ne soit pas prise au détriment des seuls délégués commerciaux ou VRP, il faut considérer le *péage* comme alternative ou comme supplément des autres charges de *marketing-mix*. Il importe également d'évaluer à partir de quel seuil le *budget* étant remboursé, le délégué ou le VRP recouvre l'intégralité de son taux de commission.

Un exemple permettra d'illustrer ce raisonnement.

Le Cellier des Vins de la Tour, négociant-éléveur de vins fins et d'appellation d'origine, réalise avec la grande surface Aupré un chiffre d'affaires de 500 000 F, calculé en prix public hors taxe.

Les frais de distribution nécessaires à la réalisation de ce chiffre d'affaires s'analysent ainsi :

— Remise distribution sur facture	*75 000 F*
— Bonification de fin d'année	*10 000 F*
— Commission des représentants (VRP multicartes) (4% sur 375 000 F)	*15 000 F*
— Publicité	*5 000 F*
— Promotion des ventes (baisse temporaire des prix)	*10 000 F*

L'achat des produits représente 375 000 F et la marge bénéficiaire de l'entreprise 10 000 F.
Pour augmenter le chiffre d'affaires réalisé avec le Cellier des Vins de la Tour, le chef de rayon liquides d'Auprès demande un budget de 10 000 F.
Dans un premier temps, le Directeur Commercial de CVT considère que ce budget qui absorbe intégralement le bénéfice brut réalisé sur la base du chiffre d'affaires antérieur est excessif. Après réflexion, il envisage deux mesures :
— faire renégocier le montant du budget *par le VRP*
— demander au VRP d'accepter un moindre taux de rémunération pour la quote part du CA comprise entre 500 000 et 600 000 F et de ne retrouver le taux plein qu'au-delà de 600 000 F.

FAUT-IL REVELER LES MARGES AUX VENDEURS ?

C'est un sujet qui soulève bien des discussions. Si certaines sociétés jouent cartes sur table, d'autres cèlent comme un secret d'Etat jalousement gardé, les rentabilités des différentes productions de l'entreprise.
On peut avancer une solution en proposant un *mix* « marge plus coefficient d'intérêt stratégique du produit » et reclasser chaque produit dans une catégorie ou une classe : A, B, C, D, etc.

PREOCCUPATION DES GESTIONNAIRES

— Que fait-on des montants de primes non attribués, au cas où la majeure partie de l'équipe de vente n'atteint pas les objectifs assignés ?
• Mise en réserve pour l'année suivante ?
• Répartition par une surprime attribuée aux meilleurs ?
— Même question, dans l'autre sens, en cas de dépassement ?
• Il sera toujours facile de trouver le moyen de financer le dépassement, celui-ci ne pouvant être obtenu que pour des performances entraînant un accroissement du chiffre d'affaires et de la marge.

COMMISSIONS ET PRIMES : INDIVIDUELLES OU D'EQUIPES ?

Si une rémunération est assise sur une performance de l'équipe, cela signifie que l'entreprise souhaite créer ou encourager une certaine solidarité.
Une telle idée peut être préconisée quand une secrétaire commerciale sédentaire est associée à un, deux ou trois représentants et que la contribution des uns ou de l'autre est difficile à partager. Il est incontestablement stimulant et valorisant pour cette secrétaire commerciale d'être partiellement traitée comme un des éléments porteurs de l'action commerciale. D'une manière générale, il nous semble que les commerciaux vivent leur action commerciale de façon individuelle — pour ne pas écrire individualiste—. Leurs efforts sont des efforts perçus comme d'abord personnels. Il en va de même de la rémunération. Ainsi, nous ne nous attardons pas, d'une manière générale, aux rémunérations prévoyant le partage collectif d'un résultat acquis par l'ensemble de l'équipe. Le principe : « les forts entraînent les faibles » est séduisant, mais en réalité, les forts, plutôt que d'aider les faibles à s'améliorer (c'est d'ailleurs un des objectifs du Directeur des Ventes) ressentent d'abord ceux-ci comme des poids morts qui les pénalisent.

LA REMUNERATION DE L'ENCADREMENT COMMERCIAL

Ce chapitre aurait été incomplet si nous ne donnions pas notre point de vue sur la rémunération de l'encadrement commercial (Directeur Commercial, Directeur des Ventes et Chefs des Ventes régionaux).
La solution la plus simple serait de les considérer comme des cadres de l'entreprise et de les rattacher au système de rémunération de leurs homologues ayant d'autres fonctions, c'est-à-dire de ne leur attribuer qu'une rémunération fixe. Cependant ne seraient-ils pas alors considérés comme des privilégiés tenus soigneusement à l'abri des aléas des résultats commerciaux, alors qu'ils en sont les organisateurs et les animateurs et que nous les engageons à travers nos différentes réflexions à être aussi proches que possible de ceux qui sont quotidiennement sur le terrain ? N'y aurait-il pas là un ferment de discorde ? (— « Vous nous recommandez d'assumer le risque commercial mais vous-même en êtes exemptés !... »). *Psychologiquement* , une telle position ne serait pas défendable.
Il nous semble alors judicieux, parce qu'ils sont étroitement liés aux résultats, qu'ils bénéficient des bons résultats que leur action permet d'obtenir à leurs collaborateurs. Sans doute la partie fixe de leur rémunération sera conséquente. Mais on n'excluera ni les primes fondées sur des objectifs quantitatifs et qualitatifs, tels qu'un intéresse-

ment à la rentabilité commerciale ou des primes d'objectifs atteints par l'équipe dont ils ont la responsabilité directe, ni une partie proportionnelle aux réalisations et développement de chiffre d'affaires réalisés sur certains produits (nouveaux et stratégiques) ou avec certaines clientèles prioritaires.

ANNEXE

L'INDEMNITE DE CLIENTELE DES VRP

QUELS SONT LES FONDEMENTS ET LES IMPLICATIONS DU PRINCIPE DE L'INDEMNITE DE CLIENTELE DES VRP ?

• L'indemnité de clientèle a pour objet de réparer le préjudice que subit le VRP, du fait de la perte, pour l'avenir, du bénéfice de la clientèle APPORTEE, CREEE ou DEVELOPPEE par lui. C'est une indemnité spécifique aux représentants statutaires. Se reporter à l'article L 751-9 du Code du Travail : le droit à indemnité de clientèle s'entend *pour la part qui lui revient personnellement* de la clientèle apportée, créée ou développée par lui :

• Clientèle apportée : visitée par le VRP avant son entrée dans l'entreprise.

• Clientèle créée : *n'existant pas* au moment de l'entrée en service du VRP et *fruit de son effort*. Mais l'employeur peut démontrer qu'il a grandement facilité la tâche du VRP par ses campagnes de publicité, la qualité des produits, la renommée de la marque, les efforts de formation, de sorte que le mérite du VRP se trouve fortement diminué pour l'appréciation de l'indemnité de clientèle.

• Clientèle développée : déjà existante au moment de l'entrée en fonction du VRP. Celui-ci, pour avoir droit à indemnité, doit non seulement maintenir cette clientèle, mais aussi la développer, c'est-à-dire augmenter le chiffre d'affaires par rapport à celui de l'année précédant sa prise de fonction.

L'augmentation sera corrigée du taux de hausse des prix intervenue entre temps.

• La PREUVE de l'accroissement en nombre et en valeur de la clientèle incombe au VRP.

• La clientèle apportée, créée ou développée doit être DURABLE. Est considérée comme clientèle *durable*, la clientèle susceptible de *renouveler ses commandes* après le départ du VRP.

• La jurisprudence a confirmé qu'un VRP qui place des produits *ne donnant pas lieu à de fréquents renouvellements* n'a pas droit à indemnité de clientèle (C. Cass. 12.5.1970 — Cour d'appel de Paris 22e Chambre 25.4.1977).

• Cas particulier de l'indemnité de clientèle demandée à l'occasion du *départ à la retraite* :

Le départ à la retraite est à assimiler à la rupture de fait du VRP — si c'est lui qui en a pris l'initiative (et non son employeur unilatéralement) ou même si cela résulte de la commune volonté des parties — et *ne donne pas droit* à indemnité de clientèle. Par contre, dans ce cas, on entre dans le champ d'application des *indemnités de départ en retraite*.

Celles-ci sont au nombre de deux :
— indemnité *conventionnelle* de départ en retraite
— indemnité *spéciale* de mise à la retraite.

• Indemnité *conventionnelle* (article 15 de l'Accord National Interprofessionnel du 3.10.1975 visant les VRP).
— 0,20 mois par année entière jusqu'à 5 ans d'ancienneté
— 1 mois après 5 ans d'ancienneté
— 2 mois après 10 ans d'ancienneté
— 3 mois après 20 ans d'ancienneté
— 4 mois après 30 ans d'ancienneté

L'indemnité *conventionnelle* de départ en retraite n'est pas cumulable avec l'indemnité de clientèle. Elle est calculée sur la rémunération mensuelle moyenne des douze derniers mois, déduction faite des frais professionnels ou de leur quote-part représentative dans la rémunération des VRP.

• Indemnité *spéciale* de mise à la retraite (article 16 de l'Accord). Le VRP doit avoir au moins 60 ans pour bénéficier de cette indemnité spéciale et *renoncer à l'indemnité de clientèle* à laquelle il pouvait avoir droit. Le montant de cette indemnité spéciale est égal à la moitié de l'indemnité de rupture (article 14 de l'Accord) :
— de 0 à 3 ans d'ancienneté : 0,70 mois par année entière
— de 3 à 6 ans d'ancienneté : 1 mois par année entière
— de 6 à 9 ans d'ancienneté : 0,70 mois par année entière
— de 9 à 12 ans d'ancienneté : 0,30 mois par année entière
— de 12 à 15 ans d'ancienneté : 0,20 mois par année entière
— au-delà de 15 ans d'ancienneté : 0,10 mois par année entière

Ces montants doivent être divisés par *deux*.

N.B. : quand le VRP a droit à l'indemnité spéciale de mise à la retraite, le calcul de l'*indemnité conventionnelle* se limite à la seule partie *fixe* convenue de la rémunération.

• Indemnité de clientèle ou indemnités de départ à la retraite ? C'est la solution *la plus favorable* au VRP qui sera retenue.

PEUT-ON ATTENUER L'EFFET DE LA CLAUSE DE L'INDEMNITE DE CLIENTELE ?

a) La plus risquée :

On définit dans le contrat de travail que l'indemnité compensatrice de clientèle est contenue forfaitairement dans la rémunération versée. Nous ne croyons pas qu'il y ait de jurisprudence sur une telle clause. Mais, en la stipulant, *on court le risque qu'une clause de ce genre soit considérée comme destinée à tourner la loi.*

En cas de litige, rien n'indique que l'entreprise ait gain de cause (1).

---

(1) Il faut indiquer à ce propos que l'article L 751-9 du Code du Travail stipule que l'indemnité de clientèle « ne peut pas être déterminée forfaitairement à l'avance ».

b) Le silence :
Rien n'est spécifié dans le contrat de travail. Mais ce sera le droit commun qui s'appliquera. Ce qui ne constitue pas une solution satisfaisante.
c) La mention explicite avec délimitation du champ d'application conformément aux textes légaux.
On spécifie alors que l'indemnité de clientèle sera calculée en fonction du chiffre d'affaires réalisé pendant les douze mois qui ont précédé la cessation d'activité, *défalcation faite* :
— du chiffre d'affaires de départ reconstitué et actualisé en fonction de la hausse des prix ;
— de l'incidence des aides de toutes sortes apportées par l'entreprise (telle que la fourniture d'un fichier de clients, mais aussi de la publicité, des opérations de promotion des ventes, de la formation, etc. engagées à l'initiative de l'entreprise).
d) Puisque l'indemnité de clientèle nous paraît inévitable, même minorée, ne peut-on envisager de calculer le montant de la rémunération des représentants en faisant deux parts :
— l'une accordée directement et ouvertement,
— l'autre mise en réserve et calculée en supportant la charge réelle mais différée que représente la future indemnité de clientèle ? (On rappellera que cette indemnité, si elle est future, n'est pas *certaine*. Par exemple, si le représentant donne sa démission ou si la rupture du contrat lui est imputable, notamment en cas de faute grave.)
e) Si le principe exposé ci-dessus est retenu, à défaut de taux officiel, on pourra s'inspirer pour son estimation de ce que représentent l'indemnité conventionnelle de départ à la retraite et l'indemnité spéciale de mise à la retraite qui s'ajoute à la première (et se substituent le cas échéant à l'indemnité de clientèle).
Voici les éléments du calcul :
— L'indemnité conventionnelle de départ en retraite, à son taux le plus élevé, c'est-à-dire pendant les 10 premières année d'activités — le taux devenant dégressif ensuite — soit 0,2 mois par année d'activité.
— L'indemnité spéciale de mise à la retraite, également dégressive, en adoptant un taux moyen de 0,35 mois (obtenu après 6 ans d'ancienneté) par année d'activité.
La « mise en réserve » de l'indemnité de clientèle pourrait s'établir sur la base de $\frac{0{,}20 + 0{,}35 \text{ mois}}{12\text{mois}} = 4{,}6$, soit une majoration du taux de commission de 0,5 à 0,6% selon que les commissions sont au taux de 10% et de 12%, par exemple.
En somme ceci revient à considérer que la rémunération des représentants est à un taux réel de 10,5% et 12,6%, dont 0,5 à 0,6% différés, dans l'exemple considéré.

9

L'EFFICACITE DE L'ACTION COMMERCIALE OU LES METHODES DE TRAVAIL DE L'EQUIPE DE VENTE

□ Des objectifs de l'entreprise à la politique commerciale □ Esprit des objectifs □ Les objectifs du Directeur des Ventes : d'abord le volume de marge □ Objectifs quantitatifs, objectifs qualitatifs □ Objectifs à court terme, objectifs à long terme □ Comment s'assurer que le vendeur agit conformément aux objectifs qui lui ont été assignés ? □ Des objectifs à l'action commerciale □ Les produits sont une arme stratégique de l'entreprise □ La gestion du portefeuille de clients □ Le classement par « forces » □ Le temps, produit rare □ L'organisation des circuits de visites de la clientèle □ Décentraliser la mesure de l'efficacité de la force de vente □ L'analyse des résultats □ Le système d'anticipation des résultats commerciaux (SARC) □ Domaine d'application du SARC □ Fonctionnement du SARC. □ Critiques du SARC et réponses □ Pédagogie du SARC.

On a beaucoup employé l'expression de *direction par objectifs* et de *direction participative par objectifs*. Cependant nous ne sommes pas certain que dans le champ d'investigations qui nous préoccupe, celui de la force de vente, ces notions aient dépassé le stade intellectuel. En effet, un des constats les plus fréquents qu'il nous soit donné de faire, nous permet d'écrire que la plupart des forces de vente exercent leurs activités sans avoir pris conscience qu'elles sont le *bras séculier* de la politique commerciale de leur entreprise, et que cette politique commerciale se traduit, pour ce qui les concerne, par une hiérarchie d'objectifs qui donnent toute son intelligence à leur action.
Le constat est sévère. Mais peut-il en aller autrement quand on observe chez la plupart des vendeurs un travail routinier où l'action ne semble pas commandée par une réflexion tactique ?
Il ne nous importe guère de jouer les procureurs pour dénoncer des dirigeants commerciaux inaptes à faire passer un message, ou bien une conception de la direction des hommes réservant la fonction de réflexion au seul sommet de la hiérarchie, les vendeurs étant par principe considérés et traités en simples exécutants.
Notre lecteur a compris qu'une des idées-force qui sous-tend cet ouvrage est de promouvoir la décentralisation de la décision et de favoriser ce qui rendra le vendeur aussi autonome que possible dans un cadre clairement et fortement organisé.
Ce chapitre a pour but de rappeler la méthode commerciale classique qui définit les articulations successives de l'action commerciale entre l'expression des volontés de l'entreprise et les résultats acquis sur le terrain.

DES OBJECTIFS DE L'ENTREPRISE A LA POLITIQUE COMMERCIALE

Si certains objectifs de l'entreprise, notamment les objectifs stratégiques à moyen et long termes, ne concernent pas directement la force de vente, on n'en dira pas autant des objectifs financiers ou de certains objectifs qualitatifs à moyen et court termes. Ceux-là vont inspirer très directement la *politique commerciale* de l'entreprise.
La politique commerciale est un document, en général annuel, qui définit notamment les *orientations* à donner à la gamme des produits et à l'approche des clientèles de l'entreprise. Elle établit clairement les *priorités*. Mais comme ces orientations et ces priorités risquent de rester à l'état d'intentions, la politique commerciale manifeste principalement son rôle opérationnel en donnant des *directives* concernant les produits, la clientèle, la distribution, les utilisateurs ou les consommateurs, selon les cas, la conduite à tenir en matière de tarif, de prix et de marge, la répartition des efforts par régions, la promotion

des ventes et la communication publicitaire, les attitudes à tenir et les actions à engager face à la concurrence (1).
De notre point de vue, il est hors de question que la définition des objectifs commerciaux annuels, et donc la version définitive du document de politique commerciale, soient établis sans une véritable *concertation* avec la force de vente.
Cette concertation a lieu au moment de la préparation des budgets, souvent au début du quatrième trimestre de l'année, par la confrontation et la négociation entre les objectifs financiers de l'entreprise et les prévisions de vente effectuées en commun par la Direction des Ventes et la force de vente (2) selon le schéma suivant :

Figure 4

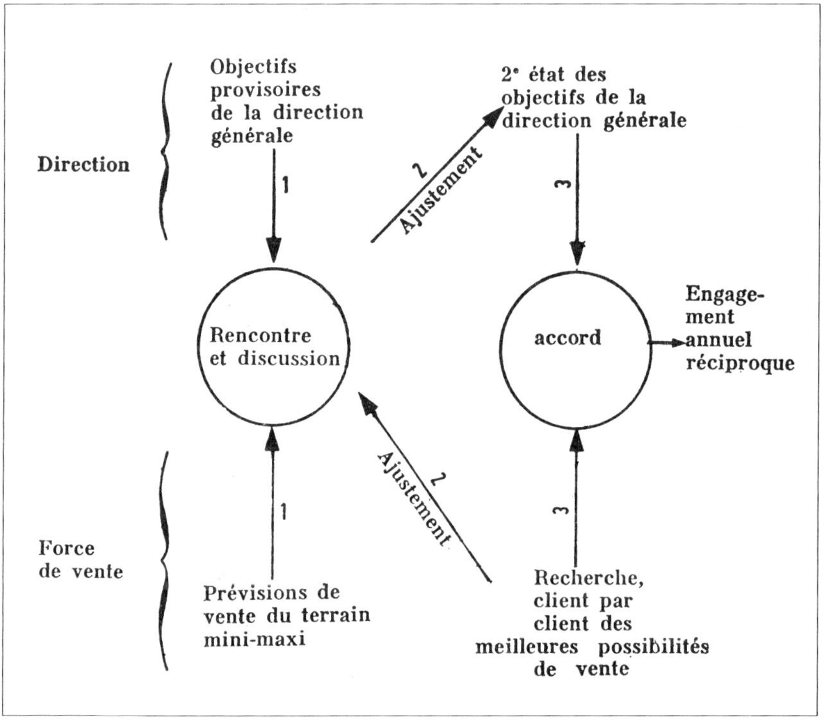

Schéma de la négociation des vendeurs et de la direction sur les prévisions des ventes.

ESPRIT DES OBJECTIFS

On peut penser que notre insistance à définir les objectifs, à faire participer la force de vente à leur élaboration, à en imprégner chaque vendeur tient à une préoccupation qui n'est pas tout à fait indispensable.

(1) Pour plus de détails on se reportera aux *10 Clefs de l'Efficacité du Délégué Commercial*, Les Editions d'Organisation, pages 76 à 87, Paris, 1984.

(2) Le processus en est décrit dans les *10 Clefs*, pages 37 à 51.

Naturellement nous ne partageons pas ce point de vue. Ce qui donne un sens à toute entreprise, qu'il s'agisse d'une croisière en mer ou de l'escalade d'un sommet en montagne, c'est le *but* à atteindre. C'est en fonction de cet objectif que seront étudiées et soupesées toutes les contraintes que l'on peut rencontrer, de façon à y adapter le déroulement des opérations.
Déjà Sénèque, le philosophe ibère du Ier siècle de notre ère, n'annonçait-il pas qu'« il n'y a pas de vent favorable pour qui ne connaît pas son port ».
Sans objectif, sans hiérarchie des objectifs, l'action ne peut pas atteindre sa pleine efficacité, parce que sa finalité n'est pas clairement établie.

LES OBJECTIFS DU DIRECTEUR DES VENTES : D'ABORD LE VOLUME DE MARGE

On est aujourd'hui de plus en plus conscient que la santé et l'avenir d'une entreprise ne se lisent pas sur l'importance de son chiffre d'affaires, mais sur des analyses plus fines, notamment celles qui font ressortir le VOLUME DE MARGE dégagé par les activités.
Les objectifs du Directeur des Ventes participent à cette évolution des esprits. On peut dire que pour tout responsable commercial le premier objectif sera de faire apporter par l'équipe de vente la masse de profits que l'entreprise attend d'elle.
Donc ni un chiffre d'affaires, ni même un pourcentage de marge : une marge en valeur absolue.
Il est entendu que la responsabilité de la constitution de la marge n'est pas dévolue aux seuls membres de la Direction Commerciale. Acheteurs, financiers, analystes de la valeur, bureau des méthodes, responsables de la production, y contribuent, parfois notablement.

OBJECTIFS QUANTITATIFS, OBJECTIFS QUALITATIFS

La ligne de partage entre objectifs quantitatifs et objectifs qualitatifs n'est pas toujours aisée à déterminer. Certains placent par exemple les objectifs de rentabilité dans le domaine qualitatif. Nous proposons de définir les objectifs quantitatifs comme ceux qui peuvent être chiffrés et les objectifs qualitatifs comme plus difficilement chiffrables (encore qu'on puisse les mesurer sur des échelles de valeur par des notes).
Voici donc quelques *objectifs quantitatifs* types :
- Atteindre un volume de profit.
- Améliorer les % de profitabilité sur chiffre d'affaires.
- Atteindre les objectifs :
  de chiffre d'affaires ;

de volume (notion de série économique ou de seuil de rentabilité de fabrication) ;
de tonnage (faire tourner l'usine, absorber les frais fixes) ;
de cibles-marchés (part de marché) ;
de nombre de prospects ;
de produits ;
de nouveaux produits ;
d'affaires ;
de chiffre d'affaires et de volume de marge par représentant ou agent ;
de maintien et/ou de développement de la clientèle ;
de développement de l'exportation.

Les *objectifs qualitatifs* sont multiples eux aussi. En voici quelques-uns :
• Image de la société ;
— par exemple, développer le contenu de société en mouvement, évolutive, préoccupée par la haute qualité de ses produits ;
— ou à l'inverse, effacer l'image de prix élevés, de promesses mal tenues, de « vieille dame », de lenteur, de lourdeur...
• Dynamiser le réseau commercial ;
• Développer des relations plus actives avec la clientèle ;
• Optimiser le service maximum (disponibilité des produits) et le stock minimum ;
• Meilleure présence et assistance à la clientèle ;
• Faire des collaborateurs de vente des gens *heureux* de travailler dans votre équipe.

OBJECTIFS A COURT TERME, OBJECTIFS A LONG TERME

« Qui trop embrasse, mal étreint. » Il en va de même en termes d'objectifs. Leur multiplicité entraîne à coup sûr leur inefficacité en raison de la dispersion des efforts.
Les objectifs sont en général étagés dans le temps, du court terme (par exemple rétablir la rentabilité) au moyen terme (parvenir à la croissance externe par des acquisitions de concurrents) jusqu'au long terme (devenir le numéro un européen ou mondial).

COMMENT S'ASSURER QUE LE VENDEUR AGIT CONFORMEMENT AUX OBJECTIFS QUI LUI ONT ETE ASSIGNES ?

Le Directeur des Ventes ne peut pas se contenter d'avoir conscience des objectifs à atteindre. C'est lui qui a pour responsabilité de transformer les objectifs en plan d'action commerciale suivi par la force de vente.

Plusieurs *indicateurs* permettent au Directeur des Ventes de situer l'état de marche et le niveau de performance de chacun des membres de l'équipe de vente :
1. — Connaissance des clients et de leur potentiel accessible ;
2. — Remontée des consultations ;
3. — Plan de visite ;
4. — Thème de visite ;
5. — Comment il défend nos propositions commerciales ;
6. — Résultats obtenus ;
7. — Triptyque montant/échéance/pronostic de résultat sur les affaires futures (ou sur référencements). SARC (voir ci-après page 177).

DES OBJECTIFS A L'ACTION COMMERCIALE

Une fois placé en présence des objectifs qui lui sont impartis pour l'année qui va débuter, comment le vendeur va-t-il s'y prendre pour obtenir le meilleur rendement de son action ?
Il a sa disposition :
— des *produits à vendre*, dont il connaît clairement la hiérarchie des valeurs (soit en production de marge, soit en intérêt stratégique pour l'entreprise) ainsi que la tactique à adopter pour favoriser sa vente (1),
— un *territoire de vente* sur lequel sont implantés les clients et les prospects.
Ces clients et ces prospects ont été classés par *forces* décroissantes, en fonction de leur chiffre d'affaires et du *potentiel accessible* (2), ainsi que de notes d'intérêt qui ont minoré ou bonifié l'importance de certains clients (3),
— un *temps disponible* restreint, sauf à travailler de façon excessive.
Nous avons souvent utilisé dans nos séminaires de formation la parabole de la mine d'or avec ses filons de teneur différente pour faire comprendre qu'à coût d'accès égal, ce sont les filons de plus forte teneur qui apportent le meilleur revenu.
Pour un vendeur le « coût d'accès » à l'exploitation de son territoire de vente, c'est le temps. Les filons, ou si l'on préfère, les apporteurs de marge, sont représentés par les produits de l'entreprise et par les clientèles. Les « méthodes d'exploitation » sont, dans le cas de la vente, l'organisation des circuits de visites, la méthode de vente et la méthode de prospection.

---

(1) Voir *Les 10 Clefs de l'Efficacité du Délégué Commercial* (Les Editions d'Oraganisation) pages 63 à 68 et *L'organisation dynamique des circuits de visites de la Clientèle* (Editions Pratique, Annecy, 1985), pages 11 et 12.

(2) Le potentiel accessible se définit comme la part que l'on envisage de conquérir dans le chiffre d'affaires d'un client ou d'un prospect, pendant un délai de un an à quelques années (en fonction de la rapidité des négociations). Voir *Les 10 Clefs*, page 33.

(3) *L'organisation dynamique des circuits de visites de la clientèle,* (Editions Pratique), pages 12 à 15, Annecy, 1985.

Le schéma général de l'action commerciale présenté en page suivante expose la synthèse de l'ensemble de la méthode de travail de la force de vente.

LES PRODUITS SONT UNE ARME STRATEGIQUE DE L'ENTREPRISE

C'est devenu une évidence de considérer le produit comme un élément de satisfaction d'une demande exprimée ou latente du client. Cette considération à laquelle ont fortement contribué les techniques du marketing ne doit pas faire oublier que les produits sont *aussi* une des armes stratégiques de l'entreprise.
Tel ensemble de produits est porteur de profitabilité pour l'entreprise. Tel autre permet de pénétrer ou de se maintenir chez un client, ce qui favorise l'implantation et le renouvellement d'autres produits de la gamme. D'autres produits, plus novateurs, ont vocation à prendre progressivement une part de marché grandissante. Il est donc essentiel que chaque membre de la force de vente ait une claire conscience de ce que représente chaque produit de la gamme qu'il doit vendre pour l'atteinte des objectifs de l'entreprise.
C'est dans cet esprit que nous recommandons que les statistiques de vente soient présentées, non pas en terme de chiffre d'affaires, mais en *unités de valeur*, c'est-à-dire en chiffre d'affaires *coefficienté* en fonction de la considération propre que lui accorde la direction de l'entreprise.
C'est également dans le même but que nous proposons dans le chapitre 8 sur la rémunération des commerciaux, qu'une part significative, de l'ordre du tiers de la rémunération, soit constituée par une commission fondée soit sur la marge, soit sur la valeur coefficientée des produits vendus, de façon à ce que les intérêts de l'entreprise et du vendeur soient étroitement liés, au bénéfice des deux parties.

LA GESTION DU PORTEFEUILLE DE CLIENTS

L'ensemble des clients actuels et potentiels constitue la véritable richesse, le « fonds de commerce » de l'entreprise.
Mais, ainsi qu'une mine d'or est composée de filons de teneur inégale, de même les clients qui composent le portefeuille des ressources financières de l'entreprise sont d'intérêt inégal pour elle.
L'appréciation de la qualité d'un client peut se mesurer dans un premier temps au chiffre d'affaires qu'il confie à son fournisseur. On sait qu'une telle appréciation est très insuffisante. Ne serait-ce que parce que le chiffre d'affaires réalisé est un état passé, au mieux présent, de sa relation avec l'entreprise.

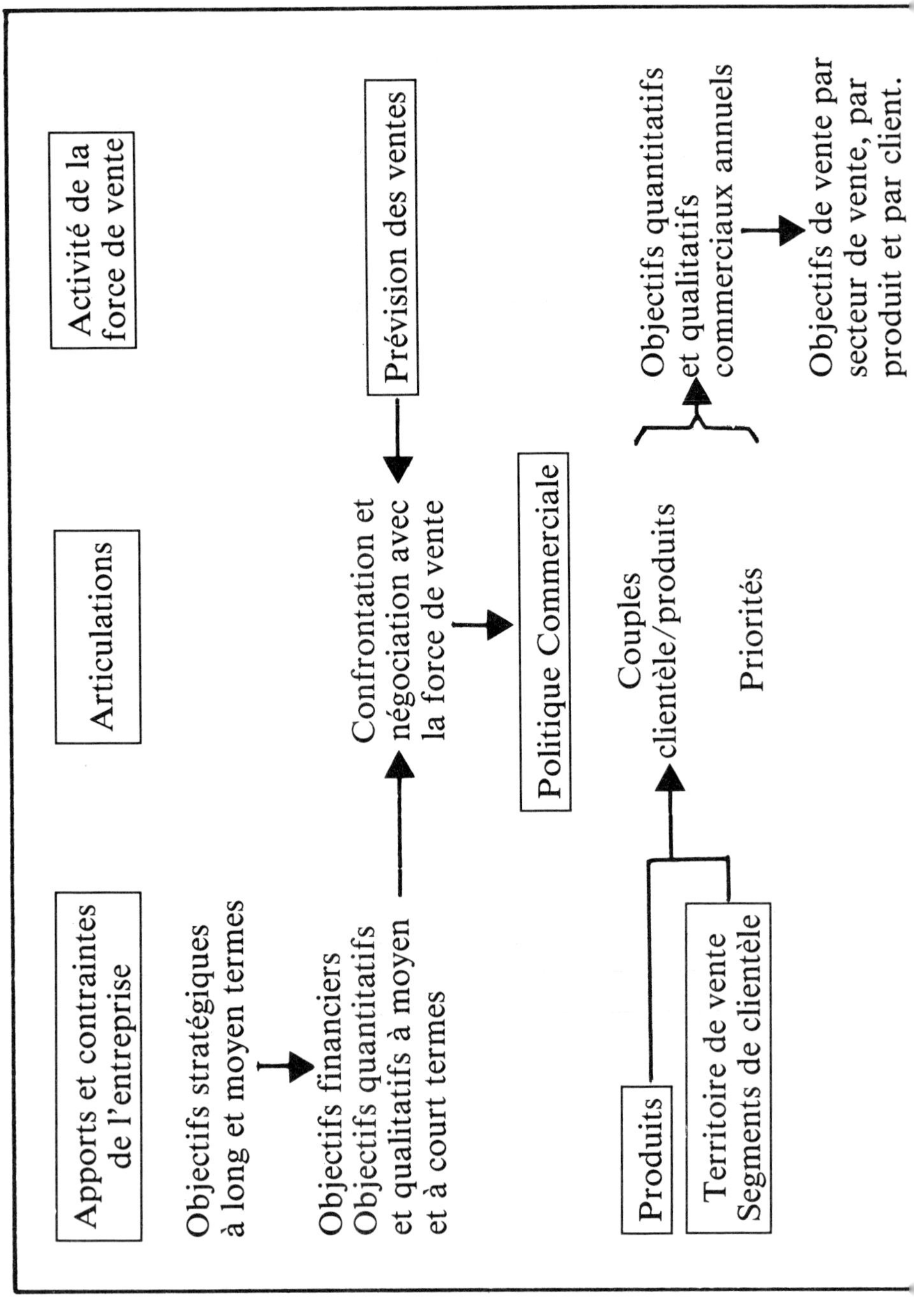

Tableau 5
Schéma général de l'action commerciale

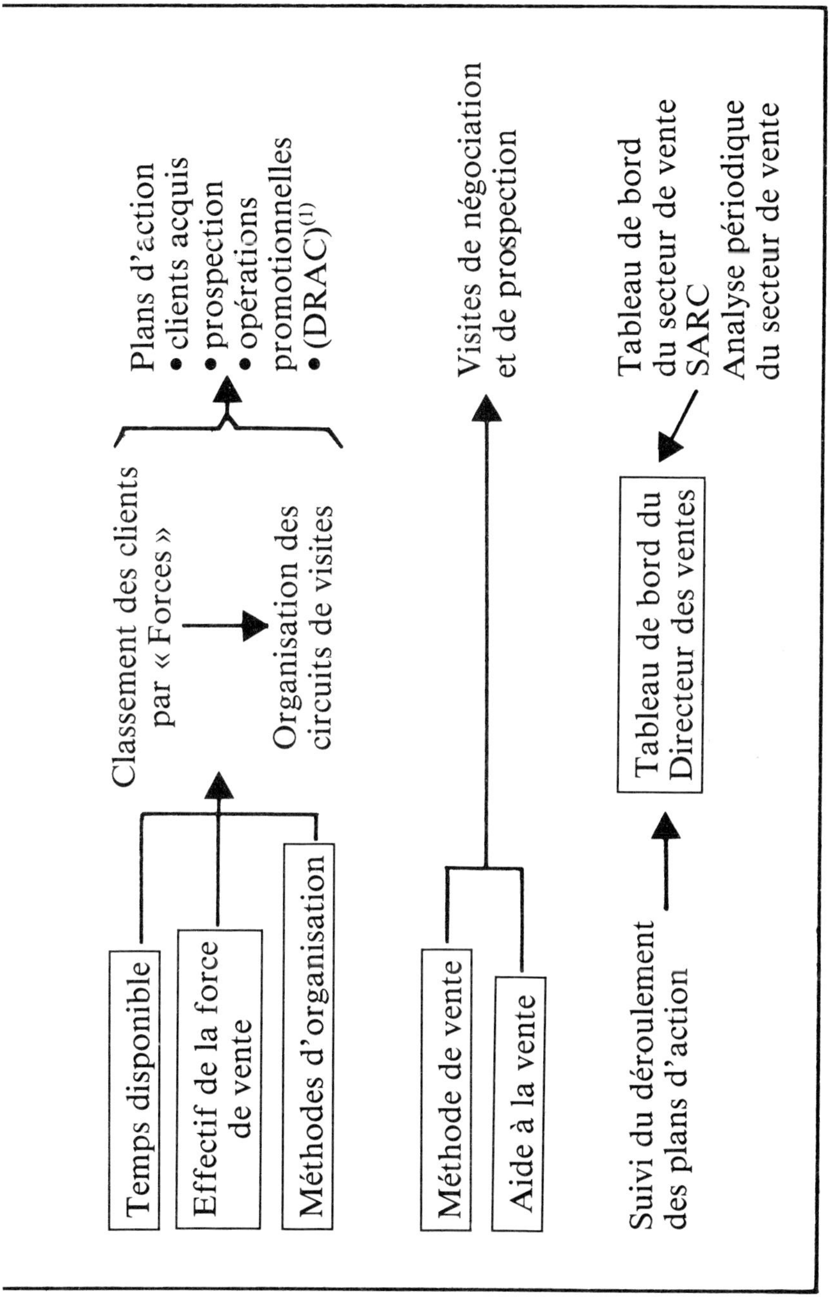

(1) Se référer au chapitre 9 (page 189 à 209) des *10 Clefs de l'Efficacité du délégué Commercial.*

Dans la mesure où la gestion de l'entreprise est projetée sur l'avenir immédiat, il est plus réaliste de mesurer le chiffre d'affaires qui sera réalisé l'année suivante ou mieux sur les deux ou trois années suivantes. Une telle estimation de la collaboration future permet de prendre en considération, non seulement les clients actuels qui resteront fidèles à leur fournisseur, mais aussi les prospects qui débuteront avec lui une nouvelle collaboration.

Ainsi prospects et clients sont mesurés ensemble en fonction de leur valeur future (1).

Toutefois le raisonnement sur la valeur de la clientèle s'est affiné en intégrant de nouvelles notions qui rendent caduque la seule considération du chiffre d'affaires, même si celui-ci est exprimé en valeur future.

Ce qui donne son intérêt à chaque client, c'est au fond ce en quoi il permet à l'entreprise de réaliser ses objectifs : objectifs de marge, objectifs de développement des produits d'avenir, aptitude à entraîner par son exemple d'autres clients, etc.

Aujourd'hui — et l'informatique permet de gérer très finement ces prises en compte — chaque client peut être évalué en fonction du *volume de marge* dégagée par le courant d'affaires, en fonction de son degré *d'acceptation des produits stratégiques* de l'entreprise, en fonction de son *leadership*, en fonction de sa *valeur potentielle* dans un avenir à moyen terme.

LE CLASSEMENT PAR « FORCES »

Ainsi, comme nous l'avons déjà vu, pour mieux comprendre le rôle des produits pour l'entreprise, aux classements par chiffre d'affaires, se substituent des classements par valeurs, obtenues par calculs, somme toute assez simples, ou par des jeux de coefficients.

Il peut se trouver que les classements par valeurs soient assez sensiblement différents du simple classement par chiffre d'affaires. Mais le classement par valeurs, qui intègre la valeur future du client, son poids en marge, son adhésion aux politiques de produits de l'entreprise, rapproche l'évaluation de la clientèle des orientations du marketing, et rend plus intelligible la structure de la clientèle.

Comme la pédagogie tient une place importante dans nos conseils aux entreprises, nous substituons en général à l'appellation classement par valeurs, l'expression « classement par FORCES », en nous inspirant des mesures maritimes de force du vent (échelle de Beaufort). Dès lors, un portefeuille de clients s'étage en groupes de clients, les plus importants en marge future, intérêt stratégique et image étant affectés

---

(1) La valeur future est la somme du chiffre d'affaires actuel et du « potentiel accessible », c'est-à-dire le supplément de chiffre d'affaires qui sera acquis au cours des 12 à 18 mois à venir.

au groupe de Force 5 ou 4, puis ensuite en décroissant, aux groupes de Force 3, 2 et 1. Les prospects, en fonction des estimations probables de valeur qu'ils acquerront selon les mêmes critères sont intégrés dans le groupe de Force auquel ils appartiendront si les anticipations sont réalisées par les vendeurs.

De ce classement par « Forces » découle un certain nombre de conséquences pratiques :

— mise en évidence pour chaque vendeur des clients essentiels, moyens ou secondaires ;

— facilitation de l'atteinte des objectifs quantitatifs et qualitatifs assignés à la force de vente ;

— utilisation de l'affectation des clients à un groupe de Force pour rythmer les visites (1) ;

— meilleure gestion du temps avec une productivité accrue à temps de travail égal.

---

(1) *L'Organisation optimale des Circuits de Visites et de Prospection de la Clientèle* par René Moulinier, Editions Pratique, Annecy, 1985.

Un exemple de calcul de la valeur commerciale (« FORCE ») d'un client

1. — *Chiffre d'affaires* de l'année en cours.

2. — (+/—) *Potentiel accessible*

Il est déterminé par la prise en considération des trois facteurs suivants :

• Collection des produits de l'entreprise par rapport à la stratégie d'assortiment du client et par rapport à sa clientèle.

• Position, chez ce client, des concurrents de l'entreprise ; points forts et points faibles des produits de l'entreprise par rapport à ceux des clients :

— qualité des relations du représentant,
— gammes de produits comparées (largeur, profondeur),
— livraisons, souplesse de réponse à une demande exceptionnelle,
— actions de communication et de promotion (selon les expériences passées).

• Expansion/régression de cette catégorie de produits chez ce client, en fonction de son dynamisme, de sa concurrence propre, de la conjoncture, des événements politiques et économiques, des facteurs climatiques.

3. — Coefficient de *valeur financière*

Les facteurs pris en compte seront :

• Marge brute dégagée chez ce client (en fonction des familles de produits qu'il achète).

• Régularité de règlement, risque financier (le point zéro étant évalué au niveau d'un règlement normal).

4. — Coefficient *de valeur tactique.*

La facteur considéré ici est la valeur d'entraînement de ce client auprès de ses confrères (aspects de « vitrine », de « locomotive », de *leadership*).

5. — Coefficient *de valeur stratégique*

Les indications des données d'appréciation sont fournies par la Direction du Marketing.

6. —On tempèrera éventuellement le résultat brut obtenu, en fonction des opinions recueillies auprès du client sur l'effet provoqué par l'augmentation envisagée de la part de marché de l'entreprise chez ce client (acceptation ou freinage de la perspective d'augmentation).

Le total sera exprimé en unités de valeur (« points-force »).

Tableau 6

Méthode de calcul de la valeur commerciale d'un client

LE TEMPS, PRODUIT RARE

Quand on analyse les activités d'un vendeur pendant une année, il est légitime d'être inquiet de la faible proportion du temps consacrée à ce qui est l'essentiel de son travail commercial, c'est-à-dire d'être face à son client — soit au cours d'une visite, soit au cours d'un entretien téléphonique — pour négocier.

On sait qu'une année de travail comporte environ 225 jours de travail, une fois défalqués les week-end, les congés légaux, les jours de fêtes et les jours dits de « pont ». A raison de 10 heures de travail par jour (dans les métiers de la vente on se tient souvent à l'écart de la semaine de 39 heures), cela représente un temps consacré aux activités de 2 250 heures par an. Les déplacements, (avec 700 à 1 000 heures dans l'année), les temps consacrés à l'administration, aux réunions, aux séminaires de formation, les attentes chez les clients ne laissent au mieux que 500 à 600 heures de négociation. Dans bien des cas, ce chiffre tombe au-dessous de 400 heures, soit moins de 20% du temps total. Or que ces 400 à 600 heures soient consacrées à des petits clients sans grande perspective ou à des clients importants, le coût de revient de l'heure de négociation est le même. Dans le premier cas, on peut affirmer que le résultat de la visite ne rembourse pas son coût, dans le second cas, la profitabilité est évidente. (Nous présentons, page suivante une méthode de calcul du coût d'une visite).

C'est donc vers les clients et les prospects de Force 4 ou 3 — à la rigueur de Force 2 — que le vendeur sera invité à orienter ses activités, son énergie et son temps.

L'ORGANISATION DES CIRCUITS DE VISITES DE LA CLIENTELE

Rien ne servirait de parvenir à la conclusion du paragraphe précédent, si le vendeur n'avait pas à sa disposition une méthode qui lui permette, sur le terrain, de conformer son action aux principes d'efficacité. C'est le but de l'organisation des circuits de visites.

Nous renvoyons à l'ouvrage que nous avons écrit sur ce sujet pour ce qui concerne la multiplicité des détails à prendre en considération pour cette organisation (1) et dont nous avons résumé les étapes de la démarche sur le tableau de la page suivante. Un aspect mérite d'être souligné, parce qu'il est le plus difficile à faire admettre par les représentants : le programme de visites, fondé sur la réflexion portant sur le portefeuille de clients et de prospects et qui se traduit par le regroupement des clients par « Forces », a valeur *supérieure*, aux intiatives prises sur le terrain.

Ce propos ne se veut nullement technocratique, mais repose sur la recherche de maximisation des résultats commerciaux.

---

(1) *L'Organisation optimale des Circuits de Visites et de Prospection* (Editions Pratique, Annecy).

METHODE DE CALCUL DU COUT D'UNE VISITE
a) Directeur Commercial, Chefs de Ventes (1)
• Salaires totaux
• Charges sociales
Total brut
Quote-part du temps consacré aux tâches de direction
et d'animation (%) soit
Total net à répartir et à diviser par le nombre de vendeurs
b) Secrétariat Commercial, Administration de ventes (2)
Total à répartir et à diviser par le nombre de vendeurs
c) Représentant
• Salaire total
• Charges sociales
• Frais de déplacement, d'hôtel et de repas
Total
d) Frais divers de fonctionnement (3)
e) Total général
f) Potentiel total de visites des représentants
g) Coût moyen d'une visite e/f

---

(1) Estimer leur salaire brut annuel à défaut de le connaître. Les charges sociales peuvent être évaluées à 40%.

(2) Estimer leur salaire brut annuel à défaut de le connaître. Les charges sociales peuvent être évaluées à 55%.

(3) Il faut compter environ 25% du montant du salaire du représentant (quote-part de loyer du service commercial, frais commerciaux divers du siège, etc.).

Tableau 7
Méthode de calcul du coût d'une visite

METHODE D'ORGANISATION DES CIRCUITS DE VISITES
1. — Classement des clients par valeur commerciale décroissante. La valeur commerciale résulte de l'addition du chiffre d'affaires actuel et du potentiel accessible.
Eventuellement des coefficients de majoration accordés en fonction des qualités de *leadership* du client ou de minoration, en raison d'aspects défavorables, viendront corriger le résultat brut obtenu.
2. — En fonction du potentiel annuel de visites du vendeur, détermination des groupes de clients par « Forces ». Prévoir 4 à 5 groupes de Force au maximum.
3. — Attribution d'une fréquence annuelle de visites à accorder pour chaque client, en fonction de son appartenance à un groupe de Force (4, 3, 2 ou 1).
Ce travail s'effectue sur un tableau d'ajustement entre ce qui est souhaitable et ce qui est possible, de façon à s'ajuster au potentiel annuel de visites.
4. — Attribution d'un pictogramme et d'une couleur par Force. Les clients et les prospects sont repérés sur la carte du secteur de vente par le pictogramme et la couleur.
5. — Découpage du secteur de vente, en sous-secteurs, en fonction des poids commerciaux et des différentes zones du secteur, en fonction des cycles de visites et en fonction du temps disponible, de manière à équilibrer le temps de travail requis par les visites dans chaque sous-secteur.
Ce travail s'effectue à la fois sur la carte du secteur de vente et sur un tableau de répartition par semaine des visites aux clients et aux prospects.
6. — Choix de l'ordre des visites des sous-secteurs en vertu du principe des « ailes de moulin inversées », de façon à pouvoir couvrir les visites d'urgence ou de négociation d'affaires « chaudes ».
7. — Tracé des circuits de visites en tenant compte des facilités et des difficultés de passage.
8. — Envoi du programme de visites prévues pour la semaine et pour les deux ou trois semaines suivantes à la Direction des Ventes.

Tableau 8
Résumé de l'organisation des circuits de visites

Cela signifie en pratique que le vendeur doit avoir en permanence conscience, avant de se rendre chez un client — ou un prospect à partir de la seconde visite (prospect *travaillé*) — de l'intérêt que ce client présente *pour l'atteinte de ses objectifs*. Que ce client soit « au bord de la route et ne coûte rien à aborder parce qu'on passait par là », ou qu'il soit « particulièrement amical et sympathique » ne change rien à l'af-

faire. La réflexion doit précéder l'action pour la rendre véritablement efficace.
Les méthodes de vente et de prospection ainsi que les aides à la vente font l'objet du chapitre 12. C'est à présent la mesure de l'efficacité de la force de vente que va requérir notre attention.

DECENTRALISER LA MESURE DE L'EFFICACITE DE LA FORCE DE VENTE ?

Si nous préconisons la décentralisation des décisions, autant que faire se peut jusqu'au niveau des vendeurs, il en ira de même de l'analyse de son efficacité.
Nous souhaitons en effet que l'on parvienne au sein des forces de vente, dès lors qu'elles sont principalement constituées de délégués commerciaux ayant sept à dix ans de métier, donc considérés comme majeurs, au principe qui veut que le vendeur doit être à même d'apprécier, selon les points de repères qui auront été institués entre lui et son Directeur des Ventes, sur quels points il est au niveau requis, sur lesquels il est en avance et sur lesquels il a pris du retard. Toujours dans cette ligne de pensée, le vendeur procède lui-même à l'analyse de ce qu'il a obtenu, *avant* d'en remonter les résultats vers le Directeur des Ventes. Ceci suppose que les supports dont il dispose — fiche ou dossier de client et comptes rendus d'activités — soient conçus conformément à ce principe. C'est dans le même but que nous faisons état du Système d'Anticipation des Résultats Commerciaux (SARC) et de l'analyse périodique du secteur de vente.
Quand nous préconisons la décentralisation vers le vendeur d'une partie de tâches de préparation, de conduite et de mesure des résultats de son action commerciale, nous entendons avec une belle régularité l'objection suivante : — « En sont-ils capables ? »
A laquelle invariablement nous rétorquons :
— « L'avez-vous essayé ? »
Certes, certains tâcherons de la vente, parce que leurs aptitudes n'ont pas été évaluées lors de leur recrutement ou parce que rien n'a été fait dans l'entreprise pour les former, ne parviendront pas à ce niveau de qualification et il faudra bien continuer à faire ce travail à leur place.
Notre but, en rédigeant cet ouvrage, n'est pas de nous aligner sur le degré le plus faible de qualification des vendeurs, mais sur celui que l'on peut considérer comme la norme indispensable en cette fin de XXe siècle.

L'ANALYSE DES RESULTATS

Si nous nous référons aux observations effectuées au début de nos interventions en entreprises, les instruments dont dispose un vendeur pour suivre ses clients et ses activités semblent inspirés davantage par un esprit administratif que par un esprit opérationnel.

Par exemple, en ce qui concerne la fiche du client, on est très précis sur son identification (dénomination, forme juridique, code APE, référence bancaires, etc. — qui sont certes des informations indispensables) et on ne laisse au mieux qu'un espace réservé aux observations pour enregistrer des données importantes pour la négociation (problème mal résolu, attitudes fondamentales du ou des interlocuteurs face aux fournisseurs ou à votre entreprise, objectif de visite, résultat obtenu par rapport aux intentions de départ, etc.).

Le traitement informatique, qui pourtant facilite une prise en charge d'un nombre d'informations bien plus considérable, n'a guère modifié cet état de la question. Or précisément, si les instruments mis à la disposition d'un vendeur ne sont pas conçus pour guider et éclairer la préparation et le suivi de l'action, il ne faut pas s'étonner que cette défaillance ait des répercussions sur l'efficacité attendue de l'intéressé.

En tout état de cause, il nous paraît indispensable d'instituer des habitudes au sein de la force de vente, donc voici quel pourrait être le schéma :

1. — Chaque lundi matin ou vendredi après-midi, mise en regard des résultats cumulés à ce jour depuis le début de l'année et des objectifs annuels rapportés à cette période de temps. Mise en évidence corrélative des écarts cumulés en chiffre d'affaires, en marge (s'ils sont disponibles, ce que permet tout programme informatique), par produits significatifs et par clients significatifs. De cet examen découlent les décisions à prendre : accents à placer chez quels clients, sur quels produits, pour la période à venir. Ces décisions préparées par le vendeur seront discutées — si nécessaire — avec son Directeur des Ventes.

Après l'examen panoramique des résultats globaux du secteur de vente, le délégué commercial consulte les dossiers des clients figurant sur le programme de visites. Pour chaque client il fait le point sur la situation du client, sur les objectifs à atteindre (qui ont été pour la plupart notés après la visite précédente), sur les promesses effectuées par le client et qu'il conviendra de transformer en résultats et sur la tactique d'entretien. Tout ceci allègera d'autant l'examen du dossier du client juste avant la visite.

2. — La préparation et l'exploitation de la visite sont traitées dans notre chapitre 12.

3. — Chaque mois, ou chaque bimestre ou trimestre, un examen plus complet de la situation du secteur sera effectué, portant sur le chiffre d'affaires réalisé pour le mois ou les deux ou quatre mois écoulés, sur les écarts par rapport aux objectifs. On reprendra la mise en évidence des écarts sur les produits significatifs et les clients significatifs. Sera engagée corrélativement une réflexion sur l'origine des écarts et sur les produits qui n'auraient pas été commandés par certains clients, lesquels et pourquoi.

4. — *L'analyse de secteur*, dont un schéma est présenté page suivante se fonde sur les résultats de cette dernière analyse si elle est effectuée

trimestriellement ou sur le cumul des analyses mensuelles précédentes. Lors de l'analyse de secteur, il est fait état des opinions dignes d'être relevées, entendues en clientèle et qui figurent normalement dans les dossiers des clients.
A l'intention du lecteur qui pourrait estimer que ces études et analyses prennent du temps, nous indiquerons que, selon les observations que nous avons faites, le travail du lundi matin demande environ deux heures et l'analyse mensuelle ou trimestrielles, y compris l'analyse de secteur ne nécessite pas plus de trois heures. C'est peu si l'on considère combien l'on incite le collaborateur de vente à entrer véritablement en intelligence avec son secteur géographique et son action. Il faut dire que les schémas d'analyse fournis aux vendeurs et tels qu'ils figurent dans cet ouvrage facilitent le travail du vendeur, en augmentent la qualité et la pertinence et lui font gagner du temps.

L'analyse du secteur de vente
• Elle est établie pour son territoire par chaque vendeur, VRP et Agent.
• C'est une *synthèse périodique* relatant :
— les faits,
— les opinions recueillies.
• Elle s'achève sur les *intentions d'actions* proposées par l'intéressé à la Direction des Ventes.
• 2 buts :
— Information montante ;
— Pédagogie (pour le commercial, prendre du recul sur ses activités et ses résultats).
• Périodicité : semestrielle.
Contenu de l'analyse de secteur.
• *Cibles principalement travaillées*
Clients
Prospects
Objectifs/Résultats/Ecarts.
• *Affaires/Clients*
— gagnées pourquoi ? Prix, qualité, service, image, etc. ?
— perdues pourquoi ? « « « « «
— état des gros dossiers en cours
(montant, échéance, pronostic de résultat).
• *Impressions sur les tendances du marché*
— Prix
— Concurrence
— Conjoncture
• *Principales opinions recueillies*
— Positives
— Négatives
• *Recommandations à la Direction de l'Entreprise*
— sur le plan technique,
— sur le plan administratif ;
— sur le plan commercial.
• *« Mon plan d'action personnel, compte tenu de la situation. »*

Tableau 9
Plan type d'une analyse périodique du secteur de vente

LE SYSTEME D'ANTICIPATION DES RESULTATS COMMERCIAUX (SARC)

Il y a dans tout Directeur des Ventes digne de ce nom un gestionnaire soucieux d'atteindre les objectifs de chiffre d'affaires et de volume de marge qui lui ont été assignés. Cependant cette préoccupation soulève

une question : faut-il attendre la fin de l'année pour annoncer à la Direction Financière ou à la Direction Générale que les résultats seront conformes ou non aux objectifs ? Il est alors important de disposer d'un système d'information qui permette de prédire, avec une bonne certitude et *à l'avance*, l'évolution prévisible des ventes et donc des résultats financiers.
Le système d'anticipation des résultats commerciaux (SARC), que nous avons expérimenté auprès d'une dizaine d'entreprises, répond à ce souci.

DOMAINE D'APPLICATION DU SARC

Dans les ventes de services et de biens d'équipement, dès lors que les enjeux sont d'un montant appréciable ou élevé, la décision n'est prise qu'après une suite de rencontres, souvent d'ailleurs avec des interlocuteurs différents. Il en va de même en vente de produits de consommation, chaque fois qu'une prévision et une programmation des achats sont envisagées avec les clients 20x80. On peut donc réduire ces différentes situations à une négociation de contrat. Or si l'on attend la commande effective pour situer — au besoin en prolongeant la courbe, ce qui est hasardeux — la probabilité de réaliser l'objectif de vente annuel, on ne dispose que d'une information sur ce qui est acquis et on néglige ce qui est en cours.
Mais, objectera-t-on, ce qui est en cours de négociation ne se traduira pas toujours par une commande. « Il ne faut pas vendre la peau de l'ours avant de l'avoir tué. » Bien entendu, il ne s'agit pas de tenir comme certain ce qui n'est encore que *projet*. Mais *la plus ou moins grande probabilité d'un aboutissement favorable peut être évaluée conjointement par le client et par le chargé de négociation,* qu'il ait affaire à un ou à plusieurs interlocuteurs. Ainsi donc, le Directeur des Ventes peut disposer sur son *tableau de bord* :
— de l'information relative au chiffre d'affaires acquis (les commandes enregistrées : montant et dates certains) ;
— des promesses de chiffre d'affaires, assorties d'une évaluation sur la probabilité d'aboutir et sur l'échéance de l'accord.

FONCTIONNEMENT DU SARC

Après chaque entrerien avec un client 20x80 (produits de grande consommation) ou au sujet d'une négociation d'affaires (biens d'équipement, usine, bâtiment, services), le vendeur doit pouvoir définir :
— le *montant* financier envisagé,
— *l'échéance* de l'accord (ou du début de l'exécution du contrat),
— un *pronostic* de résultat.

Ce pronostic de résultat est déterminé rudimentairement selon quatre taux : 20%, 40%, 60%, 80%.
20% correspond à une faible probabilité d'accord, en fonction de la perception des positions de la concurrence et des réactions des personnes rencontrées.
40% correspond à une probabilité moyenne d'accord, mais ici encore nos atouts ne sont pas les meilleurs.
60% indique une assez bonne position de notre projet de collaboration, mais que nous avons affaire à une forte partie.
80% signale une position très favorable, ce qui n'exclut pas la vigilance tant que l'accord n'est pas signé.
On observe que nous n'avons pas retenu une position à 50%, tout simplement parce que notre expérience des réactions des commerciaux nous montre que si on leur offre cette possibilité de choix, la plupart, désireux de ne pas pousser l'analyse, se ralliera à ce taux moyen (— « une chance sur deux d'aboutir ») ; l'information perd alors sa signification.
Sans doute, quatre taux d'évaluation pour déterminer le pronostic de résultat, est-ce peu rudimentaire... mais l'expérience montre qu'il n'est pas nécessaire de disposer d'un spectre plus développé d'appréciations : deux défavorables et deux favorables cela permet de situer grossièrement la position instantanée de *chaque* négociation en cours, pourvu qu'elle ait un peu d'importance.
Nous avons également éliminé les taux zéro et 100%. Zéro indique que l'accord a été conclu avec un concurrent et que ce client est — au moins momentanément — perdu pour nous. 100% indique que nous avaons reçu la commande ; donc, cette affaire est passée du stade aléatoire au stade de la certitude.

Un exemple montre comment fonctionne le SARC.
Le Centre Hospitalier Universitaire de B... envisage l'acquisition d'un anayseur biochimique automatique, avec un certain nombre de périphériques informatiques. Lors des premiers entretiens avec le professeur N... et le Directeur des Services Economiques, un premier contour du dispositif a été évalué à 1 300 000 F. La commande est envisagée pour octobre de l'année suivante. Nous envisageons la possibilité d'accord à 60%.
Lors des visites suivantes, confrontés à une proposition concurrente, nous sommes amenés à réduire l'ensemble du dispositif de 200 000 F. L'échéance de la commande semble devoir se rapprocher d'un mois. Nous estimons que nos chances se sont améliorées et nous les fixons au taux de 80%.
Au début de l'année suivante, le Directeur des Services Economiques nous demande de réduire le montant de notre proposition, sans modifier le dernier dispositif arrêté. Nous comprenons qu'il a en main une proposition d'un concurrent japonais.

L'échéance reste identique. Nous pensons que nos chances ont chuté à 40%.
Quelques semaines après, grâce à l'appui du Professeur N..., le matériel japonais semble devoir être exclu de la compétition. Nous estimons que nos chances sont remontées à 80% en accordant une légère réduction de notre prix.
La commande est reçue dix jours après.
Sur son tableau de bord, le Directeur des Ventes inscrira successivement, selon les indications de son délégué commercial :

Affaires en cours	*Prévisions de commandes en 10^3 F.*											
	J	F	M	A	M	J	J	A	S	O	N	D
C.H.U. de B.												
1re visite										~~780~~		
2e visite									~~880~~			
3e visite									~~440~~			
4e visite									~~840~~			
Commande reçue									1 050			

Les systèmes « Traceurs » en informatique permettent de visualiser commodément l'ensemble des informations reçues.

CRITIQUES DU SARC ET REPONSES

Bien entendu, l'information prévisionnelle est particulièrement instable si l'on gère ainsi une seule affaire. La loi des grands nombres permet de stabiliser les informations apportées par le SARC. Nous reconnaissons que le SARC nécessite un délai d'expérience qui est de l'ordre de deux ans, avant qu'il n'entre dans sa phase de maturité. Le risque d'erreur n'est pas éliminé par le SARC ; mais à tout prendre, nous préférons une pendule qui retarde d'un quart d'heure par jour à l'absence de pendule, pour avoir une idée suffisamment précise de l'heure. Il en va de même pour ce système de prévision de commandes.
Il est également observé que les psychologies individuelles influent sur les taux annoncés. L'optimiste tendra à surévaluer et il faudra minorer ses estimations. Le pessimiste ou le prudent, dans le doute, auront tendance à choisir des taux moins favorables et il faudra en tenir compte.
Nous rappelons qu'un tel système est limité aux clients prospects et affaires moyens et importants. Inutile de s'encombrer de prévision de vente sur les toutes petites affaires.

PEDAGOGIE DU SARC

Ce système de gestion prévisionnelle chiffrée des commandes présente de multiples intérêts :
1. — Anticipation par le Directeur des Ventes des décalages indésirables, soit sur un plan global, soit auprès de certains comptes clés, ce qui permet de déclencher à temps des actions de correction. La seule gestion des commandes acquises fait constater les écarts avec un bien plus grand retard. La réaction sera alors bien plus tardive et peut même intervenir trop tard pour rétablir la trajectoire.
2. — Pour la force de vente, le SARC — même si, lors de sa mise en place il est perçu comme une contrainte — par la rigueur qu'il exige des commerciaux, leur permet de mieux réussir :
— parce que le vendeur devra explorer de façon plus approfondie les interventions réelles de chacun de ses interlocuteurs à l'égard de la proposition effectuée (il ne peut plus rester à la surface des choses).
— parce que le vendeur, en fonction des indications fournies par son client, doit développer son raisonnement, ce qui enrichit sa tactique de vente et donc son savoir-faire.
— parce que les situations de blocage sont mises en évidence plus rapidement, ce qui permet de déclencher immédiatement (quand il est encore temps) l'intervention d'appui du Directeur des Ventes, soit sur sollicitation du vendeur, soit sur proposition du Directeur des Ventes (— « Avec un tel montant, mais seulement 40% de chance d'aboutir, que puis-je faire pour vous aider ? »).
3. — Dernier avantage, non négligeable : le temps et l'énergie des deviseurs (services, biens d'équipements) seront concentrés sur ce qui est le plus prometteur (montant moyen et forte probabilité, montant important même si résultat aléatoire). Combien de demandes de devis ne camouflent-elles pas un semblant d'activité des commerciaux ?

10

L'INFORMATIQUE CHANGE LA VENTE

□ Informatisation de la prise de commande □ Organisation informatique de l'efficacité du vendeur □ Les jeux de formation informatique.

Lorsque, à la fin de la décennie soixante-dix, nous évoquions face à un groupe de commerciaux quelles perspectives l'informatique ouvrait pour leur métier, passé le moment d'intérêt porté à cette information, une partie du groupe manifestait son inquiétude (« l'informatique va supprimer nos emplois ! »), certains commerciaux essayant même d'arrêter l'évolution annoncée (« Monsieur, il ne faut pas propager ce genre d'informations ; vous nuisez à notre profession ! »).
Dix ans après, les applications de l'informatique à la gestion des activités commerciales, sans être devenues monnaie courante, sont suffisamment répandues pour qu'on puisse les recenser et faire le point à leur sujet.
Trois principaux champs d'application se dessinent :
• l'informatique comme support de prise de commande et de son traitement jusqu'à la facturation ;
• l'informatique comme cadre de la rationalisation des activités du vendeur itinérant, pour en augmenter l'efficacité ;
• l'informatique comme miroir dans le cadre de jeux de formation.

INFORMATISATION DE LA PRISE DE COMMANDE

Deux systèmes permettent d'enregistrer la commande d'un client.
— L'un consiste à doter chaque commercial d'un terminal portable qu'il emporte chez le client.
— L'autre consiste à utiliser le réseau Télétel.
Dans le premier cas (1), le terminal portable est utilisé comme l'ancienne liasse de bons de commande à laquelle il se substitue. Selon leur dextérité, les vendeurs soit composent directement la commande sur le clavier de l'appareil et remettent au client un double du bon imprimé par le terminal, soit recopient le bon de commande une fois installés tranquillement chez eux ou dans la voiture (ce dernier procédé étant une survivance tolérée du passé). Les commandes sont transmises ensuite par le réseau téléphonique à l'entreprise.
Dans le second cas (2), le client ou un commercial sédentaire prend l'initiative d'appeler son correspondant par Minitel. Grâce à son écran, le Minitel permet de faire apparaître visuellement les indications souhaitées : référence de l'article, prix unitaire et par quantités selon le classement tarifaire du client, stock disponible, éventuellement délai de livraison, etc.
L'informatique, bien entendu, une fois l'accord obtenu entre le client et le vendeur, prend en charge la gestion de la commande (préparation, bon de livraison, ordre de transport, facturation, relances éventuelles du règlement). La rapidité des transmissions et le moindre risque d'erreur sont deux des bénéfices évidents de ces systèmes.

(1) Expériences de Wrangler aux Etats-Unis et de Stalaven en France.
(2) Expérience de Sanelec, en France.

Du point de vue du vendeur, les réactions sont diverses. On assiste successivement à une certaine réticence de la majorité de l'équipe de vente, puis celle-ci apprécie les avantages qu'elle découvre à l'usage. Si le terminal portable ne dépouille pas le vendeur de ce qu'il considère comme une preuve de son efficacité (la commande prise par lui), cet appareil est critiqué en raison du changement important d'habitudes qu'il provoque : il est plus voyant que la liasse de bons de commandes et le temps d'inscription de la commande est plus important que lorsqu'on la note à la volée sur un petit calepin.
La commande par Minitel diminue fortement la nécessité des déplacements des vendeurs. Or la « route » et la « prise de commande » font partie des attributs mythiques des commerciaux itinérants. Devenus plus sédentaires, sachant que les clients sont encouragés par l'entreprise à s'adresser à elle par ce moyen de communication, les vendeurs redoutent fortement ce changement dans leur pratique professionnelle et craignent que, plus libre, leur clientèle devienne plus infidèle.
Après quelques mois d'expérience, la plupart des vendeurs apprécient les nouveaux bénéfices qu'ils retirent de l'informatisation de leur activité ;
— information constamment tenue à jour des prix et des marchandises (la vieille querelle des commissions retenues sur les articles non livrés pour cause de rupture de stock s'estompe ; les vendeurs sont payés pour leurs efforts) ;
— possibilité de mise en évidence quotidiennement des performances par rapport aux objectifs, avec des analyses fines par client et par produit (cet aspect sera examiné ci-après) ;
— pour ceux qui partagent leur temps en contacts sédentaires avec la clientèle par l'intermédiaire d'un Minitel et en déplacements, développement d'un travail commercial en profondeur qui n'est plus « gêné » par la prise de commande : le commercial peut alors prendre toute sa dimension de conseil de ses clients, pour renforcer les liens des clients avec l'entreprise.

ORGANISATION INFORMATIQUE DE L'EFFICACITE DU VENDEUR

L'idée de confier à l'informatique le soin de guider le vendeur pour optimiser ses activités (gestion du portefeuille de clients, gestion des circuits de visites, gestion de son temps, etc. (1) est en soi séduisante. De multiples tentatives existent qui se sont traduites par des logiciels probablement bien conçus. Mais entre les descriptions enthousiastes des promoteurs et ce que ressentent les commerciaux « encadrés » par

(1) La méthode exposée dans *Les 10 Clefs de l'Efficacité du Délégué Commercial* est une bonne base de départ pour la conception de logiciels.

les programmes informatiques, il existe un décalage, parfois important.
On analysera la différence des sentiments en soulignant que le vendeur n'est pas un automate programmable. Et précisément, l'aspect extrêmement rigoureux du logiciel tend à provoquer, selon les individus des réactions aussi néfastes l'une que l'autre :
— soit de refus (— « j'existe, et une de mes qualités essentielles est précisément mon aptitude à apprécier la situation sur le terrain et à réagir rapidement en conséquence... négocier n'est pas une affaire de robot... je ne peux donc pas être considéré comme un pion sur un échiquier pour mon organisation mais quelqu'un qui doit se montrer responsable et autonome en présence d'un client... »)
— soit de renoncement (— « bon ; puisque la machine a tout prévu, laissons-nous piloter par elle... si ça ne va pas bien, ce sera la faute de l'informatique ; pas la mienne... c'est confortable de n'avoir plus à réfléchir... mais à certains moments on finit par s'endormir... »).
Faut-il redire ici que ces tentatives, pour louables qu'elles soient, ne peuvent pas faire l'économie d'une profonde concertation avec les intéressés. Ce qui exclut les programmes standards et ce qui alourdit les coûts de conception d'une organisation reposant sur l'informatique.

LES JEUX DE FORMATION INFORMATIQUE

Ici, encore, on peut souhaiter une certaine industrialisation de la formation. A nous donc la conception de jeux permettant à chaque vendeur de se tester individuellement en présence de situations auxquelles il doit apporter sa réponse et la comparer à la réponse programmée.
On observera que les pilotes de rallye ne s'entraînent pas devant des machines à sous. Il en va de même du vendeur qui, pendant encore longtemps aura besoin d'un message de formation conçu pour son niveau et pour les types de négociation auxquels il est confronté, en même temps que d'un entraînement sur le terrain avec son Chef des Ventes sur le terrain.
Qu'on ne conclue pas de ce qui précède que nous sommes attachés à des pratiques ancestrales parce que nous mettons en garde les zélateurs ardents contre leurs excès. L'informatique a son rôle à jouer *auprès* du vendeur. Qu'on n'en fasse pas un instrument qui conduirait à casser ou altérer les qualités que l'on attend de lui.

11

LES METHODES DE VENTE, DE NEGOCIATION ET DE PROSPECTION

□ Les méthodes, pour quoi faire ? □ Qu'est-ce que la méthode ? □ Les méthodes améliorent la communication entre le Directeur des Ventes et les vendeurs □ Les méthodes développent les capacités individuelles □ Les traits particuliers de la méthode de vente □ La stratégie de négociation auprès de structures complexes □ La prospection commerciale : apprendre à faire pour donner envie de faire □ La préparation des visites □ L'exploitation des visites □ Les méthodes alourdissent-elles l'action des vendeurs ?

LES METHODES, POUR QUOI FAIRE ?

Une idée reçue semble solidement ancrée dans l'esprit public qui est que l'« on naît vendeur » et que « la vente ne s'apprend pas ». D'autres, moins nombreux, affirment que « les méthodes de vente sont faites pour les gens de faible qualité » et qu'« elles n'intéressent pas ceux qui sont nés vendeurs ».

Sans considérer les cinq mille vendeurs qui ont suivi un ou plusieurs de nos stages de vente et de méthodes commerciales comme un échantillon représentatif de la population des commerciaux, nous affirmons que ceux qui étaient très doués naturellement pour la vente — selon notre conception de celle-ci — n'excèdent pas une vingtaine de personnes. Vingt sur cinq mille !

C'est qu'il règne un profond malentendu dans l'opinion publique au sujet des vendeurs. Qu'un personnage ait du bagoût, une certaine faconde et l'on a vite fait de lui trouver des talents de vendeur. On sait aujourd'hui que l'aisance d'expression, si elle est un atout précieux, ne permet pas de dire de l'individu qui en bénéficie qu'il saura faire s'exprimer son interlocuteur, l'écouter, adapter sa proposition pour coïncider à ce que recherche son vis-à-vis et donc vendre.

Plus même, la facilité de parole est souvent un handicap pour l'écoute. On pourrait presque en conclure que savoir parler ne signifie pas savoir vendre.

Naît-on vendeur ? Cette question n'a pas plus de sens que celles qui consisteraient à se demander si l'on naît chercheur, médecin ou artisan. Le choix d'un métier et le bonheur que l'on trouve à l'exercer viennent sans doute de la rencontre, parfois favorisée, parfois fortuite, d'un tempérament et de l'exercice d'un métier.

En définitive, nous ne pensons pas que les métiers de la vente soient réservés à des personnes prédestinées, mais au contraire, qu'ils sont ouverts à une part importante de la population. En effet, qu'attend-on d'un vendeur ? Qu'il éblouisse le client par son argumentation ? Mais non. La vente ne se réduit pas à cela.

Les qualités essentielles d'un vendeur ont pour noms : écoute, compréhension, attachement à résoudre avec ses produits les problèmes mal résolus du client, esprit de service, régularité, fiabilité. Toutes qualités qui dépassent la seule argumentation.

Ce qui revient à écrire que nombreux sont ceux qui pourraient être des vendeurs appréciés de leurs clients, qui ne le savent pas et qui se morfondent dans un métier plus ou moins attrayant.

Et c'est précisément à cette multitude de personnes, qui ne sont pas des « vendeurs-nés » mais qui se sont intéressées à l'un des métiers de la vente, que les méthodes de vente et d'organisation vont donner la possibilité de devenir de bons, voire d'excellents professionnels. En effet, contrairement à une autre idée répandue qui prétend que la vente est un métier destiné à ceux qui n'ont pas été capables de faire autre chose

dans la vie, il faut, pour être un bon vendeur, des qualités d'organisation et de comportement que précisément les formateurs ont pour mission de révéler et de développer. Nous pourrions presque affirmer qu'en prenant un jeune salarié à l'esprit ouvert, aimant rencontrer d'autres personnes, attaché à apprendre et à perfectionner sa pratique, nous sommes capables d'en faire un de ces vendeurs solides et réguliers dont ont besoin les entreprises.
Le formateur n'est pas un magicien. S'il doit avoir quelques qualités personnelles pour communiquer avec ses semblables, s'il doit avoir la passion d'expliquer et aussi la patience de le faire, il doit surtout s'appuyer sur des méthodes bien au point et qui ont fait durablement leurs preuves.

QU'EST-CE QUE LA METHODE ?

Nous appelons *méthode*, l'organisation structurée, dans un ordre logique, d'un ensemble de principes destinés à aboutir à un résultat. Par exemple, la méthode de vente s'organise autour des phases suivantes, abordées dans cet ordre : préparation de la visite, début de la visite, découverte, synthèse de la découverte, proposition, argumentation, traitement des objections, conclusion, consolidation et exploitation de la visite. Mais c'est moins l'exposé dans un ordre logique qui est révélateur de la qualité d'une méthode que la façon dont chaque phase est analysée de façon à clarifier la compréhension des phénomènes de relation et à créer et perfectionner les savoir-faire de celui à qui elle est transmise.

LES METHODES AMELIORENT LA COMMUNICATION ENTRE LE DIRECTEUR DES VENTES ET LES VENDEURS

L'un des intérêts d'une méthode, par exemple d'une méthode de vente ou de gestion d'un territoire de vente, est de mettre en place au sein d'une même équipe de vente, les mêmes concepts, avec les mêmes contenus, définis avec les mêmes mots. On comprend dès lors, que la méthode commune améliore la compréhension des instructions et facilite la communication entre les différents niveaux hiérarchiques. Les mots n'ont pas besoin d'être définis : ils sont compris de la même façon par chacun. Les méthodes économisent l'énergie.

LES METHODES DEVELOPPENT LES CAPACITES INDIVIDUELLES

Peut-on mesurer l'effet de l'introduction et de l'application des méthodes ? Oui, bien entendu, encore que le résultat soit apprécié aussi bien quantitativement que qualitativement. D'une façon très évi-

dente, la force de vente qui a inséré dans son savoir-faire et son organisation une méthode de négociation, une méthode de gestion de son temps et de ses activités, une méthode d'organisation des circuits de visites, pour ne citer que les plus courantes, voit ses résultats progresser de pourcentages significatifs d'unc part (c'est-à-dire supérieurs à 10 ou 20% pour atteindre pour certains un doublement des résultats) tout en appréciant de travailler plus efficacement sans effort supplémentaire, et parfois même en réduisant sa dépense énergétique (moins de temps passé au travail, moins de stress).
Nous devons à la vérité de signaler que, contrairement à ce qu'on pourrait espérer, c'est-à-dire un nivellement par le haut, les progrès accomplis à la suite de l'application des méthodes, s'ils sont généraux, sont d'autant plus importants sur un plan individuel que l'on s'adresse aux plus doués, c'est-à-dire à ceux qui, *a priori*, avaient le moins besoin d'améliorer leurs résultats. En quelque sorte, les méthodes de vente et d'organisation creusent l'écart entre les meilleurs (qui deviennent excellents) et les moins doués (qui néanmoins s'améliorent).
Sans vouloir reprendre en détail les ensembles méthodiques que nous avons développés dans nos précédents ouvrages, qu'il nous soit permis d'en souligner quelques aspects saillants.

LES TRAITS PARTICULIERS DE LA METHODE DE VENTE

Dans *Les Techniques de la Vente* nous avons développé une méthode de vente *en douceur* dont nous savons qu'elle séduit les vendeurs les plus intelligents en raison d'une approche compréhensive et souple du client. Cette méthode de vente se distingue des méthodes d'inspiration anglo-saxonne qui mettent l'accent sur une argumentation très développée et sur une sorte de siège du client que l'on veut *convaincre* en abattant une à une toutes ses objections.
Notre méthode privilégie la *persuasion*, c'est-à-dire l'utilisation des raisons logiques et psychologiques de l'interlocuteur pour orienter celui-ci vers l'achat du produit, du bien d'équipement ou du service que le vendeur propose.
Les aspects typiques de cette méthode de vente sont ceux de la découverte, du schéma persuasif, de la compréhension des deux langages exprimés par l'interlocuteur, de la dialectique de la découverte et de l'argumentation personnalisée.
Si pour beaucoup, la *découverte* consiste à faire parler le client (le « questionnement »), nous pensons qu'il faut aller plus loin en élaborant avec les vendeurs l'inventaire de ce qu'on doit savoir du client : identité, caractéristiques particulières de son entreprise et de ses activités ou d'une façon générale l'exploration du contexte d'ensemble dans lequel s'insèrera le produit, l'équipement ou le service à vendre. Cet inventaire d'exploration globale est accompagné de l'inventaire

spécifique de ce qu'il faut apprendre du client pour situer le mieux possible le besoin et l'utilisation qui sera faite du produit, équipement ou service que l'on vend.

Pourquoi de tels inventaires ? Les chargés d'études expérimentés disent que « pour poser les bonnes questions, il faut connaître les réponses ». En transposant aux situations de négociation, on ne peut obtenir une information complète et précise de la part d'un interlocuteur que si l'on a réfléchi au préalable aux aspects que l'on a besoin de connaître. A l'usage des forces de vente dont l'étendue du vocabulaire et la richesse d'expression est restreinte, nous accompagnons ces inventaires de la formulation de questions (pour éviter l'aspect pesant d'une succession de questions fermées, en les incitant à employer des questions ouvertes).

Nous appelons *schéma persuasif*, la manœuvre qui consiste à faire parler d'abord l'interlocuteur de son expérience actuelle de l'usage — ou de l'absence d'usage — du produit, équipement ou service que l'on veut remplacer par celui que l'on a à vendre, afin d'en déterminer les aspects positifs et les insuffisances, non pas dans l'absolu, mais par comparaison avec le produit, l'équipement ou le service qui sera proposé. Cette façon de procéder évite à l'interlocuteur l'impression que l'on fait table rase de ce dont il a l'habitude — et les habitudes sont souvent difficiles à changer — au profit d'une sorte de glissement insensible de sa solution actuelle à la solution nouvelle.

Comprendre les deux langages exprimés par l'interlocuteur, consiste à faire reconnaître au vendeur que chacun de ses vis-à-vis chez son client ou son prospect, non seulement tient le langage objectif de son besoin en termes rationnels (ou semblant l'être), mais en même temps, presque à son insu, tient une sorte d'infra-langage, d'ordre affectif, de son ressenti psychologique par rapport au produit, à l'équipement ou au service vendu et par rapport à son emploi.

La *dialectique de la découverte,* (encore appelée « entonnoir de la découverte ») rappelle que l'interview du client ou du prospect ne se veut en rien objective, mais est orientée vers un but, la conclusion d'un accord satisfaisant pour les deux parties. Au cours de la découverte, le vendeur effectue une véritable manœuvre, à l'instar de la dialectique Socratique, telle qu'elle nous est rapportée par Platon, qui consiste à utiliser les déclarations (comme source de compréhension) de l'interlocuteur pour le persuader que sa recherche trouvera son issue dans le produit, l'équipement ou le service proposé.

Cette pratique dialectique serait un vain mot si le vendeur n'était pas parallèlement entraîné aux *techniques d'interview* pour conduire efficacement sa découverte : ouverture de la découverte, façon de formuler les questions et les reformulations, prise de points d'appui, synthèse de la découverte.

L'argumentation personnalisée est la suite logique de ce qui précède. Si l'on s'est penché sur la réfléxion du client par rapport à l'utilisation du

produit, ce n'est pas pour lui tenir un langage universel tenu indistinctement à tout interlocuteur sans prendre en compte ce qui lui est propre.
Il s'agit donc, en pratique de *sélectionner*, au sein d'un argumentaire très complet, les *seuls* arguments qui intéressent l'interlocuteur (ceci étant déterminé par la découverte) en utilisant les éléments découverts pour composer, à son intention, un argumentaire qui lui soit spécifique (1).

LA STRATEGIE DE NEGOCIATION AUPRES DE STRUCTURES COMPLEXES

Nombreux sont les commerciaux chargés de négociations d'affaires ou de biens d'équipement importants et qui s'adressent, non plus à un seul décideur mais à un véritable *réseau de prise de décision d'achat*. A leur intention, nous avons mis au point une méthode de compréhension de ce réseau d'influences et de conduite corrélative des négociations auprès de ses différentes composantes (2).
Les temps forts de cette méthode sont l'analyse typologique des « maillons » de la décision, la recherche du « conseiller », la détection des situations de blocage, ses autres aspects s'apparentant aux techniques de la vente.
L'*analyse typologique des maillons* part de cette observation que la décision d'achat est prise collégialement et que des liens, comme ceux d'une chaîne, unissent — ou mettent en désaccord — les différents acteurs de la prise de décision. Il importe donc de détecter les « maillons » influents de la chaîne. Pour chaque maillon, un cadre d'analyse est élaboré qui permet de mieux comprendre la position que sera amené à prendre son ou ses titulaires (objectifs à atteindre, contraintes) et pour le chargé de négociation de mieux manœuvrer (exploration de l'image du fournisseur et du produit proposé, compréhension des préférences pour un ou plusieurs concurrents, clarification des objectifs à atteindre).
Il apparaît fréquement que certains des « maillons » importants se tiennent volontairement à distance du front de la négociation. Or l'absence de contact direct entre le Chargé de Négociation et l'un de ces personnages d'importance décisive crée une situation de fragilité pour la négociation. C'est alors que la notion de *Conseiller* prend toute sa

---

(1) Deux livres essentiels analysent et expliquent les phénomènes de la vente et proposent des formulations concrètes : *Les Techniques de la Vente* et *Pratique de l'Entretien de Vente*, Les Editions d'Organisation, Paris, 1984.

(2) La *Stratégie de Négociation d'Affaires auprès de structures complexes*, séminaire pluri-annuel qui remporte un vif succès au Centre de Formation Continue d'HEC-ISA à Jouy-en-Josas, donnera lieu ultérieurement à une publication de notre part. On peut se reporter au document interne diffusé à l'intention des participants à ces séminaires.

dimension. Ce personnage, situé à l'intérieur ou à l'extérieur de l'entreprise avec laquelle on négocie, est un précieux agent de renseignement qui va permettre d'inspirer une manœuvre précise, effectuée opportunément.
Comment se définit ce Conseiller, comment le consulter et les erreurs à éviter dans la relation sont des thèmes abordés en détail.
Il n'existe guère de négociation d'une certaine durée sans que, à un moment ou à un autre, un changement de personnage dans le réseau de prise de décision, l'offre d'un concurrent, une modification sensible de l'environnement économique, financier, réglementaire de l'entreprise, ne crée une situation qui handicape plus ou moins fortement la négociation en cours. Un système d'*alerte* permet au chargé de négociation de se montrer vigilant pour que la situation de blocage ou que le handicap soit rapidement résolu. Nous pouvons témoigner de plusieurs cas de reprise de négociations, qui étaient dans une impasse, grâce aux éléments méthodiques que nous utilisons.
Un cas particulier des négociations auprès de structures complexes est celui des négociations face à un groupe d'interlocuteurs, dont il importe de comprendre les interractions entre membres de cette sorte d'aréopage, pour les utiliser à son profit.
La négociation auprès de structures complexes entraîne également l'entrée en scène de plusieurs personnes de l'entreprise qui conduit la négociation : la tâche de coordination et d'harmonisation des différents échanges requiert la mise en place d'un *coordinateur* plénipotentiaire auquel chacun du haut en bas de la hiérarchie doit se référer (1).

LA PROSPECTION COMMERCIALE : APPRENDRE A FAIRE POUR DONNER ENVIE DE FAIRE

C'est un truisme d'énoncer que la prospection est une nécessité vitale pour toute entreprise. Conduite avec constance, elle assure la régénération permanente du portefeuille de clients.
Cependant la seule évocation du mot de prospection a un effet glacial sur la plupart des vendeurs. Si on leur demande d'expliquer leur réserve, on comprend mieux leurs réticences :
— *« Prospecter, je n'aime pas ça, parce que ça mobilise beaucoup de temps, il y a un gros déchet par rapport à un petit nombre de réussites et je préfère consacrer mon temps à mes clients existants. Il faut rencontrer des inconnus et je suis timide. On me met à la porte, ça me démoralise,*

(1) Au sujet de l'échec du consortium français, malgré une position favorable au profit d'un consortium allemand pour la construction du métro de Shanghaï en Chine, Alain Vernay écrit dans *Le Figaro* du 22 août 1988 : « la multiplicité des acteurs français, pour ne pas dire l'atomisation des responsabilités dans la lutte pour les grands contrats explique nos déboires... L'emporte en général celui qui est totalement responsable à la fois sur les plans diplomatique, financier et industriel. Ce ne sont pas les hommes, mais les structures qui sont en cause. »

l'indifférence des prospects me déprime, les rebuffades me rendent furieux... je finis par avoir peur d'aborder les contacts ultérieurs et ça me paralyse. »

Ils sont peu nombreux ceux qui déclarent :

— « *Prospecter, ça me plaît, parce que c'est toujours nouveau, on n'est pas confronté en permanence au même problème, j'aime discuter avec des gens chaque fois différents, je rencontre des gens ouverts et disponibles, je crois que je vais gagner, je gagne contre des concurrents plus importants que nous, ces victoires me flattent...* »

Bref, la prospection est mal ressentie d'une façon générale : il faut donc pour l'acclimater, que les commerciaux soient entraînés à sa pratique pour en découvrir les aspects plaisants. C'est encore une affaire de méthode.

Dans *La Prospection Commerciale en Action*, nous faisons ressortir quelques principes et conseils fondamentaux : définir la clientèle nouvelle que l'entreprise se propose d'aborder, travailler la prise de contact en prospection pour créer d'emblée un échange favorable, aider les commerciaux à apprécier leurs performances.

Quelle *clientèle nouvelle* aborder ? A cette question nous répondons par deux principes :

— Les clients futurs d'une entreprise ont une typologie analogue à celle de ses clients actuels.

— Ne pas oublier que la prospection commence d'abord chez les clients actuels :

• Quels départements chez ces clients ne travaillent pas avec votre entreprise ?

• Quels produits n'y sont pas encore implantés ?

Parler de prospects implique que l'on ait précisé ce que l'on entend par ce terme, ne serait-ce que pour apprécier l'efficacité de la prospection effectuée par l'équipe de vente :

S'agit-il d'un prospect *recensé* ? (il figure sur une liste, mais rien n'indique qu'il corresponde à la définition du client cible).

S'agit-il d'un prospect repéré ? (on a recueilli sur lui des informations précises et vérifiées ; il fait partie des entreprises dont on souhaite s'acquérir la clientèle).

S'agit-il d'un prospect *contacté* ? (un rendez-vous a été pris avec lui, les premiers pourparlers sont engagés).

S'agit-il d'un prospect *travaillé* ? (une ou plusieurs correpondances confirment les premières propositions ou hypothèses de collaboration évoquées).

La *prise de contact* avec le prospect nous semble être un des principaux poins faibles des équipes de vente, avant que ce thème n'ait été travaillé au cours de séminaires.

Il existe une problématique de la prise de contact en prospection :

• Le chargé de prospection est un inconnu pour celui qui le reçoit la première fois.

• On n'attend de lui, ni ses produits, ni son entreprise (sinon des démarches auraient probablement été engagées à l'initiative du prospect).
• Le chargé de prospection, son entreprise et ses produits dérangent l'ordre existant.
Autant d'obstacles qu'il faut aplanir pour parvenir à engager les premiers pourparlers. Encore faut-il être reçu. Encore faut-il que lors de l'appel téléphonique de prise de rendez-vous, le chargé de prospection soit admis comme interlocuteur valable. A cet effet notre méthode de prospection travaille particulièrement trois étapes de la prise de contact :
— la lettre de sensibilisation qui annonce l'appel téléphonique (la situation est inversée : le prospect, intrigué ou touché *attend* l'appel téléphonique) ;
— la prise de rendez-vous par téléphone (qui consiste à passer par dessus les multiples obstacles) ;
• les premières minutes de l'entretien face à l'un des interlocuteurs que l'on a souhaité rencontrer.
Qu'on nous permette d'insister sur des principes fondamentaux qui font partie du message central que nous développons auprès des forces de vente.
L'expérience montre que l'annonce unilatérale de ses produits, démarche habituelle de la majorité des représentants (qui se croient payés pour parler de leurs produits plutôt que pour s'intéresser à leur clientèle) est ressentie comme lassante et sans grand intérêt par les prospects.
Un chargé de prospection, quand il rencontre un nouvel interlocuteur dans une entreprise peu ou pas connue, se trouve en présence d'une personne qui a ses habitudes, qui considère — parfois à juste titre — qu'elle détient le bon raisonnement, qu'elle a la vérité, qu'elle est un personnage important. Ignorer ouvertement tout cela ne témoigne pas d'un esprit de dialogue et de service. Pourtant ce même chargé de prospection a déjà des clients satisfaits. Il a constaté que le produit, l'équipement ou le service vendu apporte à ses clients une solution performante aux préoccupations qui sont les leurs, par rapport à ce type de produit, d'équipement ou de service. On sait aussi que vendre consiste à rechercher un accord durable entre les objectifs du fournisseur et ceux du client. Et pour construire cet accord, il est indispensable de le fonder sur une bonne connaissance de l'interlocuteur, de son contexte de travail et de son entreprise.
Toute personne compétente, et la personne visitée se considère en général ainsi, apprécie qu'on l'écoute et qu'on lui demande son avis. Dès lors, la démarche à adopter pour être efficace devient claire :
• Il faut que le chargé de prospection se différencie de l'approche banale et lassante de la majorité des vendeurs.

• Il lui faut se faire reconnaître d'emblée comme un professionnel qu'il est utile de rencontrer et comme une personnalité attachante.
• Il faut qu'il donne rapidement la parole à son interlocuteur.

En pratique, nous préconisons que l'on place la première visite sous l'éclairage d'une « rencontre de connaissance mutuelle » et que l'entretien soit rigoureusement construit selon le schéma suivant :

1. — Présentation brève de l'entreprise qui prospecte, en laissant entrevoir qu'elle est apte à apporter une solution intéressante aux questions implicites ou explicites que se pose le prospect. Cette présentation est favorisée par un soutien visuel.

2. — Découverte du prospect, selon un plan pré-établi qui lui est proposé.

L'un des critères d'une visite de prospection bien conduite, selon nos principes, repose sur la répartition des temps de parole. Si le client a occupé plus de la moitié du temps — en propos utiles — la partie, toute aléatoire qu'elle soit dans son issue, est selon nous, favorablement engagée.

Une prospection ne consiste pas à quelques visites sporadiques et laissées à l'initiative des commerciaux qui les effectuent quand ils n'ont rien d'autre à faire. Pour être efficace, la prospection doit être *dirigée et animée.* La prospection sera conçue comme une campagne commerciale. Les objectifs sont déterminés avec la participation de tous les chargés de prospection (normalement l'intégralité de la force de vente). Ces objectifs sont ventilés dans le temps et pour chaque collaborateur. On a tout intérêt à y associer les collaborateurs sédentaires, concernés de près ou de loin par la relation avec la clientèle, ne serait-ce que pour éviter de regrettables dissonances, fautes d'informations. Les réalisations sont comparées aux objectifs. Les écarts négatifs débouchent sur des propositions d'appui de l'encadrement commercial. Quelques ratios permettent d'apprécier objectivement les performances individuelles :

— Prospects contactés rapportés aux prospects repérés.
— Prospects travaillés rapportés aux prospects contactés.
— Affaires enregistrées ou commandes prises rapportées aux prospects travaillés.

Pour les négociations de longue haleine, on gère également les promesses recueillies selon le principe du Système d'Anticipation des Résultats Commerciaux (SARC) (1) en évaluant les montants envisagés, l'échéance probable de la décision et le pronostic chiffré en pourcentage du résultat attendu.

Un dernier conseil sera adressé au Directeur des Ventes et à ses Chefs des Ventes : la prospection sera d'autant plus facilement conduite par les commerciaux que ceux-ci se diront : « Ici on travaille beaucoup ; ça

(1) Voir page 178.

n'est pas toujours facile ; le Directeur des Ventes est ambitieux et exigeant ; mais notre chef est disponible pour nous aider... »

LA PREPARATION DES VISITES

Deux des points faibles les plus fréquemment observés chez les commerciaux sont relatifs à la préparation et à l'exploitation des visites. Or on sait que tout entretien, toute séance de travail — et une visite à un client est une séance de travail — qui n'a pas été soigneusement préparé dégénère souvent en conversation sans but ; en définitive, parce que la visite n'a pas été préparée, le vendeur et son client risquent fort de perdre leur temps. La notion de rentabilité liée au temps consacré au travail se répand de plus en plus, notamment chez les cadres et les responsables : les clients n'échappent pas à ce mouvement ; rien ne les indispose plus qu'une visite de vendeur qui n'est pas organisée.
Il nous arrive fréquemment d'accompagner des vendeurs, soit pour les besoins d'une analyse préalable à un programme de formation, soit pour apprécier les applications qui sont faites postérieurement à la formation. Quand nous observons qu'un vendeur ne consulte pas son dossier de client, ne réfléchit pas quelques instants à ce qu'il a l'intention d'obtenir de son client, au moment d'entrer chez le client nous lui demandons :
— « Rappelez-moi pourquoi vous allez chez ce client. »
Parfois les réponses indiquent qu'un ou plusieurs objectifs ont été définis, qu'on veut vérifier l'évolution de l'opinion sur un certain point, etc. donc que la visite constitue une étape raisonnée de la collaboration avec ce client.
Parfois aussi, la réponse est du genre :
— « Ben... il était sur mon trajet, alors je passe le voir. Ça ne fera de mal à personne... »
ou bien
— « Il est sur mon programme de visites... de toute façon, je fais des relations publiques... »
C'est alors que nous demandons à ce vendeur :
— « Si nous n'allons pas aujourd'hui chez ce client, à votre avis que se passera-t-il ? »
Et la réponse est : « Rien ! », nous poursuivons en lui faisant rebrousser chemin et reprendre sa voiture... pour l'inciter à préparer ses visites.
Croyez-moi, cette façon de faire si elle est un peu brusque est une excellente pédagogie de l'indispensable préparation des visites.

L'EXPLOITATION DES VISITES

Visite non préparée, visite non exploitée. Pourtant, c'est en sortant de chez le client qu'on se remémore le mieux les multiples détails qui, notés, permettront le succès des visites suivantes. Ce n'est donc pas le

soir, et encore moins pendant le week-end suivant que l'on exploite le mieux les visites.
En conséquence, malgré le prétexte invoqué (- « on est à la bourre ! ») nous prescrivons aux commerciaux de noter immédiatement dans leur voiture, avant de remettre le contact (ou si nécessaire en s'arrêtant quelques centaines de mètres plus loin pour être hors de la vue du client) tous les aspects significatifs utiles qui sont apparus au cours de la visite (1).

LES METHODES ALOURDISSENT-ELLES L'ACTION DES VENDEURS ?

On pourrait craindre, à la lecture des esquisses présentant quelques-unes de nos méthodes, que les vendeurs ne se sentent pris dans un carcan pesant, susceptible d'entraver leur action.
L'expérience montre, au contraire, que les commerciaux apprécient le supplément d'intelligence, la meilleure compréhension de leur métier, la plus grande aisance et l'efficacité accrue que leur procurent ces méthodes.

---

(1) Les contenus de la préparation et de l'exploitation de la visite sont décrits en détail dans les séquences 6 et 47 de *Pratique de l'Entretien de vente*, Les Editions d'Organisation, Paris, 1984.

12

LE MANAGEMENT DES COMPTES CLES : UNE NOUVELLE APPROCHE DE LA GESTION DES CLIENTS IMPORTANTS

☐ Qu'est-ce qu'un client important ? ☐ Lignes de conduite pour unc politique commerciale vis-à-vis des clients importants ☐ Quelques clés pour l'action commerciale auprès des clients importants ☐ Répartir les rôles ☐ La visite de prospection du client important ☐ Que savoir d'un client important ? ☐ Le suivi des clients importants ☐ Le déjeuner d'affaires ☐ En cas d'affrontement, quelle conduite adopter ?

Parce qu'ils représentent un volume d'affaires considérable, parce qu'ils sont porteurs de références prestigieuses pour l'entreprise qui les fournit, parce qu'il est flatteur de les rencontrer et de négocier avec eux, les clients importants font l'objet d'une attention soutenue de la Direction des Ventes de l'entreprise, quand elle ne les prend pas directement en charge.

Les clients importants sont un sujet de préoccupation constant pour toutes les entreprises, surtout si elles ont une moyenne ou petite dimension par rapport à ces clients. En effet, les clients importants sont ceux qui s'inscrivent dans la fameuse loi de Pareto (20% des clients représentent 80% du chiffre d'affaires de l'entreprise), et souvent assurent pour 7 à 10% d'entre eux, au moins 40 à 50% du chiffre d'affaires du fournisseur. Ces clients importants sont un sujet de préoccupation parce que conscients de leur poids dans le chiffre d'affaires de leurs fournisseurs, ils ont souvent la tentation d'user de leur position de force pour faire pression sur le barème tarifaire, pour obtenir des conditions de plus en plus avantageuses, tout en menaçant les récalcitants de choisir d'autres partenaires. Ils créent ainsi une double insécurité pour l'entreprise qui les approvisionne : moindre rentabilité du courant d'affaires (quand la rentabilité n'est pas seulement marginale) et risque de voir s'interrompre à tout moment une part importante du chiffre d'affaires. De plus, pour faire bonne mesure, certains fournisseurs, à force de s'être laissé imposer leurs conditions par leurs clients importants, deviennent en quelque sorte des sous-traitants, donc des entreprises sans politique commerciale autonome.

Quand bien même sa dimension et sa position commerciale (produits exclusifs, forte notoriété, portefeuille de clientèle diversifiée) lui permettent d'être plus autonome vis-à-vis de ses clients importants, l'entreprise doit réserver un certain traitement à ses grands clients.

QU'EST-CE QU'UN CLIENT IMPORTANT ?

A dire vrai, c'est nous limiter que de considérer le seul chiffre d'affaires réalisé pour qualifier un client d'important. Sans doute est-ce un critère décisif. Mais il n'est pas exclusif.

Un client peut n'avoir développé avec votre entreprise qu'un courant d'échanges de petite ou moyenne dimension et pourtant pouvoir être considéré comme important en raison du « potentiel accessible » (1) dont il dispose.

Un client peut aussi être considéré comme important en raison de son influence dans une branche professionnelle. Il est un leader d'opinion, une référence. Il constitue une sorte de vitrine vers laquelle les regards de ses confrères sont attirés et qui vont calquer sur lui leur

(1) Notion déjà développée par nous dans *Les 10 Clefs de l'Efficacité de Délégué Commercial* et *La Prospection Commerciale en Action*.

comportement — positif ou négatif. Ce second type de client important peut être pris comme un témoin, ou encore comme une référence prestigieuse. Il n'est pas nécessairement un prescripteur actif : c'est son exemple, son rayonnement qui en fait un allié ou un adversaire.
Un troisième type de client important doit être considéré. Certains petits ou moyens clients actuels, par leur stratégie, par leur innovation technique ouvrent des voies nouvelles et peuvent devenir demain ces clients avec lesquels votre entreprise développera un fort volume d'affaires.
Ces clients se manifestent aussi par la particularité de leur demande. Il ne faut pourtant pas voir en tout demandeur de « moutons à cinq pattes » l'innovateur technologique sur lequel nous sommes en train d'attirer l'attention. Il faut un peu de perspicacité pour reconnaître le joyau au milieu des scories. Nous appelons cette troisième catégorie de clients, client stratégique.
Nous considérons encore comme clients importants des entités qui concourent directement ou indirectement à vos affaires sans toutefois être en relations commerciales avec votre entreprise. Nous pensons aux prescripteurs nationaux — officiels ou officieux — ainsi qu'à certains clients clés de vos principaux clients, ces derniers pouvant être des éléments essentiels du dispositif de référencement ou d'abandon de vos produits. Ces prescripteurs et ces clients clés de vos grands clients constituent le quatrième groupe de clients importants et méritent la même considération que les types précédents.
Si nous devions résumer cette définition des clients importants nous dirions qu'ils sont ceux qui :
— portent l'essentiel du chiffre d'affaires présent,
— peuvent porter la majeure partie du développement à court terme du chiffre d'affaires,
— porteront l'essentiel de votre chiffre d'affaires futur,
— peuvent fortement influencer l'opinion en faveur de vos produits ou services.

LIGNES DE CONDUITE POUR UNE POLITIQUE COMMERCIALE VIS-A-VIS DES CLIENTS IMPORTANTS

Quelques questions permettent de faire un point rapide pour évaluer votre entreprise par rapport à ses clients importants. Nous apportons, en réponse à ces questions quelques commentaires pour vous aider à prendre la décision qui s'impose.

1. — Quelle est la part des clients importants dans votre chiffre d'affaires ? Dans votre volume ? Dans vos profits ?

Si la réponse conduit à penser que vous risquez de perdre l'autonomie de décision de votre politique commerciale, ou encore que quelques-uns de ces clients importants sont bien placés pour obtenir de lourdes concessions tarifaires ou que vous assuriez gratuitement des services coûteux, il est urgent de vous engager dans le développement d'un fort noyau de clients moyens chargés de rééquilibrer votre chiffre d'affaires en le dispersant entre un plus grand nombre de clients, le but étant de pouvoir résister à la pression et aux exigences qui mettraient à terme votre entreprise en péril.

2. — Quelle est l'évolution technologique de la branche professionnelle où se situent ces clients importants ? En d'autres termes, vos clients importants actuels sont-ils porteurs d'avenir ?

3. — Quelle est l'évolution du marché de vos clients importants ?
Vos clients importants risquent-ils de connaître un déclin dont vous subirez rapidement les conséquences ou bien un essor ; saurez-vous alors en profiter ?

4. — Quelle est leur situation financière ?
On a cru longtemps que la fragilité financière était le lot des seules petites entreprises. On sait aujourd'hui qu'il ne faut plus écarter de cette question les très grands groupes : les effondrements de Creusot-Loire, des entreprises de la sidérurgie française, les déboires de certaines entreprises nationalisées comme Renault, montrent que cette question est particulièrement d'actualité.

5. — Vis-à-vis des prescripteurs et des clients « vitrines » ou porteurs d'avenir mais faiblement rentables aujourd'hui, vous êtes-vous penchés sur la « rentabilité induite », c'est-à-dire sur les profits indirects dégagés par les relations entretenues avec ces catégories de clients ?

6. — Vos produits sont-ils pour vos clients importants des supports essentiels voire exclusifs ou des produits accessoires ou encore des produits fortement concurrencés ?
Vos clients essentiels peuvent-ils aisément se passer de vous ou bien vos produits ont-ils su conquérir une position clé qui vous permette d'être considérés ?
Par exemple, pour vos principaux revendeurs, vos produits sont-ils des supports de marge, des produits qui attirent et maintiennent leur clientèle, des produits qui leur permettent de lutter vigoureusement contre leur concurrence ?
Si vos produits s'intègrent dans les fabrications de vos grands clients, ont-ils un caractère d'exclusivité qui vous assure une position stratégique durable ?

7. — Quelle est la solidité de vos relations avec vos clients importants ?
Vos relations sont-elles superficielles et seulement commerciales ou bien avez-vous su tisser entre eux et vous une coopération technique et commerciale qui vous rende solidement partenaires ?
Par exemple, avez-vous su associer vos clients importants à votre programme de recherche, à la création de votre collection d'articles, à l'exploration à frais partagés de nouveaux marchés dans votre pays ou à l'étranger ?

QUELQUES CLES POUR L'ACTION COMMERCIALE AUPRES DES CLIENTS IMPORTANTS

1. — Un client important se signale par une structure de décision multiple voire complexe. On ne traite pas avec une seule personne mais avec plusieurs, dont certaines sont parfois longtemps ignorées de vos représentants.
Il importe d'analyser et d'apporter la réponse aux « 5 Qui » (1).
— Qui décide ?
— Qui prescrit ? (quel est le réseau d'influences ouvertes ou occultes, internes ou externes à l'entreprise ?)
— Qui achète ? (qui administre les achats, mais ne prend pas nécessairement les décisions fondamentales et fait parfois écran à la connaissance du véritable décideur ? Quel est le champ d'autonomie de cette personne ?)
— Qui paie ? (qui a le pouvoir de débloquer la ligne budgétaire sans laquelle l'affaire, conclue dans son principe, ne peut pas se réaliser ?)
— Qui utilise ? (qui a par sa position la possibilité de favoriser l'achat de votre produit ou de s'y opposer, de critiquer le produit concurrent et d'ouvrir la porte à vos fabrications ou solutions ?)
Le client important est fortement structuré ? Votre entreprise aussi doit aligner une structure pour que chacun rencontre dans sa zone de compétence l'interlocuteur qui convient.
Pourquoi aligner une structure ?
Pour vos vis-à-vis, chez vos clients importants, il est naturel que chacun exerce son métier. Celui qui se présenterait avec de multiples spécialités porterait rapidement l'image d'un artisan, peu crédible pour être compétent aussi bien pour résoudre les questions techniques, celles qui relèvent de l'informatique, du marketing ou de la gestion financière. A cet égard, dans une entreprise moyenne où l'on ne peut pas disposer d'un nombre suffisant de spécialistes, il peut être opportun de décerner des « titres pour l'extérieur » sans effet réel à l'intérieur de votre organisation.
Aligner une structure implique une discipline de fonctionnement. L'effet est désastreux quand une entreprise envoie chez ses clients importants un technicien, un représentant, un agent d'après-vente, un comptable qui agissent à leur guise, sans coordination.
Vos interlocuteurs chez vos clients importants finissent par penser qu'il existe plusieurs entreprises antagonistes au sein de votre société. Vous comprenez que ce sentiment ne plaide pas en faveur du fournisseur.

---

(1) Il convient de se montrer perspicace. La présentation de l'organigramme officiel ne reflète pas nécessairement la structure réelle des influences. Il existe dans la plupart des grandes organisations un « sociogramme », qu'on pourrait qualifier d'organigramme officieux et qui a souvent plus de réalité que l'organigramme officiel que nous sommes alors tenté de qualifier de virtuel.

Il est cependant aisé de parvenir à un véritable travail d'équipe entre toutes les personnes placées au contact d'une grande entreprise cliente : il faut pour cela demander au vendeur habituellement en relations avec le client important d'être l'ordonnateur unique des interventions, le poste d'aiguillage par lequel passent toutes les informations, le chef d'orchestre qui organise les rencontres de ceux qui sont appelés à collaborer ensemble entre votre entreprise et l'entreprise cliente. Cette règle de foncionnement s'applique à tous, y compris à la direction des ventes et à la direction générale du fournisseur. Voir figure 10.

LE JEU DE LA DOUBLE STRUCTURE

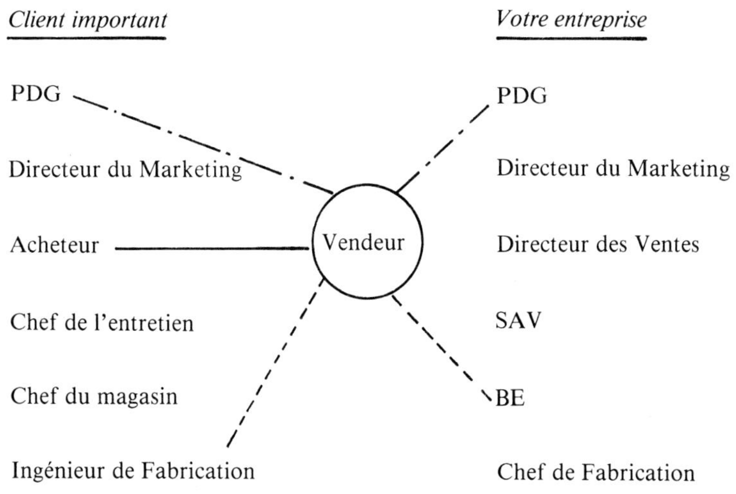

Figure 10

2. — Se concentrent chez les clients importants des personnels ayant un haut niveau de qualification ou une vue large sur leur entreprise, leur profession, leur branche économique. La simple lecture des annuaires des Grandes Ecoles montre qu'il y a une forte corrélation entre la possession d'un diplôme et la présence à un poste de responsabilité dans une entreprise de grande dimension. Or ces personnels ne peuvent se satisfaire d'interlocuteurs de moyenne qualité chez leurs fournisseurs. Il ne s'agit pas pour vous de préconiser que les relations-doivent être assurées par la Direction Générale ou la Direction Commerciale ou des Ventes de l'entreprise. Bien au contraire, il faut favoriser le développement des compétences.

Sans détailler ce que devrait être le bagage de tout vendeur chargé des relations avec la clientèle « au plus haut niveau », il nous paraît indispensable, qu'au-delà de la connaissance approfondie du produit et de son mode d'emploi, d'un bon vernis de connaissance des métiers des clients qui utilisent ce produit, pour en faciliter l'insertion et le développement, cet homme soit habile dans sa communication (c'est-à-dire un homme d'écoute et pas seulement un « vendeur » au mauvais sens du terme, c'est-à-dire un parleur sourd aux préoccupations du client). Nous pensons en outre que ce « chargé de clientèle » doit disposer d'une culture économique et de la vie des affaires : solides notions de gestion et de fiscalité des entreprises, bonnes connaissances des relations humaines dans le travail, savoir de base de marketing (tout le clavier du *marketing-mix*), notions claires d'économie générale pour saisir l'impact de telle décision gouvernementale sur le marché. Toutes ces connaissances seront actualisées en permanence. Pourquoi cela ? Non pour briller ingénument en faisant un vain étalage de son savoir, mais pour pouvoir engager un dialogue riche et approfondi avec ses clients. Le représentant qui aujourd'hui est considéré comme un interlocuteur d'importance doit pouvoir et savoir se comporter en *conseil* de ses clients, y compris les plus importants. Les métiers de la vente gagnent en richesse d'échanges et c'est chez les clients importants que ce phénomène est déjà le plus sensible.
Ce qui précède indique clairement que le choix du représentant chargé des relations habituelles avec les clients importants et chargé en outre d'organiser et de coordonner les relations entre la situation de son entreprise et celle de son client important, doit être effectué avec soin.

REPARTIR LES ROLES

Les métiers exigés par certaines ventes, nous pensons notamment à la vente aux Sociétés de Grande Distribution, peuvent être extrêmement variés : de la négociation de l'accord de référencement annuel avec une importante Centrale d'Achat jusqu'à la mise en rayon et l'étiquetage des prix.
Aucun métier n'est méprisable ; chacun a son utilité. Mais c'est trop exiger d'un même homme que d'en faire à la fois un négociateur de haut niveau et un homme de rangement de marchandises en gondoles.
Il faut donc distribuer les fonctions : à l'un il appartiendra de négocier les accords de référencement et les accords d'achats avec les adhérents et d'entretenir de solides relations avec les dirigeants des Groupes de Distribution. A l'autre, on demandera de négocier les dates d'application des accords de ventes promotionnelles, d'animer les ventes, de placer les produits en tête de gondole (encore que ce soit plutôt du ressort des employés de la grande surface, comme c'est sa responsabilité de faire sortir la marchandise de l'entrepôt, de l'étiqueter et de la placer en rayon).

Cette répartition des rôles a une autre justification, plus psychologique.

Il faut avoir entendu la réflexion amusée, un rien condescendante, d'un chef de rayon circulant dans son magasin et regardant le représentant de votre entreprise ranger ses produits en rayon et les étiqueter pour comprendre que ce même représentant ne sera pas suffisamment considéré, donc admis à engager une négociation « de haut niveau ». L'acheteur ou le chef de rayon pense, qu'on le déplore ou qu'on l'admette, qu'« il ne doit pas se commettre avec un subalterne ».

Nous sommes conscients d'aborder là un domaine délicat et de provoquer le grincement des dents de beaucoup. Mais si, à partir de nos réflexions, cette question fait l'objet d'un débat ouvert, nous aurons peut-être contribué à favoriser l'efficacité des personnels de vente.

LA VISITE DE PROSPECTION DU CLIENT IMPORTANT

Si un prospect de petite ou de moyenne importance admet facilement que vous répétiez vos visites de prospection si les précédentes n'ont pas donné de résultats, il n'en va pas de même du client important qui considérerait que la suite de vos tentatives ne plaide en votre faveur. (« A-t-il si peu d'affaires à suivre qu'il revienne inlassablement à la charge ; ses produits, sa société ou lui-même doivent avoir des insuffisances... »). Il faut donc préparer soigneusement la visite de prospection de tout client, mais plus spécialement du client important.

Voici un plan, mis au point pour un industriel fabricant des produits de second œuvre du bâtiment.

PRÉPARATION DE LA VISITE DE PROSPECTION

1. Sources d'information :
Annuaires et publications professionnels
2. Avec quoi préparer la visite :
Présent aide-mémoire,
Documentation et tarif,
Flip chart
Photos, échantillons, références
Calculatrice de poche,
Visionneuse.
3. Comment annoncer la visite :
Prise de rendez-vous par téléphone ;
Confirmation de visite par écrit.
4. Objectifs de la visite :
— Impression séduisante que le client doit conserver de votre entreprise et du délégué technico-commercial :
(image aux yeux du client)
• compétence . Certitude et confiance dans les solutions proposées,
• attentif aux préoccupations du client,
• intelligent, compréhension rapide,
• aptitude à trouver *la* solution qui convient au client,
• aspect plus attractif de la solution présentée par rapport à la solution actuelle ou aux solutions des concurrents.
— Etre perçu comme l'interlocuteur et l'entreprise qu'il faut interroger à la prochaine consultation.
— Recueillir de l'information (« 5 Qui », affaires en cours, concurrence en place, situer le potentiel, tenter de déterminer les critères de choix de fournisseurs).
— Quel engagement obtenir du prospect ?
(conclusion)
5. Moyens à mettre en œuvre pour atteindre ces objectifs :
Look
Classe,
Langage,
Prestance,
Connaissance du métier du client,
Album de références et de « cas » de clients.

Tableau 11

QUE SAVOIR D'UN CLIENT IMPORTANT ?

1 — *Particularités/Identité*
Situation financière, capital action, appartenance à un groupe, indépendance.
Appartenance religieuse du groupe ou de la société (une telle information est pertinente aux Pays-Bas, en Suisse, aux Etats-Unis).
Vocation de l'entreprise. Son *métier*.
Finalité de l'entreprise (Objectifs, raison d'être : excellence, *leadership*, humanisme, rentabilité).
Zone d'influence.
Concept marketing (segment cible, etc.).
Concept publicitaire, communication institutionnelle.
Ses besoins, problèmes à résoudre.
Positions de vos concurrents (points forts, points faibles sur produits, conditions, services, rapports humains).
Votre image à ses yeux.
Place de vos produits (points forts, points faibles).
Critères de décision (prix, marge, nouveauté-innovation, etc.).
Philosophie par rapport à la rentabilité, la puissance, à l'égard de sa concurrence.
2 — *Structures humaines*
Son organigramme. Son sociogramme.
5 Qui (décide, prescrit, achète, utilise, paye).
Influences extérieures (conseil d'administration, conseils extérieurs, membres de comité scientifique pour les laboratoires pharmaceutiques par exemple).
Etat de vos relations.
Formation, diplômes, club fréquentés (par l'acheteur, le Directeur Général, etc.).
Activités culturelles, tendance politique.
Origine géographique.
Passé professionnel.
Niveau de responsabilité.
Niveau de compétence.
3 — *Activités et projets d'avenir*
Position sur son propre marché.
Importance de son marché.
Evolution sur son marché à moyen terme.
Créneaux de marché inexploités par eux.
Logistique.
Canaux de distribution.
Catégories de clientèles.
Recherche et développement.
Projets.

Tableau 12

LE SUIVI DES CLIENTS IMPORTANTS

Si l'on considère que l'on sera d'autant plus souvent présent chez un client important que le chiffre d'affaires à maintenir et à développer

MONOGRAPHIE DE L'ACTION COMMERCIALE AUPRÈS D'UN CLIENT IMPORTANT

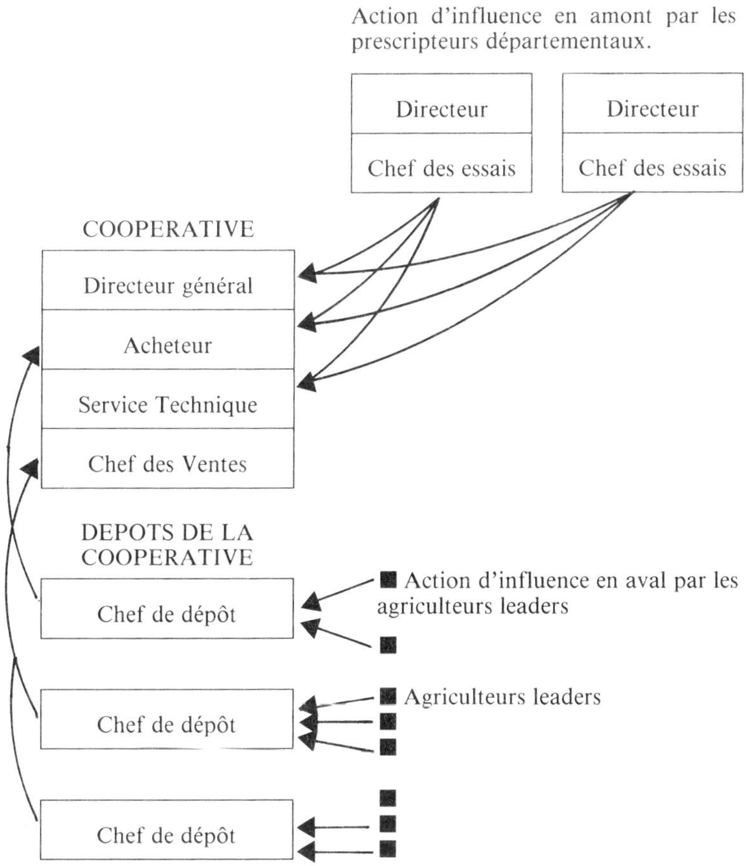

Pour chaque niveau de prise de décision on définira :
1. La fonction.
2. Le *rôle* exercé vis-à-vis de notre entreprise.
3. La nature et les origines du *problème* rencontré.
4. l'*objectif* à atteindre.
5. L'action à entreprendre et le *moment optimum* pour la réaliser.
6. Le résultat obtenu.

Figure 13

est important, il est évident que le vendeur chargé des relations devra être inventif pour multiplier les prétextes de rencontres, de façon à éviter absolument la « visite de routine ».
Ceci demande une variation sur les thèmes de la visite de tour d'horizon approfondi, du déjeuner, de la rencontre fortuite au cours de telle manifestation (rencontre pas si fortuite que cela... Il suffit de s'être renseigné sur les habitudes de son client), de l'inauguration d'une réalisation, de la conférence sur un thème économique ou technique d'actualité, de la mise en route d'une nouvelle installation, etc.
Pour que chaque rencontre soit exploitée à fond, nous recommandons l'élaboration d'un document représentant graphiquement tout le réseau d'influences qui peuvent favoriser vos démarches.

LE DEJEUNER D'AFFAIRES

Parmi les occasions de rencontre d'un client important, il y a le déjeuner d'affaires. Nous voudrions à cet égard redécouvrir l'intérêt de ce genre de réunion en vous proposant un plan de travail agrémenté de commentaires. (On constatera que nous sommes assez loin des vues rétrécies de l'Administration Fiscale dont le point de vue semble totalement imperméable à toute préoccupation commerciale.)

LE DÉJEUNER D'AFFAIRES :

Objectifs
• Sortir le client de son environnement professionnel (éliminer les facteurs de perturbation de l'entretien).
• Le placer dans une situation de décontraction (détente, égalité de rapports).
• Trouver des poits communs pour créer un climat de sympathie et de compréhension mutuelles (intérêts culinaires, vins).
Organisation et précaution
• S'informer des goûts du client, ce qui peut être l'occasion d'un entretien de complicité avec sa secrétaire, si du moins il s'agit d'un cadre important.
• Organiser soi-même le choix du lieu pour rester maître du déroulement. Proposer et confirmer l'endroit, la date et l'heure.
• Définir au préalable s'il y a un problème professionnel à débattre avant le repas.
• Ne pas inviter un nouveau client important au tout début des relations.
Déroulement du repas et tactique
Faut-il distiller la négociation tout au long du repas ? Par exemple :
Apéritif, prise de contact et choix du menu selon appréciation des goûts.
Hors-d'œuvre : découverte du problème et des centres d'intérêt.
Plat principal : synthèse, proposition, avantages à maintenir vos relations.
Dessert : remarques et objections à traiter.
Café : Conclusion et ouverture du suivi.
On va empoisonner tout le charme du repas !
D'autres tiennent pour aborder l'essentiel à la fin.
Mais les cerveaux sont bien obscurcis par la richesse des mets et l'alcool des vins !
Nous proposons une autre tactique :
Entre l'apéritif et le début du repas, on « évacue » pour mieux apprécier la qualité de la table, les problèmes en suspens. Cela peut durer longtemps mais le client qui a faim sera peut-être incité à se prononcer plus rapidement. (Peut-être le choix des vins que vous effectuerez ensuite tiendra compte de l'ampleur de l'accord !) Puis au cours du repas, vous allez profiter du climat de détente pour explorer, mine de rien — en vous livrant vous-même un peu pour inciter votre interlocuteur à parler — sa formation, son passé professionnel, ses succès, sa trajectoire espérée, ses passe-temps favoris, les règles internes propres à sa Société...
On peut même envisager de donner un tour personnel à certaines préoccupations professionnelles de dirigeants :
— « Je vais vous poser une question personnelle : dans votre métier, à votre niveau de responsabilité, qu'est-ce qui vous empêche parfois de dormir ? ».

Tableau 14

EN CAS D'AFFRONTEMENT, QUELLE CONDUITE ADOPTER ?

On redoute toujours, à juste titre, l'incident qui s'amplifie jusqu'à devenir un affrontement. Quand on se trouve placé dans une telle circonstance, il convient comme toujours de garder la tête froide et de suivre ces quelques conseils :

• D'abord éviter, en croyant l'amadouer, de se ranger dans le camp du client et d'abonder dans son sens.

• Evaluer le niveau, l'intensité, la maturité de la situation d'affrontement.

• En menant l'enquête auprès de votre interlocuteur habituel chez le client important, procéder par effritement :

— « De quoi s'agit-il ? »

— « Où se situe la difficulté (sociétés ? hommes ? produits ?) »

• Eviter de se mettre en cause ou de mettre en cause, *a priori*, votre société.

• Déceler s'il n'y a pas un jeu de comédie de la part de votre interlocuteur. Quelle est, dans ce différend, l'influence de sa propre personnalité ?

• Remercier l'interlocuteur de vous avoir alerté sur la difficulté rencontrée.

• Alerter immédiatement la hiérarchie de l'entreprise avant que l'« incendie » ne prenne de trop grandes proportions.

• Ne jamais rompre la relation avec le client important même s'il a l'intention de vous abandonner comme fournisseur.

• Enfin, si ce client important est perdu, après quelques mois, replacez-le dans le fichier de prospection. C'est le « retour à la case départ ».

13

UN DIRECTEUR DES VENTES PEDAGOGUE

☐ La dimension pédagogique ☐ Culture d'entreprise ou entreprise de culture ? ☐ Réflexions sur la formation des vendeurs ☐ Les obstacles de la formation ☐ Les domaines de la formation commerciale ☐ Les domaines d'une formation commerciale renouvelée ☐ Comment former ? Les moyens et les coûts ☐ Quatre conseils pour maximiser la rentabilité de la formation commerciale ☐ Comment former ? La pédagogie ☐ Annexe 1 — Note sur les interventions des consultants en vue d'améliorer les méthodes et les comportements des dirigeants commerciaux et de l'équipe de vente ☐ Annexe 2 — Un exemple de diagnostic de formation ☐ Annexe 3 — Un exemple de message de formation organisé en phases et points clés.

LA DIMENSION PEDAGOGIQUE

La réflexion sur le rôle des dirigeants et sur les conditions à remplir pour qu'ils réussissent dans leur métier n'a jamais cessé depuis le début de ce siècle. Henri Fayol définissait, on le sait, leur action en cinq chapitres : prévoir, organiser, coordonner, commander, contrôler. Sans récuser cette ancienne définition et sans doute en actualisant l'esprit du commandement, il est significatif qu'aujourd'hui d'autres caractéristiques de la définition du dirigeant soient mises en avant : la pédagogie est de celles-là.
L'accent mis sur la dimension pédagogique concerne tous les cadres, le Directeur des Ventes n'y fait pas exception. Certains pourront s'en étonner. Ne voit-on pas d'abord en lui son esprit d'entreprise, sa qualité de contact, sa stabilité émotionnelle, son intelligence pratique, son aptitude à travailler en groupe, un certain rayonnement, son attention aux autres, sa compétence commerciale, un exercice du commandement de type actif et vigoureux ? Est-il antinomique d'enrichir ces qualités d'une aptitude à expliquer et d'un intérêt sincère porté à la progression de la culture et du savoir-faire des collaborateurs de son équipe de vente ? Sans doute la pédagogie appartient-elle au domaine de l'*autorité douce*, mais celle-ci n'exclut ni l'énergie, ni l'ambition, ni la passion du succès. Elle implique une relation à l'autre plus souple et probablement plus enrichissante, en tous les cas plus acceptable pour le collaborateur concerné.

CULTURE D'ENTREPRISE OU ENTREPRISE DE CULTURE ?

Le thème de la « *culture d'entreprise* » est à la mode. On semble entendre par là un ensemble complexe nourri des usages coutumiers de l'entreprise, des comportements attendus, du mode de relation existant entre les membres du personnel, de la mentalité des dirigeants et des croyances partagées, de l'adhésion à certains buts ultimes, du sentiment d'appartenance à un ensemble humain original, etc. Cependant nous nous demandons si l'emploi du terme culture n'est pas ici abusif : il suggère que l'adhésion conformiste à ce qui est considéré comme le bon usage a une valeur de développement pour l'individu, ce qui n'est pas le cas en général. Ce n'est pas le cas, et ce pourrait pourtant l'être. Voici notre raisonnement à ce sujet.
L'accélération des évolutions techniques, économiques, sociales et de leurs applications dans la vie des entreprises aussi bien que des individus, rend les savoir acquis de plus en plus vite périmés. Les diplômés d'écoles d'ingénieurs observent habituellement qu'entre cinq et dix ans après avoir obtenu leur diplôme, ce qui était considéré comme un enseignement de pointe, non seulement s'est banalisé par une diffu-

sion rapide, mais est devenu partiellement ou totalement périmé. Le savoir technique n'est pas le seul concerné.
Nous intervenons personnellement sur un des segments d'une discipline qui s'appelle le marketing. Sait-on que le mot n'a fait son apparition en France qu'en 1958 (1), que les premiers enseignements de quelques heures n'ont dû commencer que postérieurement à 1960, alors qu'aujourd'hui, trente ans après seulement, des milliers d'étudiants suivent les enseignements de centaines de professeurs de marketing et se plongent dans la lecture des 400 à 500 titres qui traitent de la question. Nombre de ces enseignants et auteurs ont forgé eux-mêmes leurs instruments, et même diplômés de l'enseignement supérieur, se considèrent comme des *autodidactes* du marketing, bien qu'ils l'enseignent avec compétence et *maestria*.
Autodidacte. Voilà le mot lâché. L'accélération du savoir met chaque cadre d'entreprise, tout porteur de parchemins soit-il, à plus ou moins court terme dans l'obligation de renouveler son savoir s'il veut continuer à assumer pleinement sa fonction : ainsi chacun se transforme-t-il en autodidacte. Le mot est employé souvent avec une nuance condescendante. Ceux qui pensent ainsi ont tort : s'instruire soi-même, s'emparer de son perfectionnement est devenu pour tous une ardente obligation. Il n'y a plus de savoirs définitifs.
Aussi est-il important — et de notre point de vue urgent — que dans l'entreprise, se diffuse l'idée que chacun, et notamment depuis le sommet de la hiérarchie jusqu'à l'encadrement intermédiaire et aux cadres du terrain — quelles que soient les fonctions exercées, doit se remettre dans un processus mental d'études permanentes. L'année sabbatique, par la rupture qu'elle crée, n'est pas nécessairement la solution.
Ainsi pourraient se créer des « entreprises de culture » où seraient favorisés pour tous, dans un élan général, l'acquisition et le développement culturels. Le dispositif légal de formation continue institué en France en 1971 ne peut être considéré que comme l'amorce, le signe avant coureur d'une « mise en culture » beaucoup plus large. Et si nous élargissons notre réflexion à l'ensemble de l'entreprise, c'est parce qu'il est difficile d'envisager que la force de vente de l'entreprise puisse se comporter comme une enclave autonome de perfectionnement.
Notre ouvrage se concentrant sur le Directeur des Ventes et sur l'équipe qu'il est chargé de conduire au succès, nous abandonnons ce plus vaste horizon pour rester dans notre champ de vision.

(1) Le Robert date l'apparition du mot en 1959. Or en 1958, un maître de conférences de l'Institut d'Etudes Politiques de Paris a fait devant ses élèves un exposé d'une vingtaine de minutes sur une « nouvelle discipline qui apparaissait aux Etats-Unis et que les étudiants de la Section Economique et Financière ne pouvaient pas ignorer ». Il s'agit de Marc-Edouard Burgard, Directeur Général à l'époque d'Harriet Hubard Ayer, du groupe Unilever.

REFLEXIONS SUR LA FORMATION DES VENDEURS

Aujourd'hui encore, alors que la loi sur la Formation Continue a largement dépassé dix ans d'aplication, on est surpris de constater combien on a encore d'idées erronées sur la formation, et nous ne traitons ici que de la formation des vendeurs.

La formation ne peut pas se réduire à la diffusion d'un message. Qu'il s'agisse de livres (nous somme bien placés pour en parler), de mémentos, de cassettes sonores, de cassettes vidéo, d'enseignement programmé ou de conférences, la seule présentation d'un exposé, aussi clair, aussi séduisant, aussi mis à la portée du public que l'on veut atteindre, soit-il, ne peut pas vraiment être considérée comme une démarche de formation. Bien sûr, chacun de ces moyens permet à quelques individualités de se perfectionner. Mais en ce qui concerne les vendeurs, ceux-ci — à l'exception des plus jeunes — ne sont pas en majorité demandeurs de « formation ». Ils ont leurs habitudes, ils emportent même un certain succès en clientèle (souvent parce qu'ils sont portés par la qualité des produits qu'ils sont chargés de présenter à leur clientèle) et ils vivent dans une certaine illusion en ce qui concerne leur qualification.

Le terme même de « formation » est mal choisi. Ce mot implique que l'on ait coulé celui que l'on veut perfectionner, améliorer, dans une « forme », dans un moule. En quelque sorte qu'on ait plaqué sur cette personne un corps étranger en lui faisant obligation de l'absorber.

Le peu de résultats — soyons exigeant — de la formation tient précisément à l'oubli de cette vérité fondamentale : on ne forme pas quelqu'un. On ne va obtenir une amélioration de cette personne que si on l'amène à prendre en charge elle-même la nécessité de changer de comportement, d'acquérir de nouvelles méthodes de travail ou d'autres connaissances. Or pour que cette prise en charge se produise, il faut qu'un événement provoque une prise de conscience et que cette prise de conscience soit accompagnée jusqu'à la plus ou moins complète transformation de l'individu, transformation dont, il faut le répéter, il est le seul maître.

C'est à partir de ces réflexions fondamentales qu'on peut apprécier non la qualité des programmes — ils sont souvent de bonne qualité — mais la démarche pédagogique adoptée pour créer les conditions de la prise de conscience.

Plus nous avançons en expérience dans notre métier de formateur de vendeur, plus nous sommes convaincus que c'est sur le terrain, en situation réelle chez le client, que se situent les meilleures opportunités de mise en état de réceptivité du vendeur à la nécessité de s'engager personnellement dans une démarche de perfectionnement.

LES OBSTACLES DE LA FORMATION

Le Directeur des Ventes est ainsi en position stratégique pour susciter les situations de formation ou de perfectionnement. Est-ce à dire que l'acceptation de la nécessité de l'amélioration personnelle est facilement obtenue ?

Les obstacles ne manquent pas.

Signalons d'abord, sans le minimiser, l'obstacle dû au changement d'*attitude* que requiert pour celui qui a trop joué de sa position hiérarchique et qui s'essaie à adopter un comportement de formateur, c'est-à-dire qui se met au service de ses collaborateurs pour les aider à se former.

Un autre obstacle est plus considérable. Quand on dispose d'une force de vente composée en majeure partie de commerciaux ayant quinze à vingt ans de métier, l'ouverture au perfectionnement n'est pas acquise d'avance. Comprenons-les. Ceux-là ont leurs certitudes, dues bien souvent au poids des habitudes, bonnes ou mauvaises, que l'on assimile à l'expérience, quand on devrait appeler expérience l'ensemble des événements et des réflexions qu'elles nous ont permis d'engager pour les analyser, pour en comprendre les conséquences et y conformer notre façon d'agir. Passé quarante ans, nous observons que la demande de perfectionnement personnel est plus difficile à obtenir. Il ne s'agit pas nécessairement de sclérose, mais d'une conscience insuffisante d'une remise en question d'une situation d'équilibre dont on ne perçoit pas clairement la fragilité. Du reste, l'âge de 40 ans ne doit pas être considéré comme un âge fatidique : nous avons connu, mais ils sont rares, des « jeunes gens » très disponibles chez des presque sexagénaires et des « vieillards » bloqués de 25 ans.

LES DOMAINES DE LA FORMATION COMMERCIALE

Ce serait avoir une vue singulièrement limitée de la formation commerciale que de la réduire à quelques séminaires de techniques de la vente. Ne serait-ce que parce qu'une politique de formation professionnelle ne se conçoit plus aujourd'hui par une adhésion à quelques programmes en prêt-à-porter. Il faut mettre cette politique de formation en perspective, notamment par rapport aux besoins prévisibles, dus à l'évolution considérable que va connaître la fonction commerciale dans la dernière décennie de ce siècle.

C'est une banalité d'observer que la meilleure qualification des acheteurs, que l'élévation du niveau culturel des différents interlocuteurs qu'un délégué commercial est appelé à rencontrer chez ses clients, nécessitent des vendeurs disposant d'un plus important bagage de connaissances et d'expérience de la négociation.

A ceci s'ajoutent les conséquences prévisibles d'un emploi de plus en plus développé de l'informatique dans les relations entre clients et fournisseurs. Nous évoquons cette question dans le chapitre 10. A partir du moment où le délégué commercial gagne du temps parce qu'il évite des déplacements et parce que les tâches de prise de commande et de transmission sont confiées à l'informatique, on attend de lui qu'il se consacre plus intensément au *conseil* de sa clientèle pour l'aider à mieux s'organiser, à développer son marketing et son action commerciale, à tirer un meilleur parti des dispositions légales et réglementaires sur le plan financier, sur le plan social, sur le plan fiscal, et plus généralement à mieux comprendre les évolutions et les mutations économiques et sociologiques.

On peut donc prédire que les vendeurs, pour être en mesure de dialoguer et de guider leurs interlocuteurs chez les clients, ont à s'investir vigoureusement pour disposer des connaissances indispensables à cette extension de leurs responsabilités, à peine pour eux, s'ils ne comprennent pas la nouvelle dimension de leur métier, de se mettre en situation d'obsolescence et bientôt de rejet. On comprend alors pourquoi aujourd'hui les forces de vente sont recrutées de plus en plus largement chez les Diplômés d'Ecoles de Commerce ou d'Instituts Universitaires de Technologie (action commerciale).

Il reste que parmi les 600 000 délégués commerciaux qui parcourent la France — et au-delà parmi les quelques trois millions de vendeurs que doivent totaliser les différents pays du Marché Unique Européen — pour tous ceux qui n'ont pas eu la chance de disposer du bagage culturel indipensable par leurs études, un grand programme de formation doit être conçu et mis en place.

En voici l'esquisse rapide, présentée sous la forme austère d'un tableau.

Nous ne nous dissimulons pas l'ambition d'un tel programme. Il nous semble cependant le strict indispensable parce qu'inéluctable à moyen terme.

LES DOMAINES D'UNE FORMATION COMMERCIALE RENOUVELEE

I — *Données macro-économiques fondamentales*

- L'économie internationale. Principaux pôles économiques. Pays en voie de développement. Zones de production et marchés de consommation. Courants commerciaux internationaux.
- Les évolutions technologiques. Croissance. Stagnation.
- Les évolutions démographiques. Le chômage.
- Les Etats et l'environnement économique.
- Monnaie et finance. Balance des paiements. Monnaies fortes, monnaies faibles. Inflation et ajustements monétaires : dévaluations, réévaluations.
- Politiques de crédit, politiques fiscales, politiques sociales et financement de ces politiques.

- Politiques économiques, sociales, fiscales et monétaires des pays et leurs répercussions pour les entreprises.
- Consommation et épargne.
- Courants socio-culturels.

II — *L'économie de l'entreprise*

- Connaissance des entreprises. Stratégies, fonctions et structures humaines.
- L'environnement économique propre au secteur d'activité de l'entreprise.
- Marchés, concurrence, marketing de l'entreprise et de ses clients.
- Incidences de la pénurie ou de l'excès d'offre. La spéculation. Localisation des sources d'approvisionnement.

Incidences de la tarification des achats en monnaie étrangère. Les produits et les techniques de substitution.

- Recherche et développement des nouveaux produits.
- La gestion des entreprises. Politique financière. Les incidences d'un retard de paiement et d'un impayé.
- Compréhension des notions de bilan et de compte de résultats.
- Banque et crédit.
- Droit Civil et Commercial. Contrats. Les transferts de propriété et de risques. Responsablités et assurances.
- Distribution. Formes nouvelles et traditionnelles.
- Transports, logistique, stockages.
- Image de l'entreprise, communication institutionnelle, communication publicitaire des produits.

III — *Le métier commercial*

- Connaissance de l'entreprise. Vocation. Esprit. Historique. Stratégie. Structures humaines et fonctions. Organisation.
- Connaissance des produits : mode de fabrication, mode d'emploi, méthodes de mise en œuvre, applications, précautions d'emploi, critères d'efficacité.
- Connaissance de la concurrence : entreprises et groupes, ressources, forces et vulnérabilités. Stratégies.
- Connaissance des entreprises clientes et de leurs débouchés. Incidences des évolutions conjoncturelles, technologiques, sociales, légales et réglementaires sur leurs activités. Connaissance de leurs techniques, de leurs méthodes de travail, de leur langage.

Les problèmes auxquels elles sont confrontées.

Structures de décision. Logique et psychologie des différents décideurs.

- Marketing de l'entreprise.
- Politique de communication institutionnelle et publicitaire.
- Les services de l'entreprise et de leurs relations avec les activités commerciales.
- Politique commerciale et ses implications.

• Analyse du secteur de vente. Structuration du portefeuille de clients (1).
• Détection des prospects.
• Méthode de gestion de son temps par rapport aux objectifs quantitatifs et qualitatifs à atteindre (1).
• Méthode d'organisation des circuits de visites des clients et des prospects (3).
• Suivi des clients et des affaires (1 et 3).
• Organisation de la prospection (3).
• Compréhension de l'informatique et de ses applications.
• Techniques d'expression verbale et écrite. Les concepts et leur vocabulaire.
Comment enrichir son expression et acquérir la fluidité verbale.
• Pratique sommaire de deux langues européennes (anglais, allemand).
• Comportements : aisance corporelle, éducation, protocole.
• Techniques de négociation et de vente (4).
• Techniques d'animation de réunions et de vente face à un groupe d'acheteurs.
• Les contrats commerciaux et leurs clauses.
• Les usages financiers de l'entreprise et leur répercussion sur les modes de règlement des clients.
• Les aides à la vente, coût et mode d'emploi (1).
• Préparation et exploitation des visites.
• Les plans de transmission des informations et leur but.

Tableau 15

COMMENT FORMER, LES MOYENS ET LES COUTS

Certains peuvent penser que la prise en charge d'un tel programme de formation — celui que nous avons présenté nécessite environ trente jours d'enseignement ou de travail en séminaire, soit, étalé sur trois ans, dix jours par an, soit encore près de 5 % du temps du délégué commercial — n'incombe pas à l'entreprise.
Derrière une telle remarque peuvent se cacher soit un désintérêt pour la question, soit l'intention de reporter sur d'autres le coût de l'investissement (— « Nous recrutons des vendeurs déjà formés ailleurs »).
Ce genre de décision à courte vue n'est ni une nouveauté, ni une exception. cependant nous voudrions rappeler que la plupart des êtres hu-

(1) (2) (3) (4) On pourra se reporter aux contenus exposés dans nos différents ouvrages :
1. Les 10 Clefs de l'Efficacité du Délégué Commercial.
2. L'Organisation optimale des Circuits de Visites et de Prospection.
3. La Prospection Commerciale en Action.
4. Les Techniques de la Vente, l'Entretien de Vente, Cassetes Mieux Vendre.

mains a été marquée par l'enseignement de tel professeur ou de tel pédagogue, pas toujours enseignant. C'est assez souligner que l'entreprise qui investit en formation pour ses collaborateurs, outre la séduction qu'elle exerce sur les candidats potentiels et sur le personnel déjà en place, améliore son image et se dote des atouts de l'efficacité. Au profit des autres parfois ? mais pas en proportion suffisante pour renoncer à son « projet éducatif ».
L'investissement en formation ayant été pris en compte, se pose alors la question du choix des moyens les plus efficaces : Formation initiale à l'entrée du nouveau collaborateur dans l'entreprise ou formation continue ? Formation développée dans l'entreprise ou dans son centre de formation si elle est de taille suffisante pour en supporter la charge ou à l'extérieur. Formation spéciale à l'entreprise ou inter-entreprise ? Les critères de choix sont multiples, mais peu nombreux. On prendra bien sûr en considération les notions de coût par personne formée, ce qui peut favoriser la formule inter-entreprise quand l'effectif est faible ou intra-entreprise quand les effectifs sont plus importants.
L'efficacité de la formation tient à plusieurs considérations : en inter-entreprise, on peut échanger et se comparer ; en intra-entreprise, le message est particulièrement adapté aux besoins des bénéficiaires de la formation. Le spécialiste renommé pour sa pédagogie sera préféré à l'homme d'expérience quelle que soit la richesse de celle-ci, du moment que ce spécialiste sait s'adapter au niveau des personnes à former et s'en tenir à un message suffisamment concret pour eux à qui il est destiné.

QUATRE CONSEILS POUR MAXIMISER LA RENTABILITE DE LA FORMATION COMMERCIALE

- D'une façon générale, il vaut mieux éviter les stages standards ou en formule de prêt-à-porter, aussi bien rodés soient-ils.
- Si vous avez recours à un formateur extérieur, il faut le choisir en fonction de sa compréhension de votre entreprise et de votre équipe de vente et de son aptitude à apporter une solution performante, compte tenu de la situation propre de votre entreprise, ce qui se traduira par un programme et une ligne pédagogique définis en étroite participation avec les dirigeants commerciaux et — pourquoi pas ? — avec quelques-uns des intéressés (voir annexe 1 du présent chapitre).
- Il est indispensable que l'encadrement commercial, à commencer par l'encadrement du terrain, non seulement participe et *adhère* à l'élaboration du programme et de la pédagogie, mais *s'engage* à prendre le relais du formateur pour continuer inlassablement le message de formation mis en place par le formateur (concepts, méthode et esprit).
- Pour ce qui concerne la troisième partie du programme, celle que nous avons intitulée « le métier commercial », il convient de choisir un

formateur capable de démontrer les applications du message de formation en situation réelle, chez les clients de votre entreprise.
Nous savons que, pour nombre de formateurs, il ne convient pas de se « risquer » à démontrer ce qu'on enseigne. Nous estimons, pour notre part, que ceux qui se dérobent à l'application limitent fortement la portée de leur enseignement, et en cherchant à préserver leur « prestige » s'exposent à être récusés par ceux qu'ils ont formé, personnage et message.
Les commerciaux apprécient ceux qui, extérieurs à leur métier, se penchent sur celui-ci pour travailler au niveau des intéressés et pour en améliorer l'efficacité, y compris les aspects les plus concrets.

COMMENT FORMER ? LA PEDAGOGIE

Formateur extérieur ou Directeur des Ventes prenant en charge la formation ou la confiant à un animateur de formation interne, quel que soit le statut de celui qui assure la formation, il y a des règles pédagogiques auxquelles chacun doit se soumettre avec humilité. Qu'on nous en permette un bref rappel.
On sait que former ne consiste pas à affirmer un message. Pour que ce message soit reçu il faut avoir créé les conditions de son acceptation. Ceci tient à plusieurs facteurs : le formateur, la définition du message de formation, le lieu et les circonstances de la formation, la prise de conscience par l'intéressé.
1. — Deux qualités fondamentales attendues d'un formateur peuvent être résumées ainsi : « la passion d'expliquer, la patience d'expliquer » ce qui suppose un formateur disponible, et qui aura donc réglé au moins provisoirement les préoccupations qui pourraient interférer avec l'attention à porter aux personnes à former.
2. — A ces qualités intrinsèques s'ajoutera la qualité du message à transmettre. Celui-ci doit être clair, non seulement dans l'esprit du formateur, mais aussi pour son bénéficiaire. A cet effet, l'enseignement à transmettre sera décomposé en parties successives ou *phases* de façon à être assimilable au rythme du ou des intéressés. Selon que l'on a affaire à quelqu'un de vif et d'un niveau supérieur d'intelligence, ou à quelqu'un de moins apte à comprendre ce qui lui est exposé, on regroupera ou on détaillera davantage ce qu'on a à transmettre.
Pour favoriser l'assimilation de chaque phase, le formateur se préoccupe de fournir des points de repères que l'on appelle les « points clés ». En somme le point clé est ce qui permet de réussir la phase en question et de passer à la phase suivante.
Nous présentons en annexe 3 de ce chapitre un exemple de message découpé en phases et points clés.
Un message de formation ne sera considéré comme bien au point qu'après essais successifs.

3. — Il s'agit à présent de préparer le lieu et les circonstances de la formation. Le lieu choisi requiert la tranquillité. Il conviendra de s'assurer que le matériel nécessaire (vidéo par exemple) a été disposé commodément et qu'il fonctionne (attention ! le détail oublié se vengera tôt ou tard...).
De même il convient d'abstraire momentanément le ou les bénéficiaires de la formation de ce qui peut faire écran à leur disponibilité : périodes d'intense activité, appels téléphoniques au cours des séances de formation, etc.
Nous ajouterons pour cette phase de préparation de la formation qu'il est opportun de soigner l'accueil, nécessairement sympathique, des personnes à former : une tasse de café et un formateur décontracté et souriant sont des minimums à ne pas négliger.
4. — Il s'agit maintenant de préparer le ou les intéressés à la réception du message de formation. *A priori*, tous ne sont pas demandeurs de perfectionnement ou d'acquisition de connaissances. Il va donc falloir passer par un stade de prise de conscience du besoin.
Le formateur s'appuie soit sur une grille d'évaluation (se reporter au chapitre 15), soit sur la création d'un événement qui provoquera une sorte de « mise en déséquilibre ». Cet événement peut être un jeu ou une simulation (sketch) ou encore simplement la description d'une circonstance déjà survenue ou pouvant survenir qui met les intéressés dans un état où ils constatent une insuffisance, insuffisance que précisément le formateur va compenser par ses apports.
Dès lors, les finalités de la formation apparaissent clairement. On formalisera le constat de carence pour mobiliser l'attention et les énergies des participants. Les intéressés peuvent être considérés comme prêt à recevoir l'instruction.
On entre à partir de ce moment dans la partie classique de la formation, c'est-à-dire l'exposé du message, sa démonstration et l'entraînement à l'application.
1. — L'exposé du message sera effectué comme indiqué ci-dessus, phase par phase en soulignant pour chaque phase les points clés qui en facilitent la compréhension, la mémorisation et l'application.
Toutefois, la compréhension n'allant pas nécessairement de soi pour chacun, il convient que le formateur soit vigilant à ne pas laisser certains perdre pied.
2. — C'est au cours de la phase d'application que certaines incompréhensions peuvent apparaître. Le formateur reprendra alors l'explication de son message (la « patience d'expliquer ») au besoin en changeant de mots.
3. — La pédagogie est indissociable de la psychologie. Les progrès accomplis, même minimes, seront remarqués et donneront lieu à des félicitations. Non pas des félicitations toutes prêtes et conventionnelles, mais l'appréciation des efforts accomplis et la mise en évidence des premiers résultats. L'objectif visé est de révéler à chacun que le mes-

sage et son application sont à sa portée, que l'effort est payant et qu'il est en route pour prendre lui-même en charge ses progrès en persévérant dans la ligne de conduite à laquelle le formateur l'a initié. Qu'on se rappelle ici notre réflexion sur ce qu'est la démarche de formation : seul chaque individu est le maître de sa transformation personnelle, le formateur étant le catalyseur de cette transformation.

4. — Un stage de formation ne se conclut pas. Nous voulons dire qu'il ne constitue que la première étape d'un processus de plus longue durée. Il s'agira donc de favoriser les conditions d'une application qui peut buter sur des difficultés. Difficultés dues aux bénéficiaires eux-mêmes qui peuvent douter de leur aptitude à persévérer. Difficultés dues à la rencontre d'événements qui peuvent faire douter du bien-fondé du message.

C'est pourquoi nous avons insisté sur le relais à prendre par l'encadrement terrain afin que la flamme de l'effort de perfectionnement ne s'éteigne pas, cet encadrement, au même titre que le formateur lui-même (si sa disponibilité est suffisante) constituant en quelque sorte le recours à consulter en cas de difficulté pratique d'application. (— « Si ça ne va pas, appelez-moi à... »).

On n'oubliera pas la sérieuse exigence à laquelle se soumet celui qui forme les autres : « Si l'intéressé a mal appris, c'est que le formateur a mal enseigné ».

FORMATION-ANNEXE 1

NOTE SUR LES INTERVENTIONS DE CONSULTANTS EN VUE D'AMELIORER LES METHODES ET LES COMPORTEMENTS DES DIRIGEANTS COMMERCIAUX ET DE L'EQUIPE DE VENTE

Même s'il existe un corps organisé de réflexions et de méthodes, fondé sur une multiplicité d'observations et d'expériences conduites en entreprises — et nous avons mis au point un tel dispositif — une intervention ne peut pas se concevoir comme l'application aveugle d'un système dans l'organisation et le vie de l'entreprise : le risque de rejet serait important.

Il convient donc, pour le consultant, d'aborder cette intervention en écoutant d'abord les différentes parties en présence (direction générale, direction commerciale et des ventes, encadrement intermédiaire, force de vente), afin de faire apparaître les différentes « lectures » de la question qui a suscité l'intervention. Il s'agit en même temps de se pénétrer des buts (des objectifs) que poursuit l'entreprise et de son « climat » particulier. La collecte de ces matérieux éclaire les meilleures possibilités d'insertion des solutions qui seront prescrites.

Il ne s'agit jamais de « plaquer » les solutions inventées par l'intervenant, mais au contraire de composer, à partir des méthodes propres au consultant et en organisant une sorte de dialogue avec l'expérience, le « vécu », les aptitudes, le développement des personnes concernées, une solution spéciale pour l'entreprise et son personnel.

Cette « composition » entre les points de vue en présence, les méthodes du consultant et les expériences des dirigeants commerciaux est un gage de l'adhésion de ces derniers à l'application des changements prescrits et à l'évolution des esprits qu'ils requièrent.

Le champ des solutions est assez vaste. On les évoquera autour de quatre axes :

1. — Corrélation entre les objectifs, la définition de fonction, les activités et la gestion du temps du ou des dirigeants commerciaux.

2. — Moyens pratiques de constitution et d'animation de l'équipe de vente (profil de collaboration souhaité, méthode de recrutement, méthode d'évaluation, entretiens personnels périodiques, animation des réunions, etc.).

3. — Méthodes de travail des collaborateurs (repérage et suivi des clients, organisation du rythme des contacts, de la prospection et des jeux d'influence parfois nécessaire, gestion des objectifs et des résultats, gestion du temps, conception de moyens d'aide à l'organisation du travail des commerciaux, perfectionnement de leurs démarches de négociation, etc.).

4. — Comportements à adopter par le ou les dirigeants pour correspondre aussi bien au « climat » propre de l'entreprise, qu'à ce que les

collaborateurs peuvent attendre d'un management moderne (le dirigeant comme formateur et entraîneur de sa ou ses équipes commerciales, par exemple).
Est-il indispensable de rappeler que le consultant se considère comme un « médecin » au service de l'entreprise qui lui a demandé l'intervention. Il est tenu au secret professionnel. Il doit savoir respecter la « biologie » de l'entreprise (refus des interventions révolutionnaires). Enfin son intervention, qui doit être génératrice de bons résultats, ne saurait se limiter à la remise d'un rapport de recommandations ; il doit savoir, si tel est le désir de l'entreprise, s'impliquer dans leur mise en œuvre pour en assurer la mise en place harmonieuse.

FORMATION-ANNEXE 2

UN EXEMPLE DE DIAGNOSTIC DE FORMATION

Il nous a paru intéressant d'illustrer ce chapitre sur la formation par un travail récent de diagnostic et de prescription réalisé pour un de nos clients. Nous le présentons sous la forme d'un tableau résumé :

Les insuffisances de vos vendeurs	*Les réponses de la formation et quelques recommandations à l'encadrement*
1. Manque de culture générale (Marketing, Finance, Fiscalité, Gestion, Economie). 2. Manque de connaissance des produits de votre entreprise, de leurs applications et des produits de la concurrence.	1-2 • Formation *ad hoc* par les spécialistes de votre entreprise (Directeur du Marketing, Directeur Financier, etc.). • Formation par certains clients de votre entreprise. • Diffuser deux messages : — « Nous sommes tous en train d'apprendre en permanence ». — « On ne connaît bien que ce qu'on est capable d'enseigner ». • Rôle pédagogique de l'encadrement.
3. Fluidité verbale et richesse du vocabulaire insuffisants.	3 — Favoriser la pratique des exposés au cours des réunions (préparés avec des documents). Susciter des volontaires. Enregistrer en vidéo.
4. Pratique d'une langue européenne, dans la perspective du Marché Unique Européen.	4 — Laboratoires de langues (Pensez aux laboratoires de langues des ESCAE, par exemple).
5. Mauvaise compréhension de la politique commerciale de votre entreprise.	5 — Rôle du Directeur Commercial.
6. Méconnaissance du fonctionnement interne de votre entreprise.	6 — Stage ouvrier dans votre entreprise ou dans une société sœur.
7. Vendeurs impressionnés et paralysés face aux grands comptes.	7 — Expériences progressives (missions) (1).
8. Manque d'organisation (gestion de la clientèle, temps, tournées, voiture...).	8 — Stage animé par votre chef des ventes ou un formateur extérieur.
9. Négociations insuffisantes des conditions commerciales.	9 — Formation par le Directeur Financier de votre entreprise.

(1) Voir page 37 du présent ouvrage.

10. Manque de découverte (recueil d'informations sur le client). Insuffisance de l'argumentation. Méconnaissance des structures de décision chez vos clients. Faible traitement des objections. Difficultés à conclure.	10 — Stage de technique de la vente par votre chef des ventes ou un formateur extérieur, avec magnétoscope.
11. Attention négligente aux recouvrements.	11. — Anecdote de l'oubli de virement du salaire...(2)
12. Technique et efficacité de la prospection.	12. — Stage de vente en prospection, avec magnétoscope.
13. Mauvaise utilisation des moyens d'aide à la vente et méconnaissance de leur coût.	13. — • Ces moyens d'aide à la vente ont-ils été conçus avec les intéressés ? • Rappel du coût de chaque moyen par votre chef des ventes. • Questions sur leur emploi à l'occasion d'accompagnement-formation ou d'appui-vente.
14. Pas de vue synthétique sur le secteur de vente.	14. — Mise au point d'un rapport trimestriel ou semestriel sur les événements significatifs du secteur de vente, avec plan type.
15. Comptes rendus brouillons.	15. — • Proposez un plan type à vos vendeurs. • Expliquez le but du compte rendu par qui il est lu, la suite qui en est donnée.
16. Préparation irrégulière des visites.	16. — A l'occasion d'accompagnements-formation, posez la question — « Qu'allez-vous faire chez ce client ? » et si la réponse est insuffisante, ajoutez : — « Maintenant préparons-le ensemble. »

(2) Cette anecdote se raconte de la façon suivante. Le chef des ventes s'adresse à ses vendeurs :
— « Vous pensez, messieurs, que quand vous avez pris la commande, vous avez fait tout le travail que l'on attend de vous et que la question du règlement ne vous concerne pas ?
Que diriez-vous si, à la fin du mois, notre entreprise se contentait de vous adresser un bulletin de salaire et omettait, parce que c'est une question secondaire, n'est-ce pas, de virer votre salaire sur votre compte bancaire ?
On en entendrait des protestations !
Et bien, votre négligence quant à la bonne fin du règlement de votre vente, pour notre entreprise équivaut à l'« oubli » du versement du chèque. »

FORMATION-ANNEXE 3

EXEMPLE DE MESSAGE DE FORMATION ORGANISE EN PHASES ET POINTS CLES

Le formateur a pour mission fondamentale, non seulement de transmettre un SAVOIR, mais également un SAVOIR-FAIRE.
Pour faciliter la transmission, l'assimilation et l'application, il est indispensable que le message de formation (= ce qu'on doit apprendre à faire) soit organisé en *phases* (étapes) et points clés (détails importants pour la compréhension et l'application).

Exemple de découpage d'un message :
COMMENT APPRENDRE A VENDRE NOS PRODUITS À UN VENDEUR DEBUTANT (vente en LSP).

PHASES	Points clés Que faire ? Que dire ?
1. Comment entraîner le client à venir au camion ?	Préalable : camion propre, bien rangé.
Garer le camion assez près de chez le client.	Pas trop près (pour isoler le client de son atelier et le concentrer sur nos produits). Nez du camion au vent. Capter le maximum d'éclairage. Les portes restent fermées (pas à clé).
12. Entrer chez le client	1 Entrer franchement 2 Observer (discrètement) : — le nom du propriétaire, — ce qu'il fait, — son équipement, — la concurrence, — s'il a l'air occupé. 3 Saluer 4 Sourire 5 Se présenter — votre nom — nom de l'entreprise 6 Identifier — demander M. X... (si connu) — ou le responsable des achats, — ou le patron 7 Saluer — Se présenter (de nouveau) Votre nom, nom de l'entreprise 8 « Connaissez-vous notre entreprise ? » 9 « Spécialiste en petites fournitures »

13. Inviter à l'action	— « Nous avons tout sur place. Vous avez bien une petite minute. Venez-voir le camion. Il est là. »
Si le client résiste, sonder l'objection	• Chercher à savoir pourquoi : — « Qu'est-ce qui ne vous intéresse pas ? »
Selon réponse — annoncer prochaine visite — apprendre quel est son fournisseur	— « Comment vous approvisionnez-vous ? »
Le faire parler des — indisponibilités — manques — articles auxquels il ne pense pas conséquences pour lui Invitation à visiter le camion	— « Avez-vous déjà eu des commandes différées ? Quelles en ont été les conséquences pour vous ? » — « Avez-vous dû déjà vous faire dépanner au dernier moment parce que vous n'étiez pas livré ? Conséquence : perte de temps ? »
2 Pendant le trajet jusqu'au camion	1. Bavarder avec lui de son métier. 2. Ouvrir le camion. 3. Observer le client. 4. L'inviter courtoisement à entrer. Et le suivre. 5. Evitez-lui de se cogner : — « Attention à votre tête ! »
3 Le client est dans le camion.	1. Laisser le client s'habituer à la présentation intérieure (cinq secondes). 2. Observer ce qu'il regarde. 3. Ne pas serrer le client de près. 4. Ne pas tourner le dos au client. 5. Présenter les familles de produits rapidement. 6. Présenter en détail chaque famille en mettant en main les articles significatifs (notamment les articles que le client a remarqués). 7. Sachez dans certains cas refuser psychologiquement la vente de certains articles « parce qu'on n'est pas bien placé ». 8. Si le client a une spécialité (par exemple électricien-auto) proposer des articles hors de ses achats courants pour éviter les comparaisons de prix.
4a) Le client reste indifférent.	• Faire des propositions directes (articles d'appel) — « Qu'en pensez-vous ? » • Interroger le client sur ses utilisations dans son métier. • Continuer jusqu'à trouver la réceptivité 4b.

4b) Le client est réceptif	• Mettre en main l'article ; — Si le client le repousse, passez à un autre article. — Si le client l'accepte faites-le lui poser sur la tablette ou posez-le vous-même. • Arrêtez alors d'argumenter. • Allez vite. • Ne laissez pas tomber le rythme. • Passez à l'article suivant.
5 Evaluer le potentiel d'achat du client.	• Ne pas forcer en prospection. • Examiner la cadence de passage acceptée par le client. • Tenir compte de la taille de l'entreprise. • Apprendre si celui qui achète verra ou non la facture. • Distinguer : — ce que le client achète (besoin apparent) ; — ce qu'on va lui vendre (besoin caché). • Conclure et mettre sur la tablette article par article.
6 Rédiger le Bon de livraison (BL).	1. Le tarif et la liasse de BL sont à l'arrière du véhicule. 2. Pour un prospect, ne pas remplir l'espace réservé aux coordonnées (cf. § 10). 3. Placer en tête les articles de petit prix ou les articles facilement acceptés. 4. Les articles de prix importants sont intercalés dans la masse des articles. 5. Placer de nouveau des articles de petit prix à la fin. 6. Rédaction imprécise. 7. Mentionner de préférence l'unité de vente et non les quantités (par exemple lot, boîte, sac, etc.). 8. Se limiter à l'inscription du prix unitaire (éviter de remplir la colonne n° 2). 9. Remettre le BL. 10. Contrôler le nombre d'articles sur la tablette et le nombre de lignes sur le BL pour ne rien oublier. 11. Pour les coordonnées du prospect lui faire apposer son cachet au bureau. 12. Si le total est demandé, tenter d'éluder la question. Si le client insiste, annoncez-le. 13. Parler pendant la rédaction ou l'inviter à regarder l'assortiment du camion « pour voir si on n'a rien oublié », vous créez ainsi un dérivatif à la demande de prix.

14

L'ACCOMPAGNEMENT-FORMATION

□ La formation sur le terrain □ Difficultés de l'accompagnement-formation □ Les phases de l'accompagnement-formation □ La préparation de l'accompagnement-formation par le chef des ventes □ L'annonce de l'accompagnement-formation □ Le rendez-vous du vendeur et du chef des ventes □ Le temps d'observation □ La prise de conscience □ Difficulté de la formation □ L'instruction □ La démonstration par le chef des ventes □ Faire faire ou l'application □ Le bilan de l'accompagnement-formation et les perspectives.

LA FORMATION SUR LE TERRAIN

L'*accompagnement-formation* se distingue de l'*appui-vente* bien que les apparences soient les mêmes : le Chef des Ventes accompagne le vendeur pendant une ou deux journées de visites à la clientèle. Mais les *intentions* sont tout à fait différentes : en appui-vente, le chef des ventes est présent pour apporter le poids de sa compétence afin d'aider le vendeur à réussir une phase décisive de la négociation.
L'accompagnement-formation est une étape pratique du perfectionnement du savoir-faire du vendeur.
L'accompagnement-formation se situe ainsi dans l'ensemble de la démarche et de perfectionnement des vendeurs. En effet, quelles que soient les qualités pédagogiques du formateur — que celui-ci soit choisi à l'extérieur ou à l'intérieur de l'entreprise —, la formation en salle ne suffit pas.
Il faut aller sur le terrain. Parce que c'est concret. Parce qu'on peut alors vérifier si la formation en salle est réalisée. Parce qu'on peut aussi éprouver l'aptitude du formateur à vendre, ce qui donne incontestablement plus de densité à son enseignement. Il faut noter d'ailleurs, qu'en refusant d'affronter les clientèles de l'entreprise, le formateur se prive de l'occasion de renforcer son image auprès des forces de vente qui lui sont confiées d'une part, et d'autre part il ne se dote pas d'informations précieuses qu'il pourra utiliser ultérieurement lors de ses animations de séminaires.

DIFFICULTES DE L'ACCOMPAGNEMENT-FORMATION

Accompagner quelqu'un pour le perfectionner n'est pourtant pas évident. L'intéressé se demande pourquoi son patron ou le formateur vient avec lui (sauf bien entendu quand l'usage de l'accompagnement est une institution reconnue de l'entreprise) : est-ce pour le *juger* ? Quelles seront les conséquences de ce *jugement* ? (nous employons à dessein ces termes de juger et de jugement pour mieux les récuser ensuite).
Une tentation courante du chef des ventes consiste pour lui à se substituer au vendeur qui devient lors de l'accompagnement une sorte de porte-valise passif, chargé tout au plus de regarder et d'assimiler la façon de faire de son chef des ventes. On devine que la suite de ce chapitre oriente autrement l'accompagnement-formation.
Autre difficulté propre à l'accompagnement-formation : la présence du chef des ventes peut être ressentie comme intimidante par le vendeur ; le chef des ventes, par sa présence, gêne le vendeur un peu émotif ; le vendeur, impressionné, risque de rater ses essais d'application.
En définitive, on commence à concevoir que notre principe d'acompagnement-formation, est loin de la pratique, encore très ré-

pandue du « vieux-routier de la vente » qui en se posant en modèle de « ce qu'il faut faire pour réussir » risque de transmettre ses tics, sans former le jeune vendeur.
L'accompagnement-formation ne se conçoit pas sans une méthode de vente commune à tous les membres de l'équipe de vente, ni sans une solide pédagogie.

LES PHASES DE L'ACCOMPAGNEMENT-FORMATION

Véritable démarche pédagogique, l'accompagnement-formation comporte une succession d'étapes, avec leur aspect technique et leur effet psychologique.
Ces phases sont, chronologiquement : la préparation par le chef des ventes, l'annonce de l'accompagnement-formation au vendeur, le rendez-vous du vendeur et du chef des ventes, l'observation du comportement et des méthodes du vendeur, la prise de conscience de ses insuffisances par le vendeur au cours d'un point fixe, l'instruction du vendeur par le chef des ventes, la démonstration effectuée par le chef des ventes, l'application par le vendeur et enfin le bilan de l'accompagnement-formation. Nous allons nous engager pas à pas dans chaque phase de ce processus.

LA PREPARATION DE L'ACCOMPAGNEMENT-FORMATION PAR LE CHEF DES VENTES

Il ne peut, bien entendu, être question d'improviser un accompagnement-formation. En général, si le chef des ventes prévoit d'accompagner un de ses vendeurs pour le perfectionner, c'est que celui-là est encore débutant ou que ses résultats ne sont pas encore satisfaisants.
Après l'étude des *statistiques de vente*, détaillées par secteur de représentant, qui ont alerté le chef des ventes sur l'insuffisance des performances de tel ou tel vendeur, le chef des ventes va exploiter le *dossier* du vendeur qu'il compte accompagner, pour se remémorer ses *points faibles* spécifiques et en déduire les points de perfectionnement présumés. La lecture de la précédente *grille d'évaluation*, s'il en existe une, est un document éloquent.
Ainsi, avant de prendre rendez-vous avec le vendeur, le chef des ventes s'est remis dans l'esprit toute l'information utile concernant celui-ci.

L'ANNONCE DE L'ACCOMPAGNEMENT-FORMATION

Le vendeur est informé d'un prochain accompagnement par un appel téléphonique du chef des ventes, quelques jours seulement avant la date fixée. Dans la mesure où le programme des visites est déterminé à

l'avance avec précision, il n'y a que peu de risques que le vendeur ne remanie au dernier moment son organisation pour soutenir une certaine thèse. En effet, craignant une « inspection », certains vendeurs s'ingénient à présenter une sorte de dossier explicatif de leurs mauvaises performances. On réserve par exemple au chef des ventes la tournée des clients coriaces ou caractériels pour faire comprendre qu'avec des « cas » comme ceux-là, il n'est pas étonnant que le secteur de vente connaisse un important décalage par rapport au reste de la région ou de la France. Ou bien le chef des ventes se verra présenter la « tournée des amis », chargés de témoigner face au hiérarchique, nécessairement mal intentionné dans l'esprit du représentant, que ce vendeur est très apprécié, et qu'on ne peut rien reprocher à quelqu'un qui jouit d'une telle estime de sa clientèle, même si les résultats enregistrés sont au-dessous de la moyenne.
Bien entendu, le chef des ventes, surtout s'il est expérimenté, n'est guère dupe de ces plaidoyers organisés. Nous recommandons toutefois à celui-ci d'annoncer l'accompagnement-formation en des termes appropriés pour éviter que le vendeur ne pense qu'il s'agit d'une « inspection ». Le ton amical est ici de rigueur. Nous pensons également qu'il est utile de définir au préalable que rien ne doit être modifié du circuit de visites prévu pour ce jour ou ces jours-là. On peut cependant envisager, pour la commodité de l'accompagnement-formation, que les clients à visiter seront choisis parmi des prospects ou des petits clients, pour pouvoir expérimenter sans risque les principes d'entraînement énoncés ci-après. Nous n'excluons pas non plus, à l'égard de représentants rusés, d'annoncer au dernier moment l'accompagnement-formation. Ceci suppose évidemment que l'entreprise sache où joindre chaque jour ses représentants.

LE RENDEZ-VOUS DU VENDEUR ET DU CHEF DES VENTES

Le téléphone n'est pas le moyen idéal de communication. Le *non-verbal* disparaît et la communication n'a pas toute la souplesse souhaitable. Aussi convient-il de soigner le prélude à l'action d'accompagnement-formation pour expliquer et faire comprendre les buts poursuivis par le chef des ventes. Ce sera l'objet d'un entretien en tête-à-tête. Nous rappelons qu'ici le chef des ventes exerce une fonction pédagogique. Il doit donc s'attacher à éliminer tout risque de malentendu : il ne s'agit pas de coercition ou d'« inspection » ; nous sommes dans une relation d'*aide*.
Dans la mesure du possible, le rendez-vous de préparation de la ou des journées d'accompagnement-formation aura lieu la veille au soir, par exemple à l'hôtel où est descendu le vendeur ou dans un lieu tranquille. Il vaut mieux éviter les brasseries très fréquentées ou le « café de

la gare ». Il vaut mieux également éviter que ce rendez-vous d'explication ait lieu en début de matinée dans la hâte, parce que l'heure du premier rendez-vous est proche.
Pire encore, et à proscrire, l'absence de mise au point préalable : dès la sortie de l'aéroport on se rue chez le premier client !
Au cours de ce rendez-vous, le chef des ventes va s'attacher à créer un climat d'entretien cordial et détendu. Par exemple, plutôt que d'entrer brusquement dans le vif du sujet, il fera parler le vendeur de son contexte actuel de travail, de sa famille, puis progressivement glissera vers les difficultés qu'il rencontre. Suivra un point général, mais fondé sur des *chiffres* et des *faits*, sur ses résultats, ses activités, la gestion de son temps, son organisation, son planning de visites, sur les litiges éventuels. En prenant appui sur les difficultés éprouvées, le chef des ventes cherche ce qu'on appelle en langage pédagogique la « *mise en déséquilibre* », c'est-à-dire la prise de conscience par le vendeur qu'il a besoin d'une « mise à niveau ».
Il n'est cependant pas certain que le vendeur reconnaisse ses difficultés. Certains, par illusion ou par fierté, vont nier l'évidence, tandis que d'autres — c'est en général le cas des jeunes vendeurs — acceptent de se voir conseiller par le chef des ventes. Aussi, selon la déclaration enregistrée, le chef des ventes,
— soit prendra acte du refus de considérer l'insuffisance des résultats et attendra son heure, l'échange sera du type :
— « *Martin, je crois que vous avez des problèmes.* »
— « *Non, je ne le pense pas.* »
— « *Eh bien, je m'intéresse à votre manière de faire...* »
— soit proposera son aide pour sortir le vendeur de ses difficultés, l'échange prendra la tournure suivante :
— « *Durobert, je crois que vous avez des problèmes.* »
— « *Oui, c'est vrai, les choses ne sont pas faciles.* »
— « *Eh bien, on va travailler ensemble pour vous permettre d'en sortir.* »
Quelques précautions seront prises pour le bon déroulement de l'accompagnement-formation.
1. — Comment sera présenté le chef des ventes aux clients visités ?
• Le chef des ventes ne doit pas apparaître comme le supérieur hiérarchique du vendeur. Or bien souvent, ce chef des ventes est déjà connu de la clientèle (il a peut-être été le prédeccesseur de l'actuel vendeur sur ce secteur de vente). Il se fera présenter par son nom, sans rappel de son titre.
• De plus, le chef des ventes doit se placer en position d'observateur et en même temps justifier une présence active. Il est commode alors de spécifier qu'« il vient à l'écoute de la clientèle ».
• Si au cours de la visite, le client, conscient qu'il a affaire au chef des ventes, s'adresse de préférence à lui, le chef des ventes interviendra pour préciser :

— *« Le personnage important, pour vous, c'est Monsieur Durobert (le vendeur), ce n'est pas moi. »*
Tout doit concourir à placer le chef des ventes en retrait.
2. — Définir la méthodc dc travail.
• Il faut convenir explicitement avec le vendeur de la nécessité de se placer en position d'observateur, donc effacé. Mais il est également entendu que celui-ci reste vigilant, prêt à intervenir en cas de difficultés. Du moins vis-à-vis de celui qui accepte le principe du perfectionnement. Il ne sera pas aussi amical vis-à-vis de celui qui nie les difficultés.
3. — Préparer la journée et les visites.
Ici encore ; selon la position adoptée au départ par le vendeur, le chef des ventes prendra deux partis différents :
• Si le vendeur manque de confiance en lui et est demandeur de formation, le chef des ventes préparera avec soin la journée et les visites avec le vendeur.
• Si le vendeur se montre sûr de lui, il le laissera faire. Il faut parvenir à une situation de mise en porte-à-faux pour favoriser la prise de conscience de l'insuffisance.

LE TEMPS D'OBSERVATION

Pendant les deux ou trois premières visites de la journée, le chef des ventes mobilise son attention — ce qui est toujours difficile — pour capter ce qui doit faire l'objet d'améliorations. Ce temps consacré prioritairement à l'observation nécessite plusieurs recommandations :
1. — Etre objectif. L'évaluation ne se fait pas par rapport au niveau de qualification atteint par le chef des ventes, mais par rapport aux possibilités du vendeur, par rapport à son degré d'évolution. (La grille d'évaluation est pour cela un instrument indispensable.)
2. — Observer non seulement l'effet, mais aussi la cause. Si par exemple, le vendeur a été désarçonné par une objection, n'est-ce pas parce qu'il a omis de faire préciser quelque chose à son client pendant la *découverte* ?
3. — Ne pas se disperser. Se concentrer sur l'essentiel.
4. — Savoir laisser faire, même si le vendeur manœuvre maladroitement. Le chef des ventes est là pour saisir les difficultés, les faire constater à l'intéressé et le perfectionner ensuite. Il vaut mieux que les difficultés surviennent chez des clients peu importants pour l'entreprise.
5. — Trouver une certaine répétitivité du phénomène observé, afin que l'intéressé n'invoque pas ensuite son caractère exceptionnel.

LA PRISE DE CONSCIENCE

Au risque de lasser, nous rappelons que le chef des ventes est dans cette circonstance un pédagogue. Il est là pour *aider* le vendeur, et non pour prononcer des jugements tranchants.
Le moment de cette prise de conscience se situe souvent en fin de matinée ou à la fin de la première journée, si l'accompagnement dure plusieurs jours. Le chef des ventes et le vendeur vont prendre un peu de temps pour faire le point.
Les observations émaneront aussi bien du vendeur que du chef des ventes. Ce dernier, pour centrer le vendeur sur ses déficiences, lui posera des questions, de préférence à l'énoncé de ses observations. (Les questions nous semblent moins chargées d'accusations) :
— « *Que pensez-vous de ce qui s'est passé chez... ?* »
— « *A tel moment, chez (tel client), avez-vous perçu... ?* »
— « *Avez-vous remarqué la réaction de M... quand vous lui avez dit... ?* »
— « *Qu'aurait-il fallu faire ou dire ?* »
— « *Quel est votre avis sur l'origine de (telle réaction) du client ?* »
Cette recherche des points à améliorer, effectuée en commun, doit conduire à l'accord de l'intéressé.

DIFFICULTE DE LA FORMATION

Il faut cependant examiner de près une difficulté inhérente à cette prise de conscience :
Le vendeur se voit à sa façon. Il croit être et agir professionnellement d'une façon qui lui paraît orthodoxe. Ceci est particulièrement remarquable chez les vendeurs qui ont plusieurs années d'expérience. De plus, l'intéressé se trouve à l'aise dans cet ensemble de façons de faire. Or précisément, par son intervention, le chef des ventes va modifier une situation d'équilibre qui satisfait le vendeur et qui ne convient pas au chef des ventes soucieux de faire pratiquer la méthode de vente en usage dans l'entreprise.
Nous sommes ici en présence d'une de ces difficultés majeures rencontrées par tout formateur cherchant à inculquer ou à rappeler une méthode de vente : souvent, pour le vendeur ayant une certaine ancienneté, un certain savoir-faire personnel glané çà et là, la nouvelle méthode reste extérieure à ses « habitudes » et constitue quand on la lui enseigne ou quand on la lui rappelle une sorte de dérivation qui ne s'intègre pas à sa façon de procéder, qui ne l'inspire pas ou guère et qui ne l'alimente pas.
La force de la routine s'oppose au message de formation. Il n'est pas excessif de demander à celui qui agit en tant que formateur d'avoir la passion, la patience, la persévérance et la volonté d'expliquer et de faire appliquer.

L'INSTRUCTION

Le vendeur va-t-il changer de trajectoire ? Ce changement sera-t-il durable ? Entrera-t-il dans la pratique de tous les jours ? Pour favoriser la mise en application, le chef des ventes, comme tout pédagogue, va entraîner le vendeur dans le cycle : enseignement — démonstration — application — redressement des erreurs et encouragement — contrôle.
La première étape de ce cycle est l'instruction. Instruire consiste en la circonstance à rappeler la méthode de vente, ou du moins les éléments nécessaires pour parer aux déficiences constatées et admises.
Ce rappel de la méthode doit se faire de façon orthodoxe et rigoureusement exposée en phases et en points clés (voir présentation schématique de la méthode de vente dans le chapitre *Les Méthodes de travail des vendeurs*).

LA DEMONSTRATION PAR LE CHEF DE VENTES

Dire est une chose. Montrer en est une autre, beaucoup plus efficace. C'est au chef des ventes qu'incombe cette mission dans le cadre de l'accompagnement-formation. Ceci suppose qu'il soit lui-même un assez bon vendeur, et qu'il sache se mettre à la portée des aptitudes du vendeur qu'il perfectionne. Il nc s'agit pour le chef de ventes, ni de « faire son numéro » en se mettant hors de portée du vendeur en raison de ses talents propres, ni d'effectuer une démonstration fantaisiste : la méthode de vente sera rigoureusement appliquée.
Une difficulté peut surgir : et si, en faisant sa démonstration de la manière de faire, le chef des ventes échoue devant son vendeur ? Que faut-il penser du risque d'échec ?
Tout d'abord, il convient de ne pas prendre de risques inutiles : faire ce qu'on ne fait pas très bien, choisir pour terrain de la démonstration un client difficile, etc.
Mais nous pensons que cet échec n'a rien de dramatique. Au-delà des ricanements intériorisés du vendeur, celui-ci rendra hommage à son chef des ventes (— « Après tout, il a fait cela pour m'aider »), pour autant que ce chef des ventes agisse conformément à une attitude de compréhension et d'aide. Et puis, être chef, ce n'est pas être le meilleur en tout (ce qui rend alors le personnage inaccessible) mais au contraire, être celui qui guide, qui explique, qui fait progresser.
Il est indispensable, qu'à l'issue de sa démonstration, le chef des ventes vérifie auprès du vendeur s'il a suivi et s'il a compris.

FAIRE FAIRE OU L'APPLICATION

A présent le chef des ventes va demander au vendeur d'appliquer ce qu'il lui a rappelé puis démontré. Appliquer en présence du chef des ventes n'est pas facile pour le vendeur. Il se sent observé, il a compris

ses insuffisances, il cherche à éviter cette épreuve (— « ... Votre présence me paralyse, je vais avoir du mal à appliquer... »).
Le chef des ventes doit, à ce stade de l'accompagnement-formation, se montrer particulièrement amical et chaleureux et mettre à l'aise et donner confiance au vendeur.
Il pourra, par exemple, glisser l'application de telle phase de la méthode de vente dans une répartition du travail (comme elle est pratiquée dans l'appui-vente). Cette façon de faire illustre particulièrement bien le principe du chef des ventes travaillant au coude à coude avec ses vendeurs.
Et les applications vont se succéder, une fois, deux fois, plusieurs fois, ponctuées par les félicitations, les encouragements et les conseils du chef des ventes.

LE BILAN DE L'ACCOMPAGNEMENT-FORMATION ET LES PERSPECTIVES

A la fin de la journée ou des journées d'accompagnement-formation, le chef des ventes fait le point avec le vendeur :
- Quel était l'objectif de départ ?
— Qu'a-t-on fait ?
— Où en est-on ?
— Que vous reste-t-il à faire ?

Le chef des ventes prend accord avec le vendeur sur les efforts qu'il a encore à accomplir. Il va également faire ressortir tous les aspects positifs, dans un esprit de bilan équilibré des forces et des points à améliorer, assortis de conseils. On peut même envisager de rédiger une sorte de mémento, dont un exemplaire sera remis au vendeur et l'autre figurera dans le dossier personnel du vendeur tenu par le chef des ventes. Et parce que les engagements à l'action, même assortis d'encouragements et appuyés par le mémento peuvent ne pas être suffisants, nous recommandons d'annoncer un prochain accompagnement qui sera sans doute perçu, en partie comme une pression pour vérifier si les conseils ont été durablement mis en application et en partie aussi comme un signe sincère d'intérêt aux progrès qui seront accomplis.

15

L'EVALUATION DES VENDEURS

□ L'enjeu de l'évaluation □ Les objectifs de l'évaluation □ L'évaluation des vendeurs dans l'environnement de l'entreprise □ Les acteurs de l'évaluation ; l'évaluateur et l'évalué □ Les domaines de l'évaluation □ Qu'est-ce qui conditionne les comportements du vendeur ? □ Les instruments de l'évaluation : l'étalon de mesure □ Le support de l'évaluation : notation ou description ? □ La règle du jeu de la grille d'évaluation □ Le contenu de la grille d'évaluation □ Une grille d'évaluation acceptée par tous □ Les entretiens d'évaluation et leur rythme □ L'entretien mensuel individuel □ Le point effectué à partir de la grille d'évaluation □ L'entretien annuel d'évaluation et d'échange □ Esprit de l'entretien annuel □ Contenu de l'entretien annuel : bilan et perspectives.

La question de l'évaluation n'est pas simple. Elle est redoutée par celui qui la subit parce que son interprétation prête à suspicion. Celui qui la met en œuvre s'interroge sur sa légitimité : est-il fondé, et au nom de quoi, à exercer un jugement sur autrui ? Certains climats d'entreprise, dus aux difficultés économiques, aux menaces de licenciement, aux tensions sociales qui s'y exercent, sont contraires à la sérénité qu'exige l'entretien d'évaluation. Il n'est pas jusqu'à certains styles de commandement, autoritaires et directifs, qui font de l'évaluation un instrument de domination peu propice à la coopération qu'elle induit.
Une autre difficulté liée à l'évaluation tient à la complexité du champ d'application : faut-il la limiter aux résultats ? faut-il englober les activités qui les conditionnent ? faut-il prendre en considération les comportements, les attitudes, les motivations, les connaissances, le caractère même de l'intéressé ?
On s'interroge aussi sur les buts, sur les moments et sur les rythmes de l'évaluation : on évalue pour recruter, bien sûr ; ensuite pour une affectation, une mutation, une promotion, une formation. Doit-elle préluder aux décisions de sanction et de rémunération ?
En somme, la question de l'évaluation peut-elle être posée clairement ?
Nous tenterons de cerner la question en rappelant l'*enjeu* de l'évaluation, ses *objectifs*, dans quel *environnement* elle se situe, ses *acteurs*, les *domaines* qu'elle aborde et ses *méthodes*.

L'ENJEU DE L'EVALUATION

Un directeur des ventes qui aborde pour la première fois la question de l'évaluation de ses délégués commerciaux peut objecter :
— « *Nous travaillons côte à côte (comme vous me l'avez prescrit), je rencontre fréquemment chacun des délégués. Si nous avons des choses à nous dire, nous le faisons au fur et à mesure. Pourquoi voudriez-vous que j'attende et que je donne un tour solennel à la circonstance de l'évaluation ?* »
Bien qu'étant également une des pratiques du management, l'évaluation se différencie des directives quotidiennes ou périodiques du directeur des ventes aux membres de la force de vente. L'évaluation a pour ambition de replacer l'intéressé dans une *perspective* globale, de lui permettre de faire le point afin d'optimiser ses ressources et ses moyens personnels avant de se replacer sur sa *trajectoire*.
L'évaluation recherche donc la vue d'ensemble et se conçoit comme une étape dans un mouvement.
En réalité, il n'y a pas *une* évaluation, mais *des* évaluations, dont les enjeux sont différents.
— Ce qu'on cherche à connaître d'un candidat qui se présente à un recrutement (voir chapitre 6 à ce sujet) tend à saisir l'individu dans sa to-

talité, et notamment ce qu'il a en lui d'intangible pour prédire si son profil est bien celui qui convient pour tenir sa place, s'épanouir et progresser au sein de la force de vente.
— L'évaluation effectuée en vue d'une affectation, d'une mutation ou d'une promotion, tiendra à compléter ce qui figure déjà dans le dossier du candidat et qui a été établi au moment de son recrutement, pour déceler si l'intéressé dispose des potentialités indispensables pour être à la hauteur du poste pour lequel la Direction pense à lui. (Nous avons vu que le moyen le plus pratique de tester les aptitudes, les attitudes et les motivations consiste dans ce cas à confier des missions spéciales à celui que l'on cherche à promouvoir.)
— Le bilan des forces et des faiblesses d'un vendeur en vue de l'inviter à *progresser* par certains efforts et à se perfectionner, fait appel à un autre type d'évaluation, sur lequel nous insisterons plus particulièrement.
— La *revue mensuelle* des activités et des résultats repose sur un canevas spécifique qui conduit à recadrer l'action commerciale du délégué par le rappel ou le renouvellement des directives.
— Enfin le *bilan annuel* permet un échange à double sens où chacun, délégué et Directeur des Ventes ou chef des ventes, peut recueillir le point de vue de l'autre en vue d'améliorer l'état d'esprit et le fonctionnement au sein de le force de vente.

LES OBJECTIFS DE L'EVALUATION

Fondamentalement, le principe de l'évaluation repose sur la recherche de la plus grande *objectivité* possible et d'une mesure *équilibrée* de la position de l'évalué par rapport à ce qu'il faut bien appeler des *normes*.
Un certain nombre d'objectifs spécifiques peuvent être proposés :
— clarifier pour chacun — délégué et directeur ou chef des ventes — ce qu'il a à faire ;
— faire apprécier par le délégué ses points forts et ceux qui appellent un perfectionnement personnel ;
— améliorer la compréhension et les relations interpersonnelles à l'intérieur de l'équipe de vente, aussi bien sur le plan horizontal que sur le plan vertical ;
— développer un bon climat humain par l'attention portée régulièrement par le Directeur des Ventes et le chef des ventes à chaque délégué ;
— développer un climat positif fondé sur le sentiment que les évaluations sont équitables et utilisées loyalement. Nous reprendons cet aspect ci-après ;
— percevoir les dysfonctionnements dans la coordination des actions, dans la circulation des informations et y apporter les correctifs nécessaires.

— améliorer la compétence de l'encadrement commercial, en lui permettant de mieux diriger et conseiller les collaborateurs de vente par une meilleure connaissance de ceux-ci.

L'EVALUATION DES VENDEURS DANS L'ENVIRONNEMENT DE L'ENTREPRISE

Il nous paraît difficile d'envisager que la force de vente se constitue en mouvement autonome totalement extérieur à ce qui se passe dans l'entreprise. D'ailleurs, dans certaines entreprises, les commerciaux se sentent suffisamment mal compris, pour que nous ne renforcions pas ce sentiment d'isolement en suggérant qu'il pourrait exister. L'équipe de vente fait partie intégrante des forces vives de l'entreprise.
Le corollaire de ceci est que le dispositif de l'évaluation est tributaire de la philosophie des dirigeants et des mentalités dominantes dans l'entreprise. Et l'on devine que certaines entreprises, peu habituées à la participation et aux échanges multilatéraux, auront plus de difficulté à mettre en place le dispositif d'évaluation, tandis que d'autres — et, nous semble-t-il ces entreprises croissent en nombre — parce qu'il est d'usage répandu que l'encadrement soit accessible et disponible, accueilleront sans difficulté particulière le principe de l'évaluation.
Nous voudrions souligner ici que l'usage existant dans un nombre encore important d'entreprises où l'évaluation s'effectue sans consultation de l'intéressé et donc à son insu est particulièrement critiquable. Imaginons simplement qu'une secrétaire indiscrète révèle cette pratique et l'on comprendra combien on aura contribué à détruire définitivement le climat de confiance des collaborateurs envers leur encadrement. Ces propos, de portée générale, s'appliquent évidemment à la force de vente et à ses dirigeants.

LES ACTEURS DE L'EVALUATION : L'EVALUATEUR ET L'EVALUE

Chaque rencontre entre le Directeur des Ventes et l'un de ses délégués commerciaux est une occasion pour lui de se manifester comme le conseil et le guide de ses collaborateurs. Chaque circonstance de l'évaluation — entretien mensuel, point après un accompagnement, formation, entretien annuel — est un moment privilégié pour se révéler ainsi.
Si le Directeur des Ventes adopte cette attitude d'aide, il échappera plus facilement aux *risques* que comporte la position d'évaluateur :
— centrer son attention sur ce qui correspond aux intérêts, aux préjugés, aux sympathies et aux antipathies ;

— évaluer en fonction de soi, comme si le délégué commercial n'était qu'un prolongement de la personnalité du Directeur des Ventes ;
— obliquer son jugement par le désir, plus ou moins conscient de séduire l'intéressé ou de lui nuire ;
— et, corollaire de ce qui précède, être porté à se montrer soit indulgent, soit sévère envers l'évalué.

Il importe de souligner fortement qu'une évaluation n'est pas un *jugement*. Dans un jugement on absout ou l'on condamne. Lors de l'évaluation, on aide le collaborateur à se situer, à s'exprimer sur lui, sur son métier, sur son environnement. Un des objectifs fondamentaux est de favoriser la réussite professionnelle et humaine de l'intéressé, de l'aider à se réaliser. L'évaluation a plus d'ampleur que le jugement : elle s'ouvre sur un avenir.

Il faut aussi attirer l'attention sur l'effet d'une évaluation trop marquée par les critiques. On sait que les critiques suscitent chez celui qui les subit une réaction défensive qui peut aller jusqu'à être agressive en fonction de l'individu et en fonction de l'enjeu. Au second degré la critique génère des sentiments de méfiance pour celui qui en est l'objet envers le management, et d'anxiété ou de découragement.

Nous pensons enfin qu'il convient d'être réaliste dans les recommandations de progrès à accomplir : insister sur une imperfection contre laquelle l'intéressé n'a aucun pouvoir de modification est inutile. Il y a des insuffisances qu'il faut savoir accepter pour se concentrer plutôt sur les aspects positifs et pour développer les caractéristiques qui compenseront les insuffisances.

On peut s'étonner de notre souci d'éviter à ceux qui sont en position d'évaluateur les multiples pièges que recèle une évaluation mal conçue : il faut être conscient que la relation établie au cours de l'entretien d'évaluation a un caractère affectif prononcé. Les fautes psychologiques peuvent avoir un grand retentissement immédiat et à moyen terme.

LES DOMAINES DE L'EVALUATION

Nous n'avons pas encore répondu à la question de savoir sur quoi va porter l'évaluation.

Nous sommes en présence d'un homme ou d'une femme dont la fonction, les objectifs et les activités figurent dans la définition de son poste. Faut-il se limiter à l'analyse des résultats et des activités qui ont permis de les obtenir ? Faut-il aller plus loin et s'intéresser aussi aux comportements et aux motivations ? Faut-il essayer de saisir cette personne dans son entier ? Vaste programme. Il va de soi que ces questions suggèrent plusieurs types d'évaluations, dont les contenus et la fréquence dans le temps ne seront pas identiques. Pour essayer de clarifier la question, nous avons tenté de cerner l'ensemble des éléments,

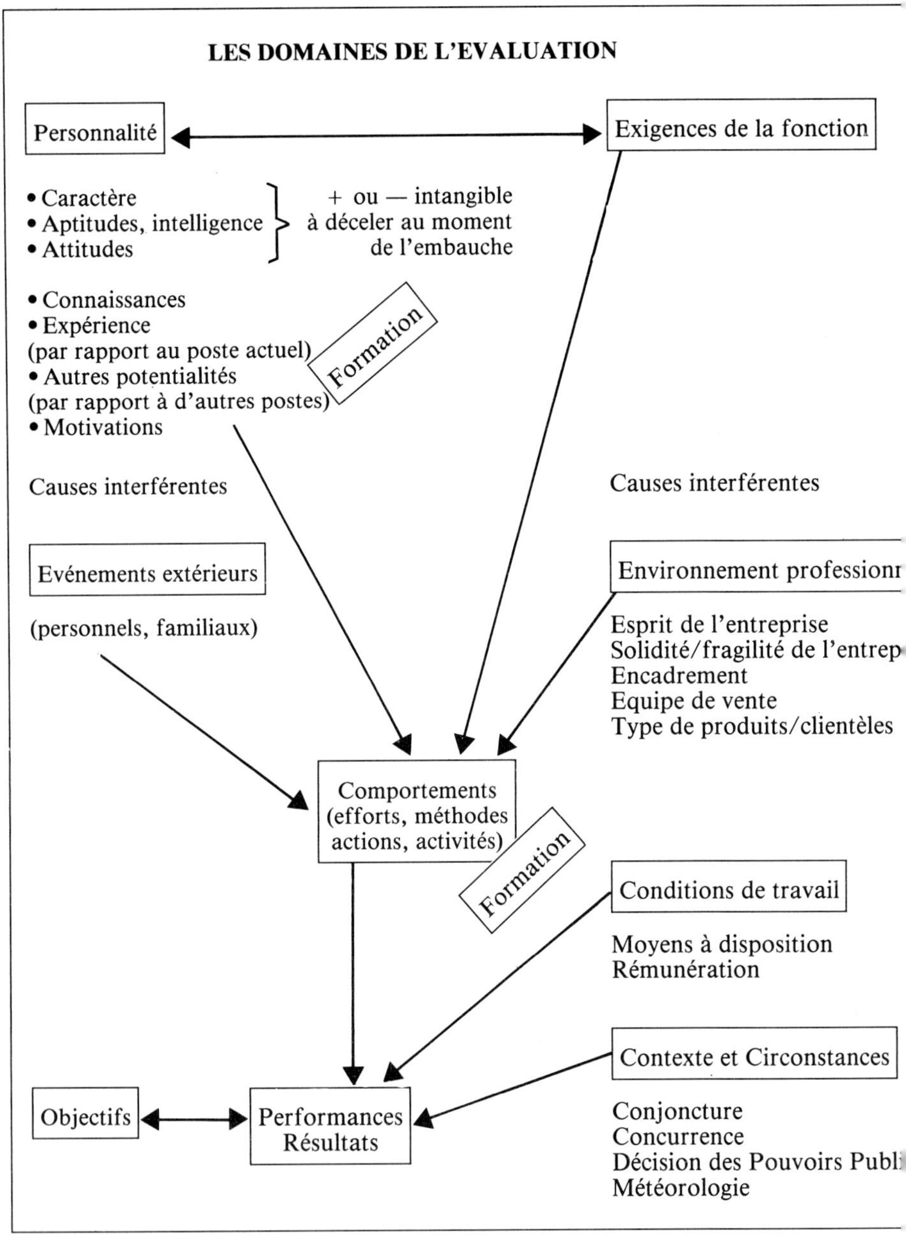
LES DOMAINES DE L'EVALUATION
Personnalité
Exigences de la fonction
• Caractère
• Aptitudes, intelligence
• Attitudes
+ ou — intangible
à déceler au moment
de l'embauche
• Connaissances
• Expérience
(par rapport au poste actuel)
• Autres potentialités
(par rapport à d'autres postes)
• Motivations
Formation
Causes interférentes
Causes interférentes
Evénements extérieurs
(personnels, familiaux)
Environnement professionn
Esprit de l'entreprise
Solidité/fragilité de l'entrep
Encadrement
Equipe de vente
Type de produits/clientèles
Comportements
(efforts, méthodes
actions, activités)
Formation
Conditions de travail
Moyens à disposition
Rémunération
Contexte et Circonstances
Conjoncture
Concurrence
Décision des Pouvoirs Publ
Météorologie
Objectifs
Performances
Résultats

Figure 16

soit qui lui sont propres, soit qui lui échappent plus ou moins, et qui conditionnent ses résultats. Nous les présentons sur la figure 16.
Ce qui conditionne les résultats dépend pour partie des *objectifs* quantitatifs et qualitatifs qui ont été négociés avec le délégué commercial. Leur hiérarchie, leur niveau, leur réalisme, leur adaptation aux possibilités de l'intéressé peuvent mobiliser ou au contraire démobiliser le vendeur.
Le délégué commercial est l'acteur principal de ses résultats : ses efforts, son adhésion à l'entreprise, les actions qu'il entreprend, l'organisation de ses activités sont des éléments majeurs pour réaliser les performances attendues. Nous les classons sous la désignation de *comportements*, parce qu'ils sont des manifestations externes et observables. Cependant nous verrons dans un instant que ces comportements sont soumis à de nombreuses influences qu'il est important d'analyser.
D'autres facteurs qui contribuent à l'obtention des résultats échappent totalement au vendeur. Ce que nous appelons *contexte et circonstances* et qui regroupent la conjoncture économique, les produits, services et actions de la concurrence, les décisions prises par les Pouvoirs Publics (limitations de certaines consommations, encouragement à certaines autres), les caprices de la météorologie (que l'on pense aux effets d'un été pluvieux sur les ventes de maillots de bain ou d'imperméables et de parapluies) sont autant de moteurs ou de freins de la vente, qu'il convient d'avoir présents à l'esprit quand on évalue les résultats obtenus.
Echappent aussi au vendeur, mais non à l'entreprise et spécialement à la Direction des Ventes, les conditions d'exercice du travail commercial. Les moyens mis à sa disposition, qu'ils soient matériels (matériel de démonstration, échantillons, prospectus et notices, outils de présentation, etc.) ou qu'ils consistent en assistance apportée par les autres services de l'entreprise et par l'encadrement commercial, ont un retentissement sur les résultats. Y contribue également la rémunération et son mode de calcul (on se reportera au chapitre 8 qui le traite spécialement).

QU'EST-CE QUI CONDITIONNE LES COMPORTEMENTS DU VENDEUR ?

Ce qui conditionne les comportements du vendeur — on pourrait dire ce qui le motive dans son travail — tient autant à l'entreprise qu'à lui-même, sans chercher à trouver une proportion qui n'aurait aucun sens sur un plan général.
Nous avons placé en tête de tableau l'*exigence de la fonction*. Ce facteur est intéressant à mettre en évidence. Dans certains métiers — la visite médicale par exemple — on observe une sorte de mimétisme entre les délégués de laboratoire et leurs clients médecins : adoption du

même vocabulaire technique, comportement reproduisant l'assurance de celui qui sait face au patient qui est censé tout ignorer, etc. A partir de cette observation nous avons été amenés à considérer que la fonction en elle-même pouvait avoir de l'influence : le titre donné aux commerciaux n'est pas neutre, le statut et la considération qu'on leur manifeste dans l'entreprise ont de l'influence, le haut niveau de performance propre à la position occupée, le fait de ne pouvoir y accéder que si l'on est titulaire de certains diplômes ou que l'on ait acquis une solide expérience sont autant d'incitations pour le délégué commercial à être à la hauteur de ce que l'on attend de lui. A l'inverse, la négligence de ces différents aspects peut être la cause de démobilisation des vendeurs.

L'*environnement professionnel* pèse aussi d'un poids important dans les comportements du vendeur : que l'on songe aux influences exercées par l'esprit général qui règne dans l'entreprise, et dont les cadres de Direction sont pleinement responsables, par ce que ressent le personnel selon que l'entreprise est solide ou fragile, par les attitudes et les valeurs symboliques émanant de l'encadrement. L'appartenance à une équipe de vente à laquelle le délégué commercial se sent fier ou au contraire déplore d'appartenir selon le plus ou moins grand degré d'estime qu'il a pour ses collègues est également un atout. Comme le sont des produits qu'il est valorisant de vendre et de clientèles que l'on apprécie de rencontrer ou l'inverse. Tous ces éléments peuvent stimuler ou relâcher l'envie d'agir du vendeur.

La *personnalité* du vendeur est, bien entendu, un ensemble d'éléments de poids dans la propension à se comporter et à agir. C'est d'ailleurs ce que tout responsable de recrutement va chercher à capter afin de prédire si le candidat correspond au profil souhaité pour le poste défini : caractère, intelligence, aptitudes, attitudes, pour ce qui concerne les aspects relativement intangibles ; connaissances, expérience, motivation, autres potentialités, qui sont des éléments évolutifs. Ces éléments-là doivent avoir été saisis au moment de l'embauche du vendeur et figurer dans son dossier personnel. S'il y a eu évaluation, celle-ci a été effectuée au moment de la candidature à l'entrée dans l'entreprise.

On ne négligera pas, pour les conséquences qu'ils peuvent avoir sur les activités et les comportements, les *événéments extérieurs*, de type personnel (santé), sentimental (divorce par exemple) ou familial (maladies des enfants ou de l'épouse). Qui ne peut témoigner de la baisse de régime d'un vendeur ayant été soumis à ce genre d'épreuves dans son environnement familial et personnel ? A cet égard, il nous paraît important d'affirmer que le Directeur des Ventes doit connaître, pour mieux comprendre ses collaborateurs, la situation sentimentale et familiale de ceux-ci. Non pour se complaire dans les difficultés de certains, mais comme information lui permettant de réagir opportunément et avec doigté, quand il ne s'agira pas d'anticiper les conséquences de tel ou tel dérèglement prévisible.

Il nous paraît difficile d'exercer un commandement personnalisé, donc adapté à chaque individu, sans une connaissance assez précise de ses forces et de ses faiblesses, de son potentiel et de son environnement.

LES INSTRUMENTS DE L'EVALUATION : L'ETALON DE MESURE

L'évaluation ne peut pas être livrée à l'improvisation. Elle exige une méthode rigoureuse, notamment pour définir les repères d'évaluation. Jusqu'à présent, nous ne nous sommes pas souciés de savoir à quel modèle on allait comparer le délégué commercial qui se présente devant le Directeur des Ventes dans cette démarche d'évaluation.
On peut définir un modèle absolu. Le risque est grand d'être théorique et irréaliste. On peut situer le vendeur par rapport au Directeur des Ventes... ou de ce qu'il croit être. Pourquoi lui, plutôt qu'un autre ?
On peut situer l'évalué par rapport à lui-même, dans le temps. Ceci présente l'intérêt de placer l'évalué dans un processus de développement continu. Mais les évaluations ne seront pas comparables d'un individu à l'autre de l'équipe de vente. Il n'y a pas d'homogénéité des évaluations.
On peut comparer l'évalué à un groupe témoin de commerciaux, ce qui a pour avantage de trouver un point d'équilibre réaliste parce qu'existant au sein de la force de vente.
Les deux derniers points de vue inspireront notre approche de la conception de l'étalon, telle que nous l'exposerons au sujet de la grille d'évaluation :
— la mesure de l'évalué doit être fait par rapport au *niveau actuel* de la force de vente ;
— tout individu doit être considéré comme placé sur une *trajectoire.* Cette trajectoire est un appel à la progression.
— l'évaluation se place dans un contact d'*optimisation des ressources et des potentialités* de chaque vendeur et s'inscrit dans un processus de perfectionnement et d'appuis.

LE SUPPORT DE L'EVALUATION : NOTATION OU DESCRIPTION ?

Selon notre expérience, il semble que les systèmes d'évaluation par notations sont de très loin les plus répandus. Que faut-il en penser ?
La note est commode, principalement dans le cas où l'on traite les évaluations sur graphiques. Les lacunes sautent immédiatement aux yeux, ainsi que les profils atypiques. Les comparaisons d'une évaluation à l'autre dans le temps en sont facilitées. Cependant, outre que la note n'apporte pas plus de garantie d'objectivité que la description, ce système n'apporte en définitive aucun éclairage à l'intéressé sur ce qui

est attendu de lui. La note est un constat, on pourrait presque écrire qu'elle tombe comme un jugement. A nos yeux, la pire maladresse consiste à valoriser les notes obtenues et à les transformer en salaire ou en prime. On comprendra mieux cette dernière réflexion après que nous ayons exposé notre système d'évaluation par description.

Une évaluation doit apporter à son bénéficiaire des réponses claires aux questions suivantes :

— Où en suis-je ?

— Vers quoi dois-je tendre ?

Il est intéressant, à cet effet, de baliser les caractéristiques analysées en situant aux deux extrêmes ce qu'on peut attendre d'un bon professionnel (c'est-à-dire du meilleur niveau *existant* dans l'entreprise) et ce qu'il faut éviter de faire. Entre ces deux extrêmes, on peut envisager quelques niveaux intermédiaires, l'expérience montrant que deux niveaux sont déjà suffisants, l'un qui qualifie le débutant de bonne volonté et l'autre le professionnel moyennement qualifié.

Nous rappelons que cette description — dont un extrait est présenté en exemple pages 254 et 255 — n'a pas de caractère universel, mais est composée spécialement pour l'entreprise *en fonction* du personnel de vente en place et *avec* les intéressés ou quelques membres de l'équipe de vente. Les descriptions qui concernent l'évalué sont cerclées d'un commun accord et après discussion entre le Directeur des Ventes et le vendeur, comme nous le verrons plus loin.

Sans atteindre à l'objectivité absolue, la grille descriptive d'évaluation constitue un progrès dans ce sens. Elle permet en général d'émettre un avis *nuancé* sur l'évalué. Notre expérience de l'aide à la construction et à la mise en place de nombreuses grilles d'évaluation dans des entreprises de secteurs d'activités extrêmement différents et avec des équipes commerciales dont les niveaux ne sont pas comparables, nous permet d'ajouter que ce système, malgré quelques critiques superficielles portant sur des détails, est largement apprécié par les deux parties en présence.

LA REGLE DU JEU DE LE GRILLE D'EVALUATION

La description, par son aspect de guide, dont les formulations sont pré-établies, évite les dérives signalées ci-dessus et qui peuvent émaner aussi bien de l'évaluateur (intérêts propres, sympathies, antipathies, calculs, préjugés) que de l'évalué (processus de défense).

Pour renforcer ce souci de débat loyal et aussi objectif que possible, nous recommandons d'accompagner la grille d'évaluation d'une sorte de code de bonne et loyale conduite dont l'énoncé est présenté dans l'encadré ci-contre.

REGLE DU JEU DE LA GRILLE D'EVALUATION

OBSERVATION. — Chacune des recommandations figurant ci-dessous est fondée sur une longue expérience de l'usage des grilles d'évaluation et mérite d'être scrupuleusement observée pour ne pas compromettre l'esprit de collaboration confiante et adulte que la grille implique.

1. — La grille d'évaluation est un document conçu pour le collaborateur (si possible avec lui). C'est la progression de sa qualification professionnelle qui est recherchée.

2. — L'évaluation n'est *pas un jugement*. Elle s'inscrit dans une *relation d'aide.*

3. — Dans son principe, la grille d'évaluation cherche à atteindre une meilleure précision dans l'analyse et une certaine objectivité.

4. — L'évaluation se situe dans la continuité. Elle permet de mesurer les progrès accomplis de date en date. Elle permet de fixer les objectifs d'amélioration.

5. — L'évaluation n'est jamais pratiquée à l'insu du collaborateur concerné. Au contraire, l'évaluation et l'évalué ont chacun en main un exemplaire de la grille d'évaluation, discutent de la proposition la plus adéquate et s'accordent sur l'une d'entre elles. Chacun conserve son exemplaire annoté de la grille d'évaluation.

6. — Si la rédaction doit être remaniée pour tenir compte des observations du collaborateur ou du chef des ventes on adaptera le texte autant que de besoin.

7. — Une évaluation demande du temps et un cadre choisi confortable. Il convient de veiller à l'aspect sympathique du moment de l'évaluation.

8. — L'évaluation sert de tremplin au perfectionnement :

— Mesures d'organisation à prendre pour faciliter la tâche de l'intéressé.

— Programmes de formation dont il devra bénéficier à court terme.

9. — *Aucune sanction, ni aucune récompense,* ne sont attachées à l'évaluation. Il est donc préférable de la pratiquer dans des périodes de décision sur les rémunérations et les primes pour éviter toute mise en suspicion de la grille d'évaluation.

10. — Cette règle du jeu doit être remise à l'intéressé avec l'exemplaire de la grille d'évaluation.

Tableau 17

EXEMPLE DE GRILLE D'EVALUATION

Critères	CQNFSPF	Niveau 1	Niveau 2	Niveau 3
ACTUALISATION de la DECOUVERTE chez un CLIENT ACQUIS	• Penser que la découverte du client ne sert plus à rien. • Penser que vendre consiste à « relever les compteurs ». • Croire que les besoins et les motivations du client ne sont pas susceptibles d'évoluer. • Mal évaluer le potentiel du client. • Ne pas utiliser les nouveaux produits pour reprendre la découverte.	• Fait référence à la découverte initiale et se soucie peu ou pas de l'actualiser. • Annonce les nouveaux produits sans découvrir.	• Actualise par intermittences. • S'appuie sur les nouveaux produits pour compléter sa découverte.	• Actualise sa découverte à chaque visite. • S'appuie sur les nouveaux produits pour compléter et même élargir la découverte et créer de nouvelles opportunités de vente (découverte créative).
PRATIQUE des TECHNIQUES d'INTERVIEW	• Ne pas pratiquer les techniques d'interview. • Ne pas écouter • Connaît les techniques mais ne sait pas s'en servir. • Pose plutôt des questions fermées qui bloquent vite l'entretien. • Parle trop, n'écoute pas assez. • Suit son idée, parfois tributaire d'inférences. • N'observe pas assez le point de vente.	• Pratique les questions ouvertes et fermées, les reformulations (écho, résumé, déduction, transformation). • Un peu appliquées, ses techniques manquent parfois de naturel. • Recueille des informations en observant le point de vente.	• Maîtrise totalement les techniques d'interview qui sont devenues une seconde nature. • S'est entraîné et pratique l'entonnoir de la découverte (dialectique). • Prend des points d'appui pour étayer la synthèse de la découverte. • Se sert de la citation par le client des produits concurrents pour mieux découvrir les besoins et les motivations de son client.	

SYNTHESE de la DECOUVERTE	Omettre la synthèse.	• Fait la synthèse en fonction de ses idées et non des besoins du client. • Synthèse appliquée, sent un peu l'effort. • Synthèse incomplète. • N'a pas encore compris l'intérêt de la synthèse.	• Synthèse honnête. • Synthèse un peu déséquilibrée, non reliée aux points d'appui.	• Reformule d'une façon claire et concise les éléments positifs de la découverte. • Se fait confirmer par le client le bien-fondé de la synthèse. • Le client est invité à compléter, si nécessaire. • La synthèse repose sur les points d'appui pris pendant la découverte. • Synthèse habile qui anticipe l'argumentation.
TACTIQUE de PRESENTATION des PRODUITS en PROSPECTION	• Méconnaissance des gammes et des produits. • Oubli ou manque de documentation. • Ignorance de la politique commerciale et des priorités de produits.	• Présentation désordonnée. • Ne sait pas tirer parti des points forts de la gamme. • Présente les produits sommairement et sans mise en relief. • N'utilise pas ses fiches techniques.	• Connaît bien les produits. • A élaboré une tactique de présentation des produits et s'y tient. • Tendance à se limiter à l'aspect technique du produit et à répondre aux seuls besoins exprimés du client.	• Maîtrise ses gammes de produits et les présente astucieusement en fonction des besoins et de la psychologie du client et de sa clientèle.
TACTIQUE de PRESENTATION des PRODUITS chez les CLIENTS ACQUIS	• Ne pas construire de tactique de vente des produits en consultant la fiche du client. • Ne pas présenter les produits nouveaux, ni les promotions. • Se contenter du « relevé de compteurs » et ne pas implanter de produits.	• Tendance à privilégier les produits qu'il a appréciés en dégustation personnelle et en parle avec enthousiasme. • Présentation brouillonne. • Embarrassé pour répondre à une question du client parce qu'il ne connaît pas son catalogue sur le bout du doigt. • Vend les promotions en premier et se crée des handicaps pour les autres produits.	• Commence par la commande de réassort. • Présente ensuite les promotions, puis les nouveautés.	Présente les produits dans l'ordre suivant : a) Produits référencés b) Un ou deux produits à implanter (DRAC personnelle) c) Les nouveaux produits d) Les promotions pour « pousser » la commande.

Tableau 18

LE CONTENU DE LA GRILLE D'EVALUATION

La grille d'évaluation peut passer en revue l'ensemble des *méthodes* et dcs *comportements*. Certains de ces documents sont relativement copieux qui peuvent atteindre une douzaine de pages imprimées serré. Les propositions sont réparties en quatre colonnes, de gauche à droite et que nous définissons ainsi :
CQNFSPF (Ce qu'il ne faut surtout pas faire) :
Recensement des comportements ou des manières de faire à exclure.
Niveau 1 Débutant :
Niveau du débutant qui n'a pas encore saisi son rôle et les finalités de son action.
Niveau 2 Majeur :
Niveau du collaborateur moyen qui à l'occasion de la pratique de son métier, n'a pas encore trouvé les perfectionnements qui en feraient un bon professionnel.
Niveau 3 Professionnel :
Niveau de référence du professionnel quant à ses compétences et quant à ses comportements.
Ce dernier niveau permet de définir cette grille d'évaluation comme *normative*. A cet égard, on ne doit pas y inclure des exigences qui ne s'adresseraient qu'à des êtres d'exception. Il faut garder et ne recenser que ce qui est réalisé par les meilleurs collaborateurs de vente de l'équipe existante.

UNE GRILLE D'EVALUATION ACCEPTEE DE TOUS

Nous sommes régulièrement interrogé sur la façon dont la grille est considérée par les commerciaux. Nos interlocuteurs se demandent si cette grille d'évaluation est bien acceptée par les intéressés.
Quand il s'agit d'implanter la grille d'évaluation, seule la construction *avec les intéressés* permet d'éviter un rejet partiel ou total. Il est utile de préciser que la grille d'évaluation ne peut se concevoir qu'à l'issue d'un programme de formation suivi par tous les collaborateurs de vente, de façon à ce qu'un langage commun existe. La grille d'évaluation constitue, en quelque sorte, la clé de voûte de l'édifice de formation.
Il ne faut pas non plus minimiser le rôle de la « règle du jeu » qui peut être considérée comme la Constitution ou au moins la Loi qui régit le fonctionnement sincère et sans ambiguïté de l'évaluation.
Quand un nouveau vendeur arrive dans une entreprise qui pratique régulièrement l'appréciation de ses collaborateurs avec une grille d'évaluation, celui-ci est mis à l'unisson parce qu'il bénéficiera d'un programme de formation qui lui inculque les mêmes connaissances et points de références que ceux quc possèdent les autres vendeurs déjà

en place et aussi parce que la grille d'évaluation lui sera présentée comme faisant partie, *naturellement*, des méthodes de l'entreprise. Nous n'avons pas entendu, dans ces deux cas de figures, de remarques susceptibles de remettre en cause fondamentalement la grille d'évaluation et son emploi.

LES ENTRETIENS D'EVALUATION ET LEUR RYTHME

Trois types d'entretien, les plus courants, retiendront notre attention. Par ordre de fréquences décroissante ce sera :
— l'entretien mensuel individuel,
— le point périodique, en général à l'issue d'un accompagnement-formation, effectué en s'appuyant sur tout ou partie de la grille d'évaluation,
— l'entretien annuel d'évaluation et d'échange.

L'ENTRETIEN MENSUEL INDIVIDUEL

Ce premier type d'entretien a un caractère opérationnel. Il couvre un champ d'activité restreint qui va du mois écoulé au mois en cours et au mois suivant. C'est un entretien qui, en bonne logique, aura lieu en début de mois, dès que les statistiques du mois précédent sont connues, ce qui, avec l'informatique, veut dire pratiquement le premier jour du mois.
Sont examinés dans le détail, pour le mois écoulé (M - 1) :
— les objectifs d'activités et de chiffre d'affaires (parfois de volume de marge),
— les principaux clients visités,
— les résultats obtenus,
— les promesses obtenues des clients et leur échéance (système SARC).
Si l'entretien a lieu quelques jours après le début du mois, l'investigation couvre également ce début de mois.
Pour ce qui concerne le mois en cours (M), seront pris en compte et au besoin actualisés
— les objectifs d'activités et de chiffre d'affaires ou de volume de marge, tels qu'ils ont été arrêtés lors de l'entretien mensuel précédent.
Enfin le Directeur des Ventes et le vendeur préparent ensemble le programme du mois suivant (M + 1) et notamment :
— les objectifs de chiffre d'affaires ou de volume de marge,
— l'emploi du temps et l'agenda des activités (on se limitera aux masses de temps significatives),
— le programme de visites,
— les difficultés pressenties qui déboucheront sur des propositions d'appui-vente de la part du Directeur des Ventes.

Les circulaires et les notes d'informations émises par le Directeur seront commentées en commun (on est assuré ainsi qu'elles seront lues et comprises...).
On peut conclure cet entretien par un procès-verbal succinct soulignant les recommandations effectuées par le Directeur des Ventes à son collaborateur.
Par son souci du détail, cet entretien mensuel individuel, convient bien à des commerciaux qui ont besoin d'être pilotés de près. On peut lui reprocher en revanche d'anesthésier les initiatives individuelles, le vendeur se sentant pris en charge par son Directeur des Ventes.
En définitive, nous estimons que ce type d'entretien sera plutôt adaptés aux jeunes vendeurs. Envers des vendeurs plus responsables, plus autonomes et plus expérimentés, le même schéma pourra être conservé mais on demandera à ceux-là de le *proposer* à leur Directeur des Ventes ou simplement de l'en informer.

LE POINT EFFECTUE A PARTIR DE LA GRILLE D'EVALUATION

Le panorama sur les domaines de l'évaluation présenté au début de ce chapitre et sur le tableau de la page 248, fait clairement apparaître l'importance des comportements pour réaliser les performances et atteindre les résultats attendus. Nous avons regroupé sous le terme de comportement des notions diverses telles que les efforts accomplis, les méthodes appliquées, les actions et activités entreprises.
Nous croyons en effet que le vendeur atteindra les résultats qu'on est en droit d'attendre de lui si on lui a appris ce qu'il faut faire et comment le faire. Mais cette acquisition de savoir-faire risque de rester lettre morte ou de s'estomper, si le Directeur des Ventes ne revient pas inlassablement sur les applications souhaitées. Le propre de la grille d'évaluation étant, comme nous l'avons vu, de signaler aussi bien les comportements réprouvés que les degrés d'accomplissement des comportements recommandés, le Directeur des Ventes dispose ainsi d'un remarquable instrument pour situer le vendeur, pour dialoguer avec lui et convenir des priorités dans ses efforts de perfectionnement.
Pour l'intéressé, la grille, par l'aspect normatif de sa colonne de droite (degré professionnel) est une sorte d'aide-mémoire permanent des comportements et des méthodes.
L'expérience montre que c'est au soir d'une journée d'accompagnement-formation que le Directeur des Ventes — placé en position d'observateur et de pédagogue — pourra le mieux aider le vendeur à se situer sur la grille d'évaluation ; ce soir-là, compte tenu de la multitude d'observations effectuées pendant la journée, les faux-semblants et les illusions n'ont pas cours ; on peut parler franchement, dans l'intérêt bien compris du vendeur.

Nous ne reprenons pas ce qui est mentionné dans les recommandations de la Règle du Jeu de la Grille d'Evaluation : esprit de relation d'aide, confrontation des points de vue, cadre sympathique et confortable. Nous soulignerons par contre que l'entretien d'évaluation autour d'une grille est fondamentalement différent de l'entretien mensuel qui a lui, un but opérationnel. Avec la Grille d'Evaluation, on fait le point au cours d'un processus continu d'amélioration de la qualification du vendeur. La grille d'évaluation est le support d'un entretien qui est une des étapes de la formation et du perfectionnement du vendeur.
Ici le résultat est placé en perspective lointaine, comme l'est aussi la rémunération qui en dépendra.

La grille d'évaluation permet de mieux discerner sur quoi les efforts de perfectionnement doivent porter, pour atteindre plus vite une meilleure efficacité.
Le rythme des évaluations avec la grille s'espace au fur et à mesure de l'accroissement de la qualification du vendeur. De deux à trois fois par an avec les nouveaux vendeurs, on se limitera à une fois par an avec des vendeurs ayant deux à trois ans de présence dans l'entreprise pour passer à un rythme biennal avec des vendeurs dont on peut estimer qu'ils sont déjà de bons éléments.
Peut-être ne faut-il pas écarter l'idée de soumettre les vendeurs chevronnés à la grille d'évaluation, au moins occasionnellement, ne serait-ce que pour confirmer que cet instrument fait bien partie des méthodes adoptées par l'entreprise, et qui, à ce titre, concerne chacun dans l'équipe de vente (1).

L'ENTRETIEN ANNUEL D'EVALUATION ET D'ECHANGE

C'est en général à cet entretien annuel que l'on pense quand on évoque la question de l'évaluation. Ce qui se comprend d'autant plus que c'est au cours de cet entretien que sera évoquée la rémunération projetée pour l'année suivante, notamment à propos des objectifs attribués individuellement au vendeur, ce qui a pour effet immanquable d'angoisser la plupart de ceux qui y sont soumis.
Il va donc s'agir de dédramatiser un tel entretien. A cet effet nous porterons notre attention sur deux de ces aspects :
— le guide de préparation à l'entretien annuel
— la création d'un bon climat d'échange au cours de l'entretien proprement dit.
Un tel entretien doit faire l'objet d'une préparation des deux parties. C'est une des raisons de l'envoi à chaque vendeur, quelques jours

(1) Nous verrons dans un autre ouvrage (en préparation) sur les Instruments de la Direction des Ventes que le Directeur des Ventes bénéficie aussi d'une grille d'évaluation.

avant cet entretien, d'un *Guide de préparation à l'entretien annuel.* Il s'agit d'un simple feuillet dont le libellé pourrait s'inspirer du suivant :
« Vous connaissez les objectifs de l'entretien annuel : il s'agit d'évoquer avec votre Directeur des Ventes comment s'est passée l'année qui s'achève, d'apprécier vos points forts, de mesurer votre évolution et d'examiner les points méritant d'être perfectionnés ».
« Pour vous aider à le préparer et à y participer activement, voulez-vous réfléchir aux thèmes suivants qui seront abordés au cours de cet entretien :
— Vos résultats de l'année (chiffre d'affaires, volume de marge, clients acquis et perdus, clients développés, implantation des nouveaux produits, position de nos produits sur votre secteur de vente).
— Vos activités (nombre de visites, kilomètres parcourus, grandes masses de votre emploi du temps).
— Ce que vous avez le sentiment d'avoir amélioré, ce qui s'est aggravé.
— Les efforts que vous avez accomplis.
— Les difficultés que vous avez rencontrées et leurs causes.
— Ce qui vous satisfait et ce qui vous déçoit dans votre travail
• sur le plan extérieur (marché, clientèle, conjoncture, concurrence)
• sur le plan intérieur (management des ventes, autres services de l'entreprise, produits, équipe de vente, etc.) »
« Préparez vos souhaits d'amélioration :
— fonction
— conditions de travail
— formation
— capacités inemployées. »
« Comment voyez-vous l'avenir ?
« Comment vous y préparez-vous ? »
« Cordialement,
Votre Directeur des Ventes. »

ESPRIT DE L'ENTRETIEN ANNUEL

Si le *Guide préparation à l'entretien annuel* indique le contenu de l'entretien, il n'apporte pas de précision sur son esprit.
Cet entretien annuel a, nécessairement, pour le vendeur une importance que n'ont pas les autres entretiens décrits précédemment, notamment parce qu'au cours de celui-ci seront définies la rémunération de l'année suivante et les conditions pour l'obtenir (primes d'objectif par exemple).
Le Directeur des Ventes devra se montrer particulièrement attentif à la mise en confiance de l'intéressé. Cet entretien n'est en aucune façon le « Jugement dernier annuel », mais un entretien où chacun doit se sentir sur un même plan, dans une discussion d'égal à égal.
On ne saura trop recommander au Directeur des Ventes d'adopter une attitude simple, franche, naturelle, chaleureuse et directe, et donc

conforme à l'idée centrale du portrait que nous avons tracé de lui-même.
Plus même, parce que certains des thèmes à l'ordre du jour s'y prêtent (ce qui vous déçoit sur le plan du management des ventes, vos souhaits d'amélioration des conditions de travail, par exemple) le Directeur des Ventes se mettra en position d'*écoute* attentive des souhaits exprimés par ses collaborateurs, certains le concernant personnellement.
Il n'est donc pas question pour le Directeur des Ventes de commencer par exprimer son opinion sur les résultats et les comportements du vendeur. Procéder ainsi serait créer une situation de prise de parole à sens unique, dans un esprit de jugement. Le dialogue serait cassé au départ.
Cet entretien annuel ne se limite pas à un bilan, il s'ouvre aussi sur les perspectives du vendeur pour l'année suivante. iI est donc important de renforcer la confiance de ce collaborateur en lui-même. Ceci n'implique aucunement l'acceptation des comportements et des résultats insuffisants qui devront au contraire faire l'objet d'un examen pour être redressés. L'esprit sera plutôt celui d'un conseil exigeant attendant de nouveaux efforts du collaborateur et lui donnant envie de les faire parce qu'il a compris que son Directeur des Ventes compte sur lui.
C'est aussi accorder sa confiance au vendeur que de solliciter ses propositions sur la façon dont il compte s'y prendre pour modifier certains cmportements et améliorer ses résultats. Agir ainsi renforce l'esprit de responsabilité, alors que si les recommandations émanent seulement du Directeur des Ventes, cela a pour effet d'étouffer les initiatives que son collaborateur pourrait prendre.
Nous rappelons encore que le dialogue sera favorisé si les points de vue peuvent être exprimés librement, s'ils ne sont pas immédiatement réfutés par l'autre partie mais au contraire écoutés et examinés et replacés dans le contexte de l'autre.
Il sera aussi précisé, sans insister outre-mesure, que cet entretien annuel est important pour examiner à fond les problèmes posés et pour trouver des solutions satisfaisantes pour les deux parties.

CONTENU DE L'ENTRETIEN ANNUEL : BILAN ET PERSPECTIVE

Pour donner de la consistance au dialogue, nous proposons au Directeur des Ventes de commencer par une question ouverte, aussi neutre que possible dans l'interprétation que pourrait lui donner le vendeur, c'est-à-dire sans intention critique ni de compliment.
Voici un exemple :
— « *En jetant un regard rétrospectif sur les douze mois qui viennent de s'écouler, comment vous voyez-vous dans l'exercice de votre métier ?* »

Peu importe la direction prise par les premiers propos. On passera progressivement par la considération :
— des actions et des activités exercées dans le cadre de la fonction et par rapport aux objectifs assignés ;
— des succès et des échecs que l'on cherchera à mesurer en termes de faits et dont on recherchera les facteurs explicatifs.
— des efforts accomplis, en s'appuyant par exemple sur les dernières grilles d'évaluation ;
— de l'environnement professionnel (l'entreprise, les relations avec les différents services, le climat et les relations au sein de l'équipe de vente, l'esprit du management commercial...) ;
— de l'environnement personnel et familial du vendeur.
Après le bilan, les perspectives. Quatre chapitres les définissent : les objectifs quantitatifs — c'est-à-dire la quote-part des objectifs définis en participation avec l'équipe de vente que prend en charge l'intéressé — et les objectifs qualitatifs, la rémunération bien entendu, le programme de formation dont bénéficiera le vendeur au cours de l'année suivante et les efforts attendus.
A l'issue de l'entretien d'évaluation annuel, le Directeur des Ventes peut confirmer par écrit ce qui sera en quelque sorte la « charte du vendeur » ou son « contrat » pour l'année à venir.
Si nous devions conclure sur quelques recommandations cet important chapitre de l'évaluation, elles porteraient d'abord sur la double nécessité pour le Directeur des Ventes d'être *attentif* à chacun de ses vendeurs et de se doter du *temps* nécessaire pour que l'échange se développe pleinement.
Nous soulignerons ensuite que les critiques, parce qu'elles blessent le collaborateur risquent de le décourager et d'altérer en conséquence son ardeur et ses résultats.
La louange, sauf si elle est effectuée immédiatement après un effort important ou l'obtention d'un bon résultat, risque d'être inefficace.
C'est donc vers une conception plus objective et réaliste que nous nous acheminons et qui est parfaitement résumée par les deux termes : bilan et perspectives.

16

L'ANIMATION DES REUNIONS COMMERCIALES

☐ Des réunions commerciales pour quoi faire ? ☐ Faut-il nécessairement organiser une réunion ? ☐ Problématique de l'animation des réunions par le Directeur des Ventes ☐ Se donner un style d'animateur de réunion : un langage convivial pensé pour l'autre ☐ La force de vente, enclave ou composante de l'entreprise ? ☐ Comprendre le groupe et ses réactions ☐ Maîtriser la dynamique de groupe et ses dérives ☐ L'animation performante des réunions.

Les réunions avec la force de vente sont, pour le Directeur des Ventes, l'un des moments privilégiés pour souder son équipe, pour lui donner du tonus, pour mobiliser les énergies, pour insuffler un esprit combatif à des commerciaux et pour conforter son image de chef et d'entraîneur avec qui les vendeurs aiment travailler et obtenir des résultats.
Cependant l'évocation des réunions de vendeurs est à la source de bien des interrogations, pour ne pas parler de difficultés :
• Combien de réunions faut-il envisager en une année ?
• Il ne faut pas sombrer dans la *réunionnite* : les réunions sont-elles toujours nécessaires ?
• Le Directeur des Ventes, en tant qu'animateur de la réunion, doit-il changer de personnage ?
• Peut-on donner la parole aux vendeurs sans risquer de déraper ? Comment contrôler la situation ?
• Comment se comporter si le Président de la Société veut assister à la réunion des vendeurs ?
• Que faire en présence des chahuteurs, des gens qui somnolent ?
Ces quelques questions sont loin d'épuiser le sujet.

DES REUNIONS COMMERCIALES POUR QUOI FAIRE ?

Après tout, les réunions sont-elles indispensables à la force de vente ? La réponse à cette question se situe sur deux plans, l'un d'ordre psychologique, l'autre d'ordre technique.
Toute réunion s'inscrit dans la vie de l'entreprise. La réunion est un moyen de communication — un media — des informations du haut vers le bas et inversement. Ce n'est certes pas le seul moyen à la disposition des dirigeants, mais les réunions, en tant que véhicule de diffusion des informations et des directives permettent de vérifier à chaud les accords et les réticences, ainsi que les effets de contagion des leaders d'opinion auprès des suiveurs. Toute réunion peut être comprise comme un événement.
En réalité, on ne peut pas parler de la réunion comme une manifestation unique. Selon leurs objectifs, les réunions auront leur tonalité propre, ainsi d'ailleurs que leur organisation et leur style.
Certaines réunions assignent aux participants un rôle relativement passif : ce sera le cas quand on diffuse des informations (1) et des directives.
D'autres réunions associent davantage les vendeurs, quand il s'agit de collecter et de commenter les rapports d'activités et de performances (mais est-ce une affaire de réunion ?), quand le Directeur des Ventes veut s'assurer que les participants ont un même niveau de compréhension de certains aspects de la politique commerciale ou quand il

(1) Sur l'évolution de la Société, l'évolution de la gamme des produits, l'évolution de la concurrence, les programmes publicitaires et promotionnels, etc.

veut apaiser les inquiétudes et les tensions nées de certaines rumeurs circulant dans l'entreprise, ou encore s'il cherche à concilier des points de vue divergents.
On franchit un degré supplémentaire dans la participation à la réunion quand le Directeur des Ventes s'attache à découvrir, à analyser et à résoudre un problème qui se pose à la force de vente ; ou bien s'il recherche une réaction spontanée face à une difficulté qui nécessite une solution rapide ; ou encore s'il souhaite engager une discussion préalablement à une décision ; ou s'il recherche des idées, en utilisant le groupe des commerciaux comme groupe de créativité ; et aussi chaque fois qu'il s'attachera au perfectionnement des méthodes et des comportements par une formation en salle.
La réunion de la force de vente peut répondre à des préoccupations d'ordre psychologique : faire se rencontrer les vendeurs de temps en temps (et il suffit d'assister à quelques réunions commerciales pour observer que ces commerciaux, isolés sur leur secteur — quelle que soit la qualité des relations organisées par le Directeur des Ventes -, aiment se retrouver et échanger sur un plan amical).
La réunion joue également un rôle important pour motiver la force de vente, voire, selon certains, pour favoriser une certaine émulation. (Nous sommes personnellement réservés sur une pratique de l'émulation qui ressemble fort à du terrorisme intellectuel (1).

FAUT-IL NECESSAIREMENT ORGANISER UNE REUNION ?

Nous ne sommes pas partisan de la réunion de routine du lundi matin. D'abord parce qu'il est difficile de rendre attrayantes des réunions quarante-quatre fois par an pendant trente ans ! Ensuite parce que si l'on raisonne en termes de productivité, il faut bien mettre en présence les faibles résultats de ces réunions de routine et leur coût.
Si l'on calcule le coût d'une heure de réunion sur la base d'une heure de salaire de chacun des participants (soit 1/169e de la rémunération mensuelle) et qu'on y ajoute le montant des charges sociales (environ 50% du montant du salaire) et les frais de fonctionnement attachés

(1) Emulation ou terrorisme intellectuel ?
Comparer les frais exposés par chaque représentant, les marges dégagées, le chiffre d'affaires, le nombre de visites, et d'une manière générale les activités et performances de chaque personne, part d'une bonne intention ; celle de « piquer au vif » l'orgueil de ceux qui ont de moins bons résultats. Cependant il faut observer que l'effet stimulant attendu est souvent déjoué :
— les meilleurs vendeurs sont « catalogués » (« ce n'est pas étonnant de lui, mais moi je n'en suis pas capable... »)
— l'émulation peut fortement détériorer le climat de travail et d'entente de l'équipe et se traduire par un refus d'entraide dont l'entreprise finira par pâtir.
Il nous semble préférable de traiter ces questions en tête-à-tête plutôt que face au groupe des vendeurs.

aux postes de travail des participants (il faut compter entre 20 et 50% du montant du salaire brut), on parvient à des coûts horaires de réunion s'étageant entre 600 francs et 5 000 francs, selon le nombre de participants. Si l'on projette ces coûts sur une année, on constatera que l'entreprise engage, pour tenir des réunions commerciales, entre 100 000 et 300 000 francs !

En considérant le coût excessif d'un tel investissement en réunions, on envisagera opportunément d'autres solutions :

- la directive verbale personnelle ;
- les informations écrites ;
- les appels téléphoniques individuels ;
- la conférence téléphonique (chaque participant appelle le numéro spécial attribué par les Télécommunications à l'heure et pour la durée convenues au préalable).

Il est difficile de se prononcer universellement sur le rythme optimum des réunions : la majorité des entreprises a recouru à des réunions mensuelles qui ne se tiennent d'ailleurs pas nécessairement sur un plan national, la plupart se tenant au Siège régional. On n'oubliera pas la réunion générale commerciale annuelle destinée à donner le coup d'envoi de la nouvelle année commerciale, avec un spectaculaire affirmé. Ces réunions sont programmées de façon que tous les vendeurs puissent y participer.

PROBLEMATIQUE DE L'ANIMATION DES REUNIONS POUR LE DIRECTEUR DES VENTES

Parce que dans sa fonction précédente (s'il est issu du rang) rien ne l'a préparé à prendre la parole devant un groupe, ou parce que, pendant ses études supérieures on a négligé l'apprentissage de la conduite d'un groupe, l'animation des réunions représente pour le Directeur des Ventes une certaine difficulté, surtout s'il souhaite *engager le dialogue* avec les participants tout en conservant le contrôle de la situation.

Nombreux sont ceux qui ressentent un handicap en ne sachant pas exprimer aussi commodément ce qu'ils ont à dire face à plusieurs, alors qu'ils ont une bonne expérience de la négociation en face-à-face avec une seule personne. Certains subissent une émotivité paralysante dès qu'ils se trouvent en face d'un groupe.

Or notre époque nous invite à une intense communication avec nos semblables et notamment pour le Directeur des Ventes avec les vendeurs qui lui sont confiés. De plus, en tant que chargé d'une responsabilité, il est légitime pour le Directeur des Ventes de songer à renforcer son *impact* sur ses collaborateurs, de les intéresser, d'être estimé et reconnu par eux, et même de leur plaire et de les séduire. L'art de la conduite des réunions, spécialement des réunions où le dialogue est intense avec les participants, est une des voies pour atteindre ce but.

Or un *entraînement* simple et méthodique permet à celui qui le désire d'acquérir un comportement adéquat, une plus grande facilité d'expression, un meilleur échange avec ses collaborateurs — et aussi avec ses clients (que l'on pense à la multiplication des ventes face à une commission d'acheteurs ou face à un collège de décideurs) — ainsi que la possibilité de mieux négocier son point de vue. D'ailleurs chacun sait que les hommes publics dont on admire la prestation se sont entraînés longuement et avec persévérance. Peu nombreux sont ceux qui maîtrisent d'instinct la prise de parole, le choix des mots, le comportement corporel, les gestes, l'expression du visage et la voix.
L'efficacité de l'animation des réunions par le Directeur des Ventes est au bout de l'entraînement. D'excellents ouvrages traitent de la question, d'excellentes formations (1) permettent de se placer sur la voie du progrès. Nous rappellerons ici quelques conseils fondamentaux.

SE DONNER UN STYLE D'ANIMATEUR DE REUNION : UN LANGAGE CONVIVIAL PENSE POUR L'AUTRE

Deux écueils guettent le Directeur des Ventes face au groupe des commerciaux. Il peut être tenté par le *vedettariat*. Il dispose d'un auditoire, d'une tribune ; flatté d'être écouté il se raconte complaisamment, lui et ses succès « en pensant que cela servira d'exemple à suivre ». On sait que la pédagogie, comme la vente, ne se fonde pas sur des affirmations à sens unique.
L'autre écueil est celui du *bateleur*. Nous faisons référence à un style ancien par lequel on cherche à motiver l'équipe de vente par un discours enthousiaste adressé à des sous-développés mentaux. Se retrouvent pêle-mêle dans cette façon de haranguer la force de vente des lambeaux de patriotisme dévoyé (« la direction de l'entreprise a les yeux tournés vers vous »), des accents de fête foraine (« vous allez montrer que vous êtes une force de vente unique au monde ») et des souvenirs de boy-scoutisme mal compris « allez mes p'tits gars, on fonce joyeusement dans le lard des clients et on sort la concurrence, vite fait »). Il n'y manque que le coup de gnôle avant de foncer à l'aube sur les lignes ennemies !
Tout autre sera évidemment le style d'animateur de réunion que nous proposons. Bien entendu, chaque être est unique et a ses propres moyens d'expression. Nous suggérons ici de compléter et de modifier certains aspects sans viser aucunement un changement radical. Les éléments centraux énoncés ici peuvent être adoptés sans crainte d'altérer les fondements de sa personnalité.
Nous avons défini précédemment le Directeur des Ventes comme un personnage qui se met au service de ses collaborateurs pour les aider à

(1) dont celles que nous assurons au Centre HEC-ISA et à Sciences-Po Formation ou en stages spéciaux dans les entreprises.

réussir. Il en ira logiquement de même lors des animations de réunions. Le Directeur des Ventes se place au service du groupe pour l'aider à réussir son projet.
Le Directeur des Ventes campe un personnage orienté vers les autres, qui travaille avec le groupe et qui s'implique dans la conduite de la réunion. Animer une réunion n'est pas une sinécure : cela demande une mobilisation de son attention (pour observer constamment l'ensemble du groupe et les individus qui le composent) et une dépense d'énergie.
Ouvert, à l'écoute des préoccupations et des réactions des participants, pour être en véritable communion avec le groupe, dans son rôle d'animateur le Directeur des Ventes saura se montrer disponible (ce qui demande parfois une certaine ascèse : il saura laisser à l'extérieur ses préoccupations et ses soucis personnels) (1).
Spontanéité, simplicité, accessibilité sont des qualités à cultiver. L'humour est apprécié et le rire aère les messages à faire passer — ce qui ne veut pas dire qu'il faut profiter des réunions pour débiter plus que nécessaire des gaudrioles ou les histoires des humoristes du moment. L'atmosphère des réunions est à la fois détendue et mobilisée vers l'atteinte de l'objectif assigné au groupe.
Selon le tempérament des uns et des autres, le rythme sera rapide et enlevé, d'autres privilégiant la sobriété et le calme qui sécurisent.
D'une façon générale, le Directeur des Ventes comme tout responsable dans une entreprise, est apprécié par ses collaborateurs pour sa compétence. Dans la cadre de l'animation des réunions, la compétence se manifeste par la maîtrise des techniques et des moyens d'animation et par l'atteinte réelle des buts assignés à la réunion.
Pour que les réunions soient vécues comme des moments vivants, le Directeur des Ventes saura varier les thèmes abordés, le cadre des réunions, les exposés, le mode de travail du groupe.
Quand il prendra la parole, le groupe des vendeurs reconnaîtra que le Directeur des Ventes est convaincu par ses propos, qu'il connaît son sujet, qu'il sait en parler de façon à mobiliser l'attention des participants et leur envie d'agir pour atteindre le but.

LA FORCE DE VENTE ENCLAVE OU COMPOSANTE DE L'ENTREPRISE ?

A l'occasion de notre réflexion sur les réunions, on peut se demander si la force de vente et son encadrement par la spécificité de ses activités, par l'exercice de celles-ci à l'extérieur de l'entreprise, par les tem-

(1) A l'opposé de ce portrait se situe le personnage pédant, bavard, qui s'écoute parler, agité et désordonné, celui qui ironise, mord et blesse, ou celui qui « fait son numéro », ou encore celui qui est triste, désimpliqué et monotone, parfois sceptique. Autant de tendances parfaitement contre-indiquées !

péraments de hommes qui la composent, par le style de ses réunions, ne risquent pas de se constituer comme une enclave autonome, une sorte de zone franche, tranchant sur le reste de l'entreprise.
Il est certain qu'à travers nos propos, se dessine une idée de management libéral et décentralisé, qui pourrait se placer en contradiction avec une « culture d'entreprise » autoritaire où les décisions sont élaborées depuis le sommet de la hiérarchie sans grande concertation.
Nous pensons aussi que la force de vente est une composane de l'entreprise, en osmose aussi bien avec l'extérieur (marché et clientèle) qu'avec l'intérieur. A l'occasion de certaines réunions auxquelles sont conviés le Directeur Général, le Directeur de la Production, le Directeur Financier, le style et l'esprit qui règnent au sein de la force de vente et qui se manifestent lors des réunions peuvent avoir un effet contagieux et imprégner de proche en proche toute l'entreprise.

COMPRENDRE LE GROUPE ET SES REACTIONS

Quand il réunit tout ou partie de la force de vente, le Directeur des Ventes ne se trouve pas seulement en présence d'une juxtaposition d'individualités. Il est au cœur d'un réseau complexe que l'on désigne par le terme de *groupe*. On sait que le groupe se définit comme un ensemble structuré de personnes liées entre elles par les interrelations qui existent entre ses membres et par la conscience qu'elles ont d'appartenir à un ensemble. Le groupe se mobilise en général sous la direction de son animateur pour parvenir à un certain but.
Structure composite par les commerciaux qui le constituent, le Groupe est un être vivant dont la docilité est loin d'être acquise. Que l'on envisage seulement les réactions habituelles des commerciaux quand on leur présente un nouveau produit, quand on évoque une modification de leur méthode de travail, une modification de leur secteur de vente, voire un nouveau mode de calcul de leur rémunération !
Le groupe se manifeste alors par un comportement de méfiance et pafois d'agression.
Cependant les moments de tension ne sont pas heureusement les plus nombreux. Le groupe peut se sentir satisfait ou se lancer dans un travail de coopération constructive.
Le comportement général du groupe ne peut faire oublier ses composantes, les participants. Si quelques commerciaux se comportent en alliés du Directeur des Ventes, d'autres se feront remarquer par leur réserve ou leur timidité, d'autres par leur bavardage plus ou moins discret ou leur fanfaronnade. Ajoutons pour compléter la galerie celui qui dort ou qui est désimpliqué, celui qui frime, le pitre, le dessinateur et l'on aura retrouvé les sujets éternels de toutes les salles de classe.
Or précisément, le Directeur des Ventes ne peut pas subir le groupe et les participants. Il lui est dévolu d'être l'organisateur et le régulateur

qui va unifier cet ensemble composite. D'abord en observant constamment le Groupe et en interprétant, au fur et à mesure qu'il les perçoit, les réactions individuelles et collectives. Par son animation *participative*, le Directeur des Ventes échappe à la dualité teintée de distance entre le conférencier — ou le professeur — et son public. Il est un des membres du groupe, chargé d'une responsabilité particulière pour conduire le groupe à ses fins.

MAITRISER LA DYNAMIQUE DE GROUPE ET SES DERIVES

On ne s'improvise pas animateur de réunion. Ceci est aussi vrai pour un personnage haut placé (Ministre ou Président de société) que pour un Directeur des Ventes. Certes, la prestance personnelle, la qualité de la voix, un certain charisme facilitent la tâche de celui qui prend en charge l'animation.
Mais ces qualités-là risquent de ne pas peser lourd si l'on ignore la « lecture » du groupe : les participants peuvent être fatigués, leur attention se disperse ; le groupe peut emboîter le pas d'un leader qui s'oppose à la ligne de conduite défendue par le Directeur des Ventes : il peut se fractionner en sous-groupes antagonistes ; la diffusion peut dériver ; certains bavardent entre eux et ne s'associent pas au mouvement général ; on peut même assister à des situations de blocage. Pour faire bonne mesure on citera aussi l'arrivée intempestive du Président ou du Directeur Général (— « Ne vous dérangez pas pour moi ; je venais suivre vos travaux ») qui a pour effet de casser l'ambiance et la participation.
Le Directeur des Ventes, chaque fois qu'il constate une de ces situations, doit être apte à réagir : pauses, mise en place de distractions, travaux en sous-groupes, changement d'animateur, exposés confiés à certains vendeurs, conversations de couloir, — chaque initiative ayant un mode d'emploi particulier — permettent de reprendre opportunément en main le groupe.

L'ANIMATION PERFORMANTE DES REUNIONS

Sans épuiser le sujet nous rappellerons quelques conseils classiques d'animation d'une réunion de groupe.
La préparation aura été effectuée avec minutie : disposition de la salle, tableau de conférence à feuilles en place avec suffisamment de papier, vérification du fonctionnement des appareils de projection ou de rétroprojection. (Le détail oublié finit toujours par se venger aux dépens de l'animateur).
L'accueil est soigné : se doter d'une cafetière, de café ou d'infusion, de sucre et de quelques biscuits n'a jamais mis une société en difficulté

financière. Le geste de la tasse de café offerte se situe dans la lignée de l'hospitalité chaleureuse. C'est aussi un excellent moyen de « prendre le pouls » des vendeurs qui ont reçu l'ordre du jour envoyé quelques jours avant.

Le Directeur des Ventes a préparé et minuté le déroulement de la réunion. Le message qu'il se propose de faire adopter est clair dans son esprit. Il a rédigé un *guide d'animation* sur lequel figurent notamment, le plan des *thèmes* à aborder, les *questions* à poser au groupe pour lancer le débat et faire s'exprimer les participants, les *réponses* qu'il souhaite obtenir (pour les suggérer si elles ne sortent pas du groupe), les *apports* qu'il devra faire.

Au début de la réunion, le Directeur des Ventes, après que chacun se soit installé, balaye du regard la totalité du groupe, attend que le silence s'établisse — s'imposant ainsi sans forcer la voix avec une autorité naturelle — et avec un grand sourire (sauf si les circonstances ne s'y prêtent pas) prononce quelques mots de bienvenue et rappelle l'ordre du jour.

Dès l'abord du premier sujet à traiter, il s'arrange pour donner la parole aux participants pour leur permettre de s'exprimer et commencer à construire avec eux. Il sait — et il a appris à le faire — que le grand art de l'animateur de réunion, s'il veut persuader son auditoire, est de faire dire au groupe la totalité de ce qu'on doit lui transmettre et de n'avoir qu'à compléter ou ajuster les propos tenus par ses interlocuteurs. Il sait qu'animer consiste moins à parler soi-même qu'à favoriser l'expression des participants.

Très attentif aux réactions et aux paroles du groupe, le Directeur des Ventes écoute avec une attention soutenue. Il invite à participer ceux qui restent en retrait en prenant contact du regard avec eux plutôt qu'en les interpellant ouvertement. Les propos entendus et retenus sont inscrits sur le tableau de conférences à feuilles, ce qui a pour multiples résultats de favoriser la prise de notes, d'officialiser les apports et donc de stimuler le groupe. On sait aussi qu'avant d'être écrits, les propos des participants sont filtrés et reformulés pour parvenir à une rédaction aussi proche que possible de ce que le Directeur des Ventes souhaite faire adopter par la force de vente.

Vigilant sur l'évolution du tonus du groupe (actif en début de matinée, plus agressif en fin de matinée quand la faim se fait sentir, assoupi en début d'après-midi), le Directeur des Ventes aura placé chacun des thèmes en fonction des différents états successifs du groupe.

Affronté à une objection ou à une contestation, le Directeur des Ventes choisira entre le traitement par lui-même, selon, les meilleurs principes des techniques de la vente (comportement d'accueil, parade, réponse) et le traitement de l'interpellation par un ou plusieurs membres du groupe.

Réalisateur, le Directeur des Ventes aura prévu le temps nécessaire en fin de réunion pour prendre les accords qui s'imposent, distribuer les tâches, définir les moyens et les méthodes à utiliser, fixer le calendrier des opérations et mettre en place les contrôles et les appuis nécessaires pour régler les incidents éventuels.

Commencée à l'heure, animée à un rythme soutenu, la réunion se terminera à l'heure, parce que cela fait aussi partie du style d'animation du Directeur des Ventes.

17
L'APPUI-VENTE

□ Eviter quelques erreurs □ Les ambiguïtés de l'appui-vente □ L'appui-vente, un travail au coude à coude □ L'appui-vente engendre des réactions psychologiques □ Le représentant est le patron de son secteur de vente □ Déjouer le triangle □ La répartition des rôles pendant une vente à deux.

Il y a dans la vie commerciale de toute entreprise des négociations délicates avec des clients ou des prospects importants, dont la relation appartient à un représentant, parce que ce client important est situé sur son territoire de vente. Cependant ce représentant peut ne pas se sentir apte à emporter l'accord à lui seul. Il a besoin d'un soutien. A cet effet, il fait appel à son Directeur des Ventes.
Ainsi le Directeur des Ventes ou un chef des ventes peut se trouver en situation d'être la force d'appoint qui permet de gagner la bataille.

EVITER QUELQUES ERREURS

Dans cette circonstance, plusieurs tentations peuvent assaillir le Directeur des Ventes.
La première consiste à penser qu'en raison de sa position, il est le meilleur vendeur de la société et que lui seul est capable de manœuvrer pour parvenir au résultat. Il peut — erreur extrême — se rendre seul chez le client ou le prospect important : il nie alors ouvertement la compétence du représentant en titre, ce qui est fâcheux pour la suite des relations avec ce client. Le représentant sera considéré comme un personnage de second ordre, tout juste bon à assurer les relations de routine, mais incapable de prendre en charge les enjeux importants. Le représentant sera humilié et découragé. Le client sera tenté de court-circuiter le représentant et s'adressera de préférence à l'interlocuteur privilégié, c'est-à-dire le Directeur des Ventes. Un bel encombrement d'activités attend le Directeur des Ventes s'il renouvelle cette façon de faire auprès de tous les clients importants de la société. De plus, il aura largement contribué à la démobilisation de sa force de vente.
Une autre variante de la même erreur consiste à accompagner le représentant chez le client important et de se charger de la totalité de la négociation. L'effet est à peu près identique au précédent : le représentant se met « en roue libre » puisque « le patron est là pour travailler à sa place ». Le client attribue au représentant un rôle d'auxiliaire ou de porte-serviette sans grand intérêt.
La deuxième tentation du Directeur des Ventes est, à l'opposé de la précédente, de considérer que le client ou le prospect, en raison de sa situation géographique, « appartient » au représentant et que, s'il l'accompagne, il ne doit pas lui porter ombrage. En conséquence, le Directeur des Ventes se cantonne dans un rôle passif et laisse travailler seul son collaborateur. Peut-on encore parler d'« appui-vente » dans un tel cas ? Au surplus, le client s'interrogera sur le rôle exact de ce Directeur des Ventes et le soupçonnera d'accomplir une tournée gastronomique ou touristique, pour peu que la région se prête à ce genre de loisir.
On a compris qu'accompagner un représentant en appui-vente, c'est pour le Directeur ou le Chef des Ventes, non pas se substituer à lui, ni

le laisser faire, mais chercher à *l'appuyer* pour une négociation délicate ou parce que l'enjeu est important, ou encore parce que l'interlocuteur est particulièrement coriace.

LES AMBIGUITES DE L'APPUI-VENTE

L'accompagnement d'appui-vente peut se confondre avec l'accompagnement-formation. Il faut en tracer les différences. L'appui-vente exige une certaine habitude du travail en commun entre le Directeur des Ventes et le représentant, ainsi qu'un langage commun et une même méthode de vente. Enfin, quand deux personnes se présentent ensemble chez un client, cela engendre des réactions psychologiques qu'il convient de connaître pour les maîtriser.
L'accompagnement d'un représentant par le Directeur des Ventes ou un chef des ventes, pour un appui-vente se distingue de l'accompagnement-formation, bien que les apparences soient identiques, au moins quant à l'esprit de ce travail en commun.
En accompagnement-formation, le Directeur des Ventes est celui qui aide le représentant à prendre conscience de ses faiblesses et à l'améliorer (1).
En appui-vente, le Directeur des Ventes apporte à son représentant, sa « puissance de feu » pour emporter la décision.

L'APPUI-VENTE, UN TRAVAIL AU COUDE A COUDE

Toute vente est un phénomène complexe, comme toute relation entre deux ou plusieurs personnes. S'y entremêlent intimement des éléments rationnels et des éléments psychologiques, dont il est déjà difficile de cerner l'importance et les évolutions au cours de l'entetien quand on est seul à le conduire. On comprend que quand on intervient à deux personnes face au client, il est indispensable que chacun, chef ou Directeur des Ventes et vendeur comprenne identiquement ce qui se passe, tout en participant à l'action.
Cette compréhension identique sera peu probable si l'on ne dispose pas des mêmes points de repères : même méthode de vente, mêmes repères, même langage pour désigner les mêmes notions.
En outre, un appui-vente consiste pour le Directeur des Ventes et pour le représentant à se partager les interventions en fonction des séquences de la vente, comme nous le verrons après. Ce partage, pour sa préparation et pour qu'il se déroule harmonieusement, exige la référence à une même méthode de vente et une certaine habitude du travail en commun.

---

(1) Se reporter au chapitre 14.

En pratique, on doit attendre du Directeur des Ventes qu'il ait suffisamment de métier, non seulement pour mettre à l'aise le représentant, mais encore pour que, au cours de l'entretien, il sache rattraper une dérive soudaine, soit en raison d'une réaction imprévue du client, soit parce que le représentant s'est écarté de ce qui avait été convenu lors de la concertation avant la visite.
L'appui-vente est une manifestation évidente du Directeur des Ventes, proche de ses hommes et prêt à se porter avec eux qur les créneaux difficiles pour gagner la partie avec eux.

L'APPUI-VENTE ENGENDRE DES REACTIONS PSYCHOLOGIQUES

Une visite d'appui-vente, au cours de laquelle deux personnes d'une même société se rendent ensemble chez un client, engendre des phénomènes psychologiques qu'il est indispensable de connaître pour adopter le comportement qui convient :
1. Le client a l'habitude d'être visité par le seul représentant. Voyant arriver en renfort le Directeur des Ventes, il peut penser :
— « *Tiens ! le représentant n'est pas à la hauteur de la situation ; il ne sait pas s'y prendre ; il n'est pas d'une force suffisante ; on fait donner l'artillerie !* »
D'ailleurs, parfois le client observe ouvertement :
— « *Vous venez en force !* »
2. — Le client peut également penser — nous avons déjà signalé cet écueil — que le véritable interlocuteur de poids chez son fournisseur n'est pas le représentant qui le visite habituellement, mais au contraire le Directeur des Ventes, avec lequel il préfèrera établir une relation directe (« entre gens de bonne compagnie ») en court-circuitant le représentant.
3. — Le client peut aussi être sensible et flatté de la visite d'une « autorité ». Mais il ne perd pas pour autant de vue ses intérêts et il se dit qu'il va profiter de l'occasion pour demander une faveur particulière que le Directeur des Ventes « ne devrait pas lui refuser ». A cet effet, il va user d'une flatterie plus ou moins appuyée pour décider son « illustre » visiteur. Comment résisterait-on à de tels compliments ?
4. — Le client peut encore percevoir le Directeur des Ventes comme un inspecteur en tournée disciplinaire. Et parce qu'il a de bonnes relations habituelles avec le représentant, par amitié pour lui, il peut être tenté de prendre sa défense, ce qui fait alors du représentant son redevable.
Il s'agit là d'autant de pièges malsains qui doivent être dénoncés et déjoués. Ceci a pour corollaire que si une « vente à deux » suscite de tels phénomènes il importe de préparer soigneusement la visite et la concertation qu'elle implique. Toute improvisation peut se solder par des « couacs » plus ou moins retentissants.

LE REPRESENTANT EST LE PATRON DE SON SECTEUR DE VENTE

La concertation entre le Directeur des Ventes et le représentant se fondera sur quelques principes fondamentaux :
1. — Le « patron » d'un secteur de vente est le représentant habituellement en rapport avec les clients de cette étendue géographique. Il est donc en toutes circonstances le meneur de jeu.
Quelques gestes symboliques soulignent ouvertement la reconnaissance de cette position :
Ainsi, parce qu'il est chez lui, sur son territoire de vente, c'est le représentant qui reçoit le Directeur des Ventes. Et le Directeur des Ventes se fera conduire par le représentant dans la voiture de celui-ci (sauf si le représentant pratique une conduite automobile dangereuse... il faut raison garder !) (1). On observera d'ailleurs que les souverains étrangers quand ils sont reçus par le Gouvernement de notre pays sont transportés dans les véhicules mis à leur disposition par la Puissance invitante.
2. — Si les directives commerciales enjoignent à la force de vente de ne pas dépasser un certain plafond de remises ou de conditions préférentielles, le Directeur des Ventes serait malvenu d'accorder au client, lors de la visite d'appui-vente, plus que ne peut accorder le représentant, par exemple en réponse aux flatteries du client. En effet, s'il contrevient aux principes qu'il édicte ou qu'il est chargé de faire appliquer, le Directeur des Ventes fait perdre la face au représentant devant son client et le pénalise injustement. Le représentant, face à une telle maladresse, se dira ou reprochera ouvertement au Directeur des Ventes son laxisme :
— *« Je bataille pour défendre nos prix et nos conditions tarifaires, comme vous nous le demandez... Il est facile de vendre en accordant des rabais plus importants et des conditions plus avantageuses. Désormais, il ne faudra plus compter sur moi pour tenir les prix ! »*
Que doit faire le Directeur des Ventes quand il est placé en présence d'une demande d'avantage de la part du client « en raison de la présence d'un patron » ? Nous conseillons de répliquer, pour esquiver la question, du moins dans l'immédiat :
— *« J'ai bien compris votre demande. Je vais m'en entretenir avec M. Delavente notre représentant ici présent qui me fera connaître son point de vue et sa recommandation. Ce sera lui qui vous communiquera la décision qu'il aura d'ailleurs préparée. »*
Que l'on accorde ou non un léger avantage dépend de l'étude du dossier du client. L'important, en agissant ainsi, est que le représentant soit officiellement confirmé dans son rôle d'unique interlocuteur va-

(1) Une exception peut être envisagée à ce geste symbolique, dans le cas d'une indemnité forfaitaire de déplacement allouée aux représentants. Il sera alors préférable d'utiliser le véhicule du Directeur des Ventes.

lable pour le client. De plus, il se sent réellement épaulé par sa hiérarchie et renforcé dans son autorité vis-à-vis de la clientèle.
Autres bénéfices moraux du renvoi vers le vendeur : le client n'est pas encouragé à établir une liaison directe avec le Directeur des Ventes. De plus, il perçoit aisément et apprécie le *jeu d'équipe* conduit par le Directeur des Ventes et le représentant et le porte au crédit du climat humain existant chez le fournisseur.

DEJOUER LE TRIANGLE

En décrivant les réactions psychologiques du client dues à la présence d'une autorité, nous avons fait apparaître des risques d'alliances et de rejets comme cela est fréquent dès que l'on met en scène trois personnages.
Les comédies du théâtre de Boulevard reposent d'ailleurs sur le « triangle » des trois personnages : Monsieur, Madame et l'Amant de Madame, ou bien Monsieur, Madame et la Maîtresse de Monsieur. Toute l'action est construite sur les conflits nés des relations au sein du trio, relations instables qui s'achèvent par une rupture en général tout à fait morale.
Dans la situation d'appui-vente, la relation triangulaire existe et peut se décrire ainsi :

- Soit le client fait alliance avec le Directeur des Ventes, en raison de « l'effet d'autorité ». On risque d'isoler le représentant.
- Soit le client fait alliance avec le représentant, en raison de la présence supposée de l'« inspecteur disciplinaire ».
- Soit le client perçoit un front dressé contre lui, reposant sur l'alliance du Directeur des Ventes et du représentant.

Naturellement, aucune de ces situations n'est acceptable. Il faut donc déjouer le triangle en le détruisant. La difficulté apparente se résout aisément en ne faisant du Directeur des Ventes et du représentant qu'un seul personnage qui dialogue alternativement, par la voix de l'un ou par la voix de l'autre avec le client.
Ce qui suppose que l'on ait déterminé au préalable qui se charge de quoi pendant le déroulement de la négociation et comment se passer les relais.

LA REPARTITION DES ROLES PENDANT UNE VENTE A DEUX

Si l'on reprend les phases successives de toute négociation : début de la visite (appelée encore entrée en matières ou prise de contact), découverte, synthèse de la découverte, proposition, argumentation, traitement des objections, conclusion et prise de congé (encore désignée consolidation), comment chacun des visiteurs peut-il prendre en charge telle ou telle phase ?

• Début de la visite (prise de contact) :

Nous avons rappelé que le représentant était considéré comme le « patron » sur son territoire de vente. C'est donc lui qui se charge de présenter — si cela est nécessaire — et d'expliquer ce que vient faire le Directeur des Ventes chez ce client. (En général on invoquera « un dialogue plus proche avec la clientèle, mieux comprendre ses préoccupations », etc.).

• Découverte :

Qui connaît le mieux le dossier du client, l'historique de relations, les détails particuliers utiles ? Le représentant. C'est donc lui qui commence par une sorte de rappel succinct des « épisodes précédents ». Cependant pour pouvoir faire progresser la négociation, il est probable que le Directeur des Ventes, en se concertant avec le représentant lors de la préparation de la visite, aura constaté que l'on ignore encore certaines informations ou certaines réactions. Il va donc intervenir pour compléter la découverte, en prenant le relais du représentant.

• Synthèse de la découverte, proposition, argumentation :

Il est préférable que ces phases soient prises en charge par le représentant. On n'excluera pas un soutien discret, et concerté, du Directeur des Ventes, notamment dans l'argumentation.

• Traitement des objections :

C'est quand les objections surgissent que la concertation entre le Directeur des Ventes et le représentant peut le mieux s'exercer. regard de l'un vers l'autre exprimant implicitement :

— « Vous êtes bien placé pour répondre », — « C'est à votre portée, allez-y », etc.

• Conclusion :

L'enjeu est important, il faut emporter la partie. Le Directeur des Ventes prendra une part prépondérante dans la prise d'accord. Mais le suivi étant assuré par le représentant, celui-ci sera étroitement associé à la recherche de l'accord.

• Prise de congé (consolidation) :

Cette phase est dévolue au représentant, parce que les relations ultérieures entre le client et le fournisseur seront assurées par lui.

Un dernier mot au sujet du passage des relais. Les « coups de pied sous la table », s'ils ont existé, seront avantageusement remplacés par des regards du Directeur des Ventes vers son représentant et inversement. Ce qui suppose aussi que l'on ait établi une connivence et une concertation suffisantes.

18

LES TABLEAUX DE BORD DE LA FORCE DE VENTE

□ Points de repères □ L'essentiel ! Vite ! □ Du tableau de bord à l'action □ Tableau de bord et décentralisation □ L'analyse de l'écart □ Caractéristiques d'un tableau de bord □ Qualités d'un tableau de bord.

Les décisions d'un responsable sont à la mesure des informations et des connaissances qu'il possède. » (1)
Le tableau de bord évoque immanquablement la notion de *contrôle*. Nous entendons le contrôle, non pas dans son sens un peu rebutant d'examen, de pointage, de vérification (assimilé à la famille des contrôles douaniers, fiscaux ou administratifs), mais dans son acception anglo-saxonne de tenue en main, de maîtrise d'une situation.
Le tableau de bord s'apparente, dans la vente, au tableau de marche que s'imposent les coureurs automobilistes, cyclistes ou autres, quand ils se lancent dans une longue épreuve telle qu'un rallye ou une course contre la montre. Le tableau de bord ainsi conçu est un ensemble d'indicateurs qui permet d'apprécier si l'allure choisie est conforme à ce qui était prévu.
Le tableau de bord a pour mission de déclencher les *alertes* qui conduiront à l'analyse. Il devient ainsi un précieux auxiliaire de l'animation de l'action commerciale. Il est traité ici des tableaux de bord, c'est-à-dire aussi bien de celui des *représentants*, que de celui du *Directeur des Ventes*.

POINTS DE REPERES

Toute activité commerciale et toute réalisation, qu'elle soit mesurée en volume, en chiffre d'affaires ou en marge, si elle ne se rattache pas à des *points de repères*, peut ne pas avoir une signification intelligible.
Les meilleurs points de repères sont fournis par la prévision et la planification volontaires des activités. La prévision et la planification qui en résulte, s'appuient sur le plan financier et le programme commercial annuel de l'entreprise.
La référence des chiffres de marge, de chiffre d'affaires, de ventes quantitatives et d'activités *réalisés* aux chiffres *prévus* fait apparaître un *écart* en plus ou en moins, qui demande une *interprétation*, et le cas échéant, débouche sur la mise en place rapide d'une action corrective.

L'ESSENTIEL ! VITE !

Il importe donc que les informations figurant sur le *tableau de bord* soient obtenues rapidement.
Bien des tableaux de bord contiennent trop d'informations : cet excès crée un sentiment de confusion et nécessite un traitement lourd, donc peu compatible avec les nécessités de l'action commerciale. Le tableau de bord n'est pas un instrument comptable. On n'attend pas de lui qu'il soit complet, mais qu'il permette de faire apparaître l'essentiel.

(1) Jean-Louis Muller, Président de Pratique SA.

L'essentiel est variable d'une entreprise à l'autre, et peut également varier dans le temps (produits saisonniers, accents mis sur certains aspects) et dans l'espace (variations des besoins selon les zones géographiques).
L'essentiel, ce peut être :
— le volume de marge global ;
— le chiffre d'affaires global ;
— les statistiques de vente des produits stratégiques et des nouveaux produits ;
— les statistiques de vente ventilées par clients stratégiques et clients importants ;
— les négociations d'affaires importantes en cours, évaluées par le triptyque Montant-Pronostic de Résultat-Echéance (1).
— les statistiques d'activités ou de certaines activités de la force de vente.

DU TABLEAU DE BORD A L'ACTION

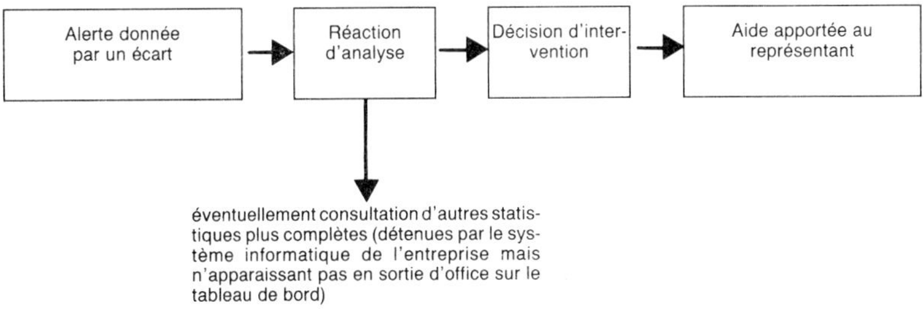

TABLEAU DE BORD ET DECENTRALISATION

Le tableau de bord de chaque niveau hiérarchique regroupe en les synthétisant les tableaux de bord de l'échelon immédiatement inférieur. Cependant le tableau de bord ne se conçoit pas comme un unique document central. Chaque collaborateur intermédiaire (chefs des ventes, animateurs commerciaux) et chaque vendeur sur le terrain dispose de son propre tableau de bord (qu'on peut aussi appeler, pour le rendre plus digeste « cadran d'activités et de performances »).
La décentralisation des tableaux de bord permet de déléguer le contrôle jusqu'au niveau du terrain.
Cette décentralisation n'exclut pas bien entendu le contrôle par exception. Mais le principe que nous défendons est que l'alerte sur l'obser-

(1) Système d'Anticipation des Résultats Commerciaux (SARC).

vation d'un écart parte du terrain. Ceci suppose qu'un certain *état d'esprit* règne dans l'entreprise et au sein de la force de vente qu'on pourrait résumer par la directive suivante : « tant que vous êtes au niveau des performances convenues vous poursuivez votre action ; dès qu'un écart significatif apparaît, vous nous alertez pour que nous puissions vous *aider* à analyser la situation et mettre en place *avec vous* les mesures correctives ».
L'alerte par le vendeur doit donc déclencher un réflexe d'aide et non pas se traduire par une accusation d'insuffisance.

L'ANALYSE DE L'ECART

En mettant en évidence l'écart négatif (mais aussi, plus rarement un écart positif excessif qui pourrait se traduire par une insuffisance de production), le tableau de bord incite son utilisateur à rechercher — souvent en faisant appel à d'autres statistiques ou renseignements — *l'origine* de l'écart, de façon à l'*interpréter correctement* : L'écart est-il dû au représentant ? à un produit ? à une région ? à un secteur de clientèle ? à un marché ?
La concurrence se fait-elle plus pressante ? le représentant a-t-il besoin d'être formé ? faut-il repenser certains des éléments du *marketing-mix* ?, etc.
Pour éviter une surcharge de chiffres, on peut se limiter à ne faire apparaître que les chiffres *cumulés* depuis le début de l'exercice. Ces chiffres seront comparés à l'objectif cumulé pour la même période de temps. Les écarts significatifs figureront en valeur absolue.
Un écart important déclenche une analyse plus fine en vue de déterminer les causes et d'apporter les correctifs indispensables. Tant que l'allure générale ne permet pas de déceler d'anomalies on ne procède pas aux analyses détaillées. En tout état de cause les analyses détaillées se font par retraitement de données hors du tableau de bord.
En résumé, un tableau de bord aura les caractéristiques et les qualités suivantes :

CARACTERISTIQUES D'UN TABLEAU DE BORD

- Il informe sur les activités et sur les résultats (ventes).
- Il exploite des chiffres, et non des appréciations qualitatives.
- Il prend en compte les chiffres qui varient chaque mois.
- Il permet de comparer les *réalisations* aux *objectifs*. Cette comparaison donne lieu à la mesure des *écarts*.
- L'obtention des données chiffrées doit être obtenue automatiquement (statistique de ventes, comptes rendus hebdomadaires d'activités).

• Les chiffres expriment le résultat du travail et de la qualification de la force de vente.

QUALITES D'UN TABLEAU DE BORD

• Le tableau de bord est synthétique, clair et simple.
• Il fait apparaître *l'essentiel.*
• En permettant d'établir des comparaisons, il éclaire l'action engagée. Il situe cette action et ses résultats par rapport aux objectifs et éventuellement par rapport aux réalisations des années antérieures.
• Son rythme de production se fait en général mensuellement.
• Il est important qu'il soit remis à chaque intéressé rapidement (idéalement moins de cinq jours après la fin du mois) pour que les actions de corrections éventuellement nécessaires puissent être engagées sans délai.

19

LIGNE DE CONDUITE POUR LA MOTIVATION DE LA FORCE DE VENTE

□ Argent, voyages, concours sont des réponses insuffisantes □ En quoi consiste la motivation de la force de vente ? □ Les travaux de Maslow, d'Herzberg et de Hugues et leurs conséquences □ Le rôle de l'argent □ De quoi est faite la vie d'un commercial □ L'aspect novateur des vérités éternelles □ Programme général de motivation de l'équipe de vente □ Le rôle éminent du Directeur des Ventes.

La question traitée dans ce chapitre est probablement une des plus attendues parmi celles qui sont abordées dans cet ouvrage, et peut-être la plus essentielle.

L'observateur impartial et engagé que nous nous efforçons d'être est habituellement insatisfait par les réponses que l'on trouve souvent à ce propos. Probablement parce que ces « réponses » semblent plus provenir de solutions toutes faites, plaquées de l'extérieur, plutôt que de la recherche de ce qui est réellement nécessaire à ceux qui ont choisi le métier de la vente.

Quand la motivation, ou la stimulation (les termes sont équivalents) se réduisent à l'argent, aux voyages de stimulation ou autres concours de vente, on se demande parfois si leurs promoteurs connaissent bien ces commerciaux auxquels ils destinent ce que nous considérons comme des recettes.

ARGENT, VOYAGES, CONCOURS SONT DES REPONSES INSUFFISANTES

La *rémunération*, certes, est un moteur, mais à condition que les conditions de l'attribution aient donné lieu à une réflexion judicieuse. On peut affirmer que l'abondance de la rémunération ne se traduit pas automatiquement par le développement de l'ardeur au travail. Ceci bien entendu ne doit pas être isolé d'un contexte d'ensemble : qu'on n'interprète pas notre propos comme une incitation à l'économie, ce qui serait contraire à notre esprit : les commerciaux doivent être généreusement, mais judicieusement, rémunérés. Le chapitre consacré à la rémunération fait le point sur la question.

On a inventé les *voyages de stimulation*. Excellente idée en principe : le voyage fait partie du rêve de bien des êtres humains. Mais passé le premier effet, il faut, pour maintenir l'attractivité du voyage, aller de plus en plus loin. Obtient-on de ce fait de meilleurs résultats pour tous ? Les réponses obtenues ne sont pas décisives.

Passons sur les *concours*. Sauf à torturer le règlement en plaçant par exemple des handicaps pour les meilleurs vendeurs, ce sont souvent les mêmes qui gagnent. Les autres regardent de loin la compétition et se démobilisent. On observera encore que la « chasse à la prime » peut avoir pour effet de déformer les intentions initiales.

Notre sentiment serait de considérer les voyages et les concours comme de moyens *promotionnels* dirigés vers la force de vente, plutôt que comme des éléments de motivation.

EN QUOI CONSISTE LA MOTIVATION DE LA FORCE DE VENTE ?

On peut définir, après bien d'autres auteurs, la motivation ou la stimulation comme l'ensemble des facteurs qui inspirent, encouragent et poussent les commerciaux à réaliser *durablement* le travail requis.

On sait que la crainte, la peur, la coercition peuvent avoir un certain effet. Mais cette façon de faire atteint vite non seulement ses limites, mais en cassant le climat de confiance qui existe au sein de l'équipe de vente, on parvient rapidement à un point de non retour. Beau gâchis ! Taylor, quant à lui, en étudiant les gestes accomplis et l'amélioration de leur rationalité, a considéré l'homme au travail comme une sorte de mécanique. Seule est considérée la tâche et non celui qui l'accomplit. Or la clé de la motivation tient à trouver dans l'individu lui-même le ressort qui l'incitera à accomplir de lui-même l'action optimum attendue de lui. C'est pourquoi la motivation ne peut trouver sa source que dans la compréhension des besoins des vendeurs, considérés en tant qu'hommes. On apprécie tout l'intérêt des travaux de Maslow, Frédéric Herzberg et de Charles Hugues.

LES TRAVAUX DE MASLOW, D'HERZBERG ET DE HUGUES ET LEURS CONSEQUENCES

Maslow a mis en évidence la hiérachie de cinq groupes de besoins (la « pyramide »), des plus élémentaires aux plus élevés :
— besoins matériels ou physiologiques : la faim, la soif, le sommeil ;
— besoins de sécurité et de protection ;
— besoins sociaux, d'appartenance, d'association, de participation à un groupe, d'amitié, d'affection, d'acceptation de la part d'autrui ;
— besoins d'estime, de statut, de pouvoir, de respect des autres, de réputation, de prestige ;
— besoins d'accomplissement de soi, par le développement personnel de son expression, de sa créativité, de ses potentialités, par la liberté, par l'indépendance, par l'épanouissement personnel, fruit de la connaissance, du savoir, de la compréhension.

En prolongeant les recherches de Maslow, Frédéric Herzdberg et Charles Hugues ont complété et précisé les observations du premier :

• Les besoins des niveaux inférieurs sont ressentis comme un manque (une « souffrance ») s'ils ne sont pas satisfaits. Mais leur satisfaction ne développent pas une énergie propre chez l'individu. Ils ne sont pas réellement moteurs. Hugues les qualifie de besoins d'entretien.
• Les besoins des niveaux supérieurs sont ressentis comme bénéfiques et développent la véritable motivation résultant d'une ambition personnelle. Hugues les dénomme besoins de développement.

Les conséquences issues de ces travaux peuvent être exposées ainsi :
— Les besoins d'ordre supérieur n'ont une chance d'être activés que lorsque les besoins d'ordre inférieur auront été assez largement satisfaits.
— Selon les individus, l'état d'accès aux niveaux supérieurs de la hiérarchie des besoins est inégal.
— Si les besoins inférieurs sont peu différenciés, il n'en va pas de même des besoins supérieurs. Nous en verrons ci-après la grande diversité pour ce qui concerne les vendeurs. Les individus n'ont pas tous le même spectre de besoins, ce qui milite en faveur d'un management personnalisé.

— Les besoins évoluent dans le temps.
— Les comportements sont la résultante de plusieurs besoins.

LE ROLE DE L'ARGENT

L'argent n'est pas *en soi* un élément important de la motivation, si ce n'est pour quelqu'un dont les besoins physiologiques n'ont pas encore été satisfaits. Passé ce degré, l'argent permet d'*acheter de l'importance*, c'est-à-dire pour son bénéficiaire de pouvoir accéder aux niveaux intermédiaires et supérieurs des besoins.
Le vendeur, comme tout être humain, apprécie de pouvoir choisir son style de vie, son appartement ou sa maison, la voiture et les types de loisirs qu'il souhaite, et en conséquence de déterminer lui-même l'image qu'il donnera de lui et la reconnaissance qu'il obtiendra en retour. L'argent est un vecteur d'accès à des éléments de motivation.
Traiter de la motivation consistera en premier lieu à comprendre les personnes auxquelles on s'intéresse. En ce qui concerne les vendeurs, il est important de se pencher d'abord sur les particularités de sa vie professionnelle, en adoptant un point de vue psychologique, c'est-à-dire en ne retenant que ce qui peut déboucher sur des difficultés.

DE QUOI EST FAITE LA VIE D'UN COMMERCIAL ?

Un délégué commercial, un vendeur, un représentant est un homme ou une femme inscrit dans un métier — la vente — dont le moins qu'on puisse écrire est qu'il est apprécié de façon plus ou moins péjorative dans son milieu social. Il est évident que cette appréciation tient à une méconnaissance profonde par l'opinion des réalités de ce métier, à laquelle s'ajoute des *a priori* péremptoires tendant à dévaloriser un emploi pourtant capital pour l'économie (que deviendraient nos activités industrielles, commerciales et de services s'il n'y avait pas de vendeurs ?). On pense parfois que l'opinion évolue ; il n'en demeure pas moins que la tendance lourde se prolonge (1).
Ce délégué commercial est le collaborateur d'une entreprise dont le nom est parfois très connu, mais dans bien des cas de plus faible renom et sans réputation particulière. Il est chargé de vendre des produits réputés et porteurs, ou bien d'intérêt mineur, à des clients dont la fréquentation peut être stimulante (ventes professionnelles) mais plus souvent sans attrait particulier.
Au sein de l'entreprise qui l'emploie, le délégué commercial porte son regard sur les ambitions et les objectifs que s'assigne cette entreprise, sur les hommes, les mentalités et les méthodes de la Direction Générale, sur la plus ou moins grande sécurité d'emploi dont il bénéficie, sur les qualités humaines et professionnelles de son encadrement im-

(1) Pour comprendre de l'intérieur le milieu professionnel des vendeurs, on se reportera au livre utile de Marc Pignero *Profession : Représentant*, Les Editions d'Organisation, Paris, 1984.

médiat : Directeur Commercial, Directeur des Ventes, chef des ventes, animateur des ventes, mais aussi sur les autres membres de l'équipe de vente, sur le climat qui y règne, sur les « règles du jeu ». Selon qu'on y a plus ou moins prêté attention, les conclusions que le vendeur en retire peuvent l'inciter à se montrer actif ou réservé.
Le travail quotidien du délégué commercial l'éloigne du Siège — et donc de son point de vue des centres de décision — ce qui peut déboucher sur le sentiment d'être « oublié ». Son métier le laisse seul pour bien des décisions, notamment pour résoudre les tensions résultant de la négociation avec la clientèle ou pour prendre des initiatives.
La vente est un éternel recommencement, ce qui peut engendrer lassitude ou routine, et les difficultés y sont multiples, qu'elles soient le résultat de l'action de la concurrence, d'incidents d'origines multiples, soit qu'ils soient consécutifs à des erreurs dues à l'entreprise, soit que de plus ou moins bonne foi ils émanent de réclamations injustifiées de certains clients et qui conduisent le vendeur à douter de lui et des appréciations que la Direction des Ventes porte à son endroit.
Sur le plan familial, cet homme ou cette femme peuvent être l'objet de reproches du conjoint et des enfants (— « tu rentres tard »..., « tu n'es jamais là quand on a besoin de toi... »).
Il y a encore sa rémunération qui peut être altérée par une conjoncture défavorable, par l'action de la concurrence ou par les erreurs de marketing de son entreprise, et dont il compare le montant à ceux des confrères qu'il rencontre lors des « soirées-étapes », au cours de ses déplacements.
Nous répétons que nous avons privilégié les aspects noirs du tableau, précisément parce qu'ils sont à l'origine des freins, parfois puissants, à ce qu'on appelle la motivation.
Nous voudrions à présent nous pencher sur les besoins de développement du vendeur pour tracer une sorte de programme général de motivation de l'équipe de vente.

L'ASPECT NOVATEUR DES VERITES ETERNELLES

Une précaution doit être prise vis-à-vis de notre lecteur : en examinant les propositions de ce qui favorise la motivation, celui-ci peut se dire soit que l'on n'y trouve pas d'idées originales, soit qu'il est fait référence à des solutions classiques. Notre unique souci est précisément d'apporter un conseil réaliste et éprouvé, plutôt que de rechercher l'originalité à tout prix. Et plus nous avançons en expérience de la conduite des hommes, plus il nous semble que les « vérités éternelles » sont les plus novatrices.
Le programe général de motivation de l'équipe de vente est présenté ci-après sous la forme d'un tableau, dans l'ordre inspiré de la hiérarchie des besoins de Maslow.

PROGRAMME DE MOTIVATION DE L'EQUIPE DE VENTE

Les besoins des commerciaux	Les solutions pour motiver
Sécurité, protection Assurer sa sécurité matérielle.	• Informations favorisant le sentiment d'appartenir à une entreprise performante, bien gérée, bien armée pour affronter les périodes difficiles. • La partie fixe de la rémunération et la proportion « quasiment acquise » de la partie variable (pourcentage sur marge et primes d'objectifs) consolident la sécurisation du commercial. • Pour un débutant ou pour un collaborateur de vente faiblement ou moyennement rémunéré, l'acquisition de la partie supérieure de la rémunération sous forme variable et dépendant des objectifs a un caractère fortement incitatif.
Sécurité morale.	• Une entreprise avec des dirigeants dont la morale inspire l'action sera favorablement perçue. • La loyauté est payante (tromper finit toujours par se retourner contre celui qui emploie une telle pratique).
Besoins sociaux Faire partie d'une équipe. La plupart des êtres humains et la quasi-totalité des vendeurs éprouvent le besoin d'appartenir à un groupe, quelqu'individualistes qu'ils soient, et retirent une satisfaction de la fréquentation des autres membres du groupe (besoin d'appartenance).	• Tout ce qui crée des liens avec les autres membres de l'équipe de vente et avec l'encadrement commercial : — faire se connaître les vendeurs entre eux ; — leur apprendre à s'apprécier ; — développer la confiance mutuelle qu'ils peuvent avoir les uns envers les autres. • Ne pas laisser se créer des sous-groupes faisant bande à part ou des ghettos où seraient enfermés les moins bons vendeurs. • Pratique de la détermination des objectifs avec la participation de l'équipe de vente. • Les réunions (ni trop, ni trop peu).

DETAIL OF ENTERTAINMENT AND BUSINESS MEALS

(items shown under « Miscellaneous Expenses »)

DATE	PLACE	NAMES AND TITLES OF GUESTS	CURRENCY	AMOUNT IN CURRENCY	TOTAL B.F.

NOTES

Monsanto

DAILY EXPENSES

DATE	OWN CAR km	LOCATION	TAXI OR CAR HIRE	HOTEL	MEALS	PHONE AND WIRES	MISCELLANEOUS AND ENTERTAINMENT		CURRENCY		TOTAL
							AMOUNT	ITEM	UNIT	TOTAL	B.F.
TOTAL km	(3)	TOTAL B.F.						TOTAL DAILY EXPENSES			1

Etre pris dans un mouvement de travail. Les termes de « travail », d'« effort », d'« exigence » ne sont guère au goût du jour et prennent même aux yeux de certains un air provocateur, tant le milieu socio-politique ambiant admet et promeut l'idée que la Société et l'Etat peuvent assurer à l'individu un revenu sans effort pour l'obtenir. Les différents systèmes d'allocations ou de ressources minimum, institués par les gouvernements de toute tendance, derrière une idée en apparence généreuse, fortifient cette idée perverse. Notre point de vue s'apparenterait à celui d'un sportif qui a fait travailler sa musculature et qui sent que son organisme répond à la sollicitation qui lui est imprimée. Il faut refuser la médiocrité et la facilité : les vendeurs savent apprécier l'exigence réaliste que l'on manifeste à leur égard.	• Développer dans l'entreprise une bonne ambiance de travail. • Faire savoir dès le stade du recrutement, afin qu'il n'y ait pas de malentendu, que l'entreprise devant laquelle se présente le candidat est une société où l'on travaille et où le terme d'effort n'est pas un vain mot. • Les objectifs sont établis à un niveau atteignable et dépassable. Ils sont perçus comme une exigence manifestée à l'égard de la force de vente. Ils ne sont : — ni excessifs, ce qui serait le signe d'un management mégalomane et irréaliste et qui conduirait au découragement ; — ni insuffisants, ce qui aurait un effet démobilisateur. Les objectifs ont notamment pour but de mettre l'équipe de vente *sous tension* pour leur atteinte. • Eprouver la valeur de la force de vente par des coups d'accélération temporaires, tels que la DRAC (1). • Les défis, sorte d'émulation collective de l'équipe, mise en compétition contre certains concurrents (— « cette année nous allons tenter de passer de la quatrième à la troisième place ») ou pour prendre certaines positions sur le marché (— « nous allons conquérir un point de plus de la part de marché »). • L'exigence du Directeur des Ventes vis-à-vis de lui-même et de l'équipe de vente. • L'exemplarité du Directeur des Ventes (il paie de sa personne, il est présent sur les créneaux difficiles). • Savoir périodiquement casser la routine. • Enfin le rire et la bonne humeut sont des grands atouts pour le maintien de l'ambiance de travail.

(1) Se reporter aux *10 Clefs de l'Efficacité du Délégué Commercial*, chapitre 9.

Besoins d'estime Avoir de la considération pour l'encadrement commercial (Directeur et chef des ventes).	• Respect des capacité et du jugement du Directeur et du ou des chefs des ventes. • Un Directeur des Ventes équitable et juste. • Un Directeur des Ventes ouvert à la participation, c'est-à-dire le contraire de celui qui décide unilatéralement. • Rôle d'*appui* constant de cette personne pour faire *réussir* son équipe de vente. • Attitude d'écoute, de disponibilité envers les autres, de conseil (y compris parfois au-delà du seul domaine professionnel). • Psychologie, c'est-à-dire doigté, parce qu'il tient compte de la personnalité de ceux auxquels il s'adresse. • Exigence et rigueur. • Optimisme communicatif. • Une certaine dose d'enthousiasme. • Il sait manifester sa joie de la réussite des commerciaux. • Il « vend » en permanence les commerciaux à l'intérieur de la Société. Il est le promoteur interne de la force de vente. • Il protège l'équipe de vente : il est réaliste sur ce qu'on peut lui demander et attendre d'elle.
Evaluer ses performances.	• C'est l'une des fonctions dévolue aux entretiens périodiques individuels. • La *grille d'évaluation* se veut le support objectif de l'appréciation. • Le Directeur des Ventes se défie de l'*émulation* qui écarte les moyens et les faibles. (Il faut absolument éviter d'écœurer un vendeur, sauf si l'on cherche à se séparer de lui.)

Accomplissement de soi Etre compris ; Comprendre un vendeur, c'est mettre en relief ce qui a bien marché, plutôt que ce qui ne va pas ; ceci afin que le positif serve de tremplin pour améliorer ce qui est négatif.	• Etre apprécié pour ses *efforts* et pas seulement pour ses résultats. • Au cours des entretiens périodiques individuels, le Directeur des Ventes sait mettre en valeur les qualités, et pas seulement les insuffisances et examine les problèmes en discussion participative. • Les réunions sont un lieu où les débats peuvent être ouverts. • Au cours des accompagnements le Directeur des Ventes ne se limite pas aux seules négociations en cours, mais est également apte à replacer les succès et les insuffisances du vendeur dans une perspective à moyen terme. • D'une façon générale, on apprécie la disponibilité et l'écoute du Directeur des Ventes (ce qui demande de sa part du *temps* et de l'attention).
Etre reconnu. La considération, l'estime accordée à quelqu'un est un des meilleurs antidotes à l'inquiétude qui est en chacun.	• Place reconnue du commercial dans l'entreprise. • Participation, qui signifie reconnaissance des capacités d'apport de chaque vendeur. (En psychologie du management, cn n'obtient l'adhésion des vendeurs qu'en les faisant participer à la préparation et à l'élaboration des décisions les concernant). • Rôle important de la « lettre du Président » adressée à un ou plusieurs vendeurs, personnellement, pour les remercier d'un résultat remarquable. Ici, on sera attentif à l'à propos et à la *rareté* calculée d'une telle lettre. • Le mot adressé à l'intéressé qui montre que le Directeur des Ventes a vu et compris le travail effectué, l'effort accompli. • On évitera toute flagornerie : le Directeur des Ventes sera vrai et sincère dans ses appréciations. • Les éloges décernés ne seront ni trop rares, ni trop fréquents, et adressés aussi rapidement que possible après la prestation réussie. C'est le résultat qui donne lieu aux félicitations (et non les qualités de caractère ou les talents du vendeur). La louange sera précise et proportionnée à la mesure de la prestation.

PROGRAMME DE MOTIVATION DE L'EQUIPE DE VENTE

Les besoins des commerciaux	Les solutions pour motiver
Etre informé. Informer quelqu'un, c'est reconnaître son importance et lui rendre plus intelligible ce qu'il est en train de faire. La personne à laquelle est destinée l'information se sent ainsi une cellule vivante, rattachée à l'ensemble de l'équipe de vente et de l'entreprise et considérée comme utile et ayant son rôle propre. On considère ainsi chaque vendeur comme un des bâtisseurs de l'édifice, ce qui conduit à privilégier la course de fond, plutôt que les sprints éphémères.	• Clarté de la structure hiérarchique, des fonctions des différents services et des relations des services entre eux. • Clarté de la politique commerciale (voire de certains aspects de la stratégie de l'entreprise). • « Règle du jeu » claire et connue. • Sentiment que l'organisation de l'entreprise est efficace.
Garder son tonus. Reprendre courage quand on se trouve dans une passe difficile.	• Rôles déjà mentionnés des réunions, des entretiens individuels, des accompagnements sur le terrain. • Politique de perfectionnement de la force de vente. • Style de commandement de l'encadrement commercial : — attentif, — orienté vers les autres, — esprit d'aide, — chaleur de la relation personnelle. — attitude compatissante face aux difficultés rencontrées par un vendeur.

	• Rôle des « fêtes » (amicales et de récompense) : Sans pour autant que cela devienne une institution routinière, un bon repas dans un cadre choisi, savoir déboucher opportunément quelques bouteilles de champagne, peuvent avoir un heureux effet sur l'ensemble de l'équipe de vente. • Penser à calculer les indemnités de déplacement à un niveau suffisant pour que le vendeur dispose, lors de la « soirée-étape »d'un logement et d'une table suffisante.
Progresser. Etre valorisé.	• Exigence du Directeur des Ventes : ce sont les Directeurs de Vente exigeants qui font progresser les vendeurs. • Méthodes internes : bibles, procédures, méthodes de vente et de gestion du territoire, autant de supports concrets pour faire acquérir aux vendeurs le réflexe de la qualité. • Politique affirmée de formation, puis de perfectionnement, signe pour le vendeur qu'il est inséré dans une entreprise où l'on n'a jamais fini d'apprendre et qui investit sur lui. • Donner à la force de vente, ou à certains de ses membres des thèmes d'études (étude ponctuelle d'un marché, étude d'un créneau, étude de la concurrence, etc.). • Confier à certains vendeurs confirmés des missions temporaires, avec responsabilité réelle limitée, par délégation d'attribution normalement dévolue au Directeur des Ventes ou au Directeur du Marketing. • En un mot, s'appuyer sur l'intelligence des personnes pour en permettre le plein exercice et la développer.

Obtenir des résultats. Quoi de plus exaltant pour un vendeur que d'appartenir à « une équipe qui gagne » (selon tous les sens du terme) ? Compte tenu de la proportion du temps qu'un vendeur consacre à son travail (plus que la plupart des autres salariés de l'entreprise), la réussite de sa vie passe notament par sa réussite professionnelle. (Bien entendu pas seulement, ni exclusivement.) Participer à une réussite est une sensation stimulante. La réussite, c'est aussi le sentiment que l'on maîtrise bien les situations, que l'on a de l'influence sur les autres et notamment sur ses clients. La réussite, et c'est une grande exigence que nous sommes conscient de manifester, est une situation où l'on n'a jamais fini de progresser, où la satisfaction totale n'est jamais tout à fait atteinte. C'est, en somme, une situation de dépassement continu.	• Rôle indispensable de la *participation*. • Une pratique de la *liberté* (sans laisser faire) qui détermine pour chaque vendeur un « domaine propre » où sa responsabilité est entière, où il se sent en quelque sorte « propriétaire de son travail ». La superficie de la zone d'autonomie du vendeur dépendra des aptitudes et des capacités de chacun. Le sentiment de liberté ou d'autonomie s'exprime moins vis-à-vis de quelqu'un que pour faire quelque chose. Le contraire de la liberté est le système bureaucratique dans lequel le vendeur doit négocier à tout moment ce qu'il a à faire. • L'esprit de risque est le corollaire de la liberté. Les commerciaux perçoivent-ils qu'ils sont encouragés à prendre des décisions audacieuses (dans le cadre de la politique commerciale définie) ou au contraire que toute décision doit être prudente et sans risque (« évitez les *bouiettes* à tout prix ») ?

LE ROLE EMINENT DU DIRECTEUR DES VENTES

A travers le panorama de ce programme général de motivation de l'équipe de vente, on a observé le rôle éminent du Directeur des Ventes, dont on peut écrire qu'il est, par son être propre et par la qualité de son management, l'inspirateur essentiel de la motivation des collaborateurs de son équipe de vente.
Nous sommes parfaitement conscients des questions que provoquent immanquablement certaines de nos propositions. Au-delà des critiques que certains seront tentés de faire, elles doivent susciter une réflexion à partir des discordances qu'elles peuvent créer dans certaines entreprises dont la culture s'inspire d'autres principes que les nôtres. Cependant, il ne faut pas perdre de vue que l'enjeu est celui de *la mise sur orbite* d'une équipe ardente au travail, heureuse de vivre une activité professionnelle intense dans un milieu économique souvent difficile, satisfaite d'être portée par un succès qu'elle devra principalement à elle-même.
On peut même envisager que certaines entreprises puissent se poser des questions fondamentales sur leur conduite managériale actuelle, à partir de ce que suggère notre panorama. Les ressources financières sont procurées à l'entreprise par l'extérieur, à travers sa force de vente. Il ne serait pas incongru qu'une nouvelle ligne de conduite managériale entre dans l'entreprise par la force de vente.

CONCLUSION

Quand peut-on dire qu'un Directeur des Ventes a réussi ?
Un telle question appelle deux réponses. La première sera laconique et brutale : — « Jamais ! » La seconde est plus encourageante : « Quand il sera parvenu à se rendre disponible pour l'essentiel. » En réalité les deux réponses sont liées.
Se limiter à la première serait faire du Directeur des Ventes le moderne Sisyphe de l'action commerciale. En la développant, on précisera que, même remarquablement organisée, entraînée, expérimentée, une force de vente est composée d'un ensemble de personnes qui ont besoin d'être reliées à leur dirigeant, d'échanger avec lui, de recevoir de lui des signes qui prouvent son attention à l'exercice de leur métier, à leurs difficultés, à leurs résultats. Aucun être humain ne peut vivre éternellement seul ; encore moins les délégués commerciaux appelés à affronter chaque jour la concurrence et à s'évertuer de persuader, de conserver et de développer leurs clients. Le travail du Directeur des Ventes n'est jamais achevé.
Pourtant vient un jour où les méthodes et l'organisation sont en place, où les informations sur l'état du marché et des performances de l'équipe de vente arrivent régulièrement et où le Directeur des Ventes pourrait espérer vivre paisiblement sa fonction. Ce moment privilégié, s'il survient, sera celui où ce personnage pourra investir plus de temps pour réfléchir, pour conseiller et stimuler les hommes, pour se rendre disponible pour les appuyer et les aider. Il ne sera jamais question pour lui de glisser dans une béate somnolence ; serait-il tenté par cette perspective qu'il appartiendrait alors à la Direction générale de l'entreprise de songer à la relève. Mais plus probablement, d'autres fonctions attendront le Directeur des Ventes, qui lui permettront de donner un nouveau champ d'expression à ses talents.
Cet ouvrage a permis de montrer que, s'il les a cultivés, ils sont appréciables et nombreux.

INDEX

(les chiffres renvoient aux pages de cet ouvrage)

Si vous désirez entrer en relation avec René Moulinier pour une intervention de formation ou de conseil pour votre entreprise, veuillez écrire aux Éditions d'Organisation qui transmettront.

Achevé d'imprimer sur les presses
de l'imprimerie de l'Indépendant
N° d'éditeur : 937
N° d'imprimeur : 11183
Dépôt légal : juin 1989

Imprimé en France